全新版

二级造价工程师职业资格考试专用教材

建设工程计量与计价实务

（土木建筑工程）

◎ 造价工程师考试研究院 组编

主　　审：陈　辉
本册主编：武立叶

中国商业出版社

图书在版编目（CIP）数据

建设工程计量与计价实务．土木建筑工程/造价工程师考试研究院组编．—北京：中国商业出版社，2023.9

二级造价工程师职业资格考试专用教材

ISBN 978-7-5208-2507-8

Ⅰ．①建…　Ⅱ．①造…　Ⅲ．①土木工程—建筑造价管理—资格考试—教材　Ⅳ．①TU723.3

中国国家版本馆 CIP 数据核字（2023）第 096803 号

责任编辑：朱丽丽

中国商业出版社出版发行

（www.zgsycb.com　100053　北京广安门内报国寺 1 号）

总编室：010－63180647　　编辑室：010－63033100

发行部：010－83120835/8286

新华书店经销

三河市中晟雅豪印务有限公司印刷

★

787 毫米×1092 毫米　16 开　14.5 印张　317 千字

2023 年 9 月第 1 版　　2023 年 9 月第 1 次印刷

定价：60.00 元

★　★　★　★

（如有印装质量问题可更换）

导言

住房城乡建设部、交通运输部、水利部、人力资源和社会保障部联合颁布的《造价工程师职业资格制度规定》《造价工程师职业资格考试实施办法》，明确规定我国设置造价工程师准入类职业资格，工程造价咨询企业应配备造价工程师；工程建设活动中有关工程造价管理岗位按需要配备造价工程师。基于此，我国造价工程师考试制度作出重大调整，将原来的造价工程师分为一级造价工程师和二级造价工程师。二级造价工程师主要协助一级造价工程师开展相关工作，可单独开展建设工程工料分析、计划、组织与成本管理，施工图预算、设计概算、建设工程量清单、最高投标限价、投标报价、建设工程合同价款、结算价款和竣工决算价款的编制等工作。

住房和城乡建设部、交通运输部、水利部组织有关专家，制定了《全国二级造价工程师职业资格考试大纲》，并经人力资源和社会保障部审定。本考试大纲是二级造价工程师考试命题和应考人员备考的依据。

二级造价工程师职业资格考试分为两个科目："建设工程造价管理基础知识"和"建设工程计量与计价实务"。这两个科目分别单独考试、单独计分。参加全部2个科目考试的人员，必须在连续2个考试年度内通过全部科目，方可取得二级造价工程师职业资格证书。

各科目考试试题类型及时间见表1。

表1　各科目考试试题类型、时间安排

科目名称 / 项目名称	建设工程造价管理基础知识	建设工程计量与计价实务
考试时间（小时）	2.5	3.0
满分记分	100	100
试题类型	客观题	客观和主观题

注：(1) 客观题指单项选择题、多项选择题等题型，主观题指问答题及计算题等题型。

(2) 第二科目"建设工程计量与计价实务"分为土木建筑工程、交通运输工程、水利工程和安装工程4个专业类别，考生在报名时可根据实际工作需要选择其中一个专业。

为了更好地贯彻我国工程造价管理有关方针政策，帮助造价从业人员学习、掌握二级造价工程师职业资格考试的内容和要求，造价工程师考试研究院组织有关专家及长期从事一线教学工作的专业老师，精心研究二级造价工程师考试大纲要求，编写了这套在全国范围内适用的《建设工程造价管理基础知识》《建设工程计量与计价实务（土木建筑工程）》和《建设工程计量与计价实务（安装工程）》，共三册。

在本套图书编写过程中，作者借鉴了最新颁布的有关工程造价管理的法规、规章、政策，力求体现行业最新发展水平和二级造价工程师职业资格考试特点。同时注重理论联系实际，对考生应当掌握的工程造价管理基本理论、专业技术知识、计量与计价实务操作进行全面介绍，以帮助考生深入理解，顺利通过考试。

由于时间仓促，本套图书存在不足之处，还望读者提出宝贵意见和建议，以便再版时修订和完善。

最后预祝大家顺利通过二级造价工程师职业资格考试！

造价工程师考试研究院

时间管理达人

专为应试而打造

第一章 专业基础知识

本章包括5节，分别介绍了工程构造、工程材料、施工技术、施工机械及施工组织设计，属于造价基础知识。工程构造重点掌握结构组成及分类，工程材料重点掌握材料的分类及适用性，施工技术重点掌握施工要求的规定，施工机械要求掌握其适用性，施工组织设计以编制、内容和方法为主。本章内容预计以客观题考查为主。

知识脉络

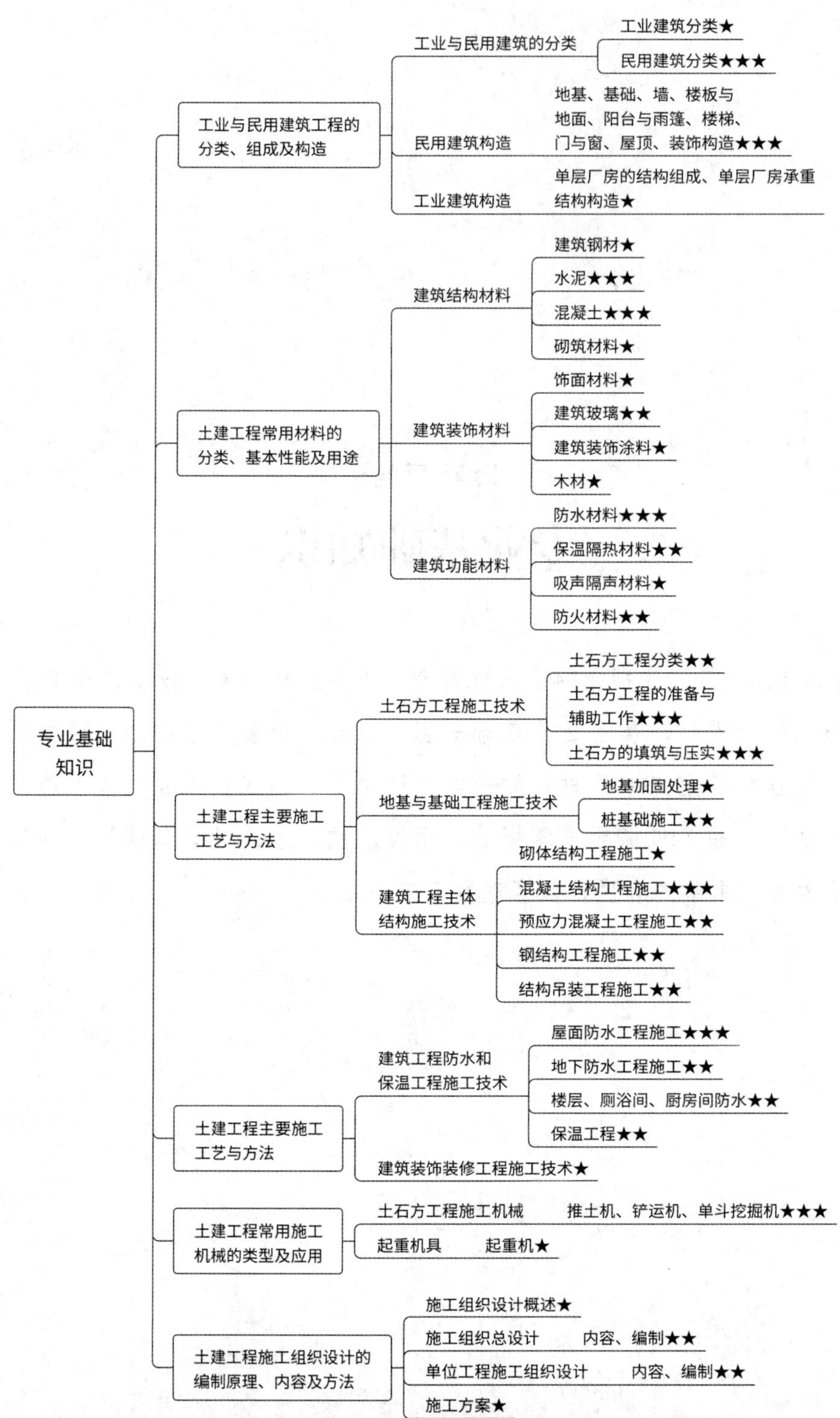
专业基础知识
工业与民用建筑工程的分类、组成及构造
工业与民用建筑的分类
工业建筑分类★
民用建筑分类★★★
民用建筑构造
地基、基础、墙、楼板与地面、阳台与雨篷、楼梯、门与窗、屋顶、装饰构造★★★
工业建筑构造
单层厂房的结构组成、单层厂房承重结构构造★
土建工程常用材料的分类、基本性能及用途
建筑结构材料
建筑钢材★
水泥★★★
混凝土★★★
砌筑材料★
建筑装饰材料
饰面材料★
建筑玻璃★★
建筑装饰涂料★
木材★
建筑功能材料
防水材料★★★
保温隔热材料★★
吸声隔声材料★
防火材料★★
土建工程主要施工工艺与方法
土石方工程施工技术
土石方工程分类★★
土石方工程的准备与辅助工作★★★
土石方的填筑与压实★★★
地基与基础工程施工技术
地基加固处理★
桩基础施工★★
建筑工程主体结构施工技术
砌体结构工程施工★
混凝土结构工程施工★★★
预应力混凝土工程施工★★
钢结构工程施工★★
结构吊装工程施工★★
土建工程主要施工工艺与方法
建筑工程防水和保温工程施工技术
屋面防水工程施工★★★
地下防水工程施工★★
楼层、厕浴间、厨房间防水★★
保温工程★★
建筑装饰装修工程施工技术★
土建工程常用施工机械的类型及应用
土石方工程施工机械
推土机、铲运机、单斗挖掘机★★★
起重机具
起重机★
土建工程施工组织设计的编制原理、内容及方法
施工组织设计概述★
施工组织总设计
内容、编制★★
单位工程施工组织设计
内容、编制★★
施工方案★

第一节　工业与民用建筑工程的分类、组成及构造

一、工业与民用建筑的分类

建筑一般包括建筑物和构筑物，满足功能要求并提供活动空间和场所的建筑称为建筑物，仅满足功能要求的建筑称为构筑物。建筑分类见图 1-1-1。

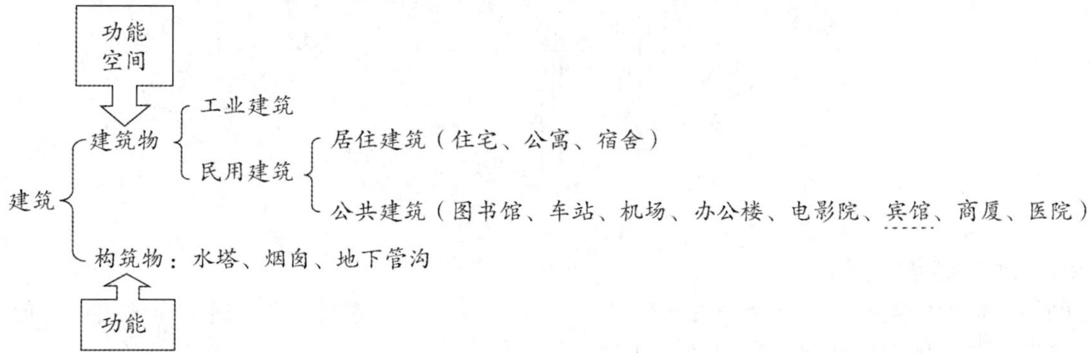

图 1-1-1　建筑分类

（一）工业建筑分类

1. 按厂房层数分

工业建筑按厂房层数分类及其适用范围见表 1-1-1。

表 1-1-1　工业建筑按厂房层数分类及其适用范围

分类	适用范围
单层厂房	适用于大型机器设备或有重型起重运输设备的厂房
多层厂房（常用层数：2～6）	生产设备及产品较轻，可沿垂直方向组织生产的厂房
混合层数厂房	同一厂房内既有单层又有多层的厂房

2. 按工业建筑用途分

工业建筑按用途分类及其适用范围见表 1-1-2。

表 1-1-2　工业建筑按用途分类及其适用范围

分类	适用范围
主要生产厂房	进行主要工艺流程的厂房，如铸造车间、炼钢炼铁车间
辅助生产厂房	为生产厂房服务的厂房，如机修车间、工具车间、贮存仓库
共用设施厂房	为全厂服务，如变电所、水泵房、锅炉房及污水处理站
办公生活设施房屋	为全厂行政办公、生活服务的设施，如厂区办公楼、职工倒班宿舍、食堂、浴室及车库

3. 按主要承重结构的形式分

（1）排架结构型。

排架结构是将厂房承重柱的柱顶与屋架或屋面梁进行铰接连接，而柱下端则嵌固于基础中，构成平面排架；各平面排架再经纵向结构构件连接组成为一个空间结构。排架结构是目前

单层厂房中最基本、应用最普遍的结构形式。排架结构见图 1-1-2。

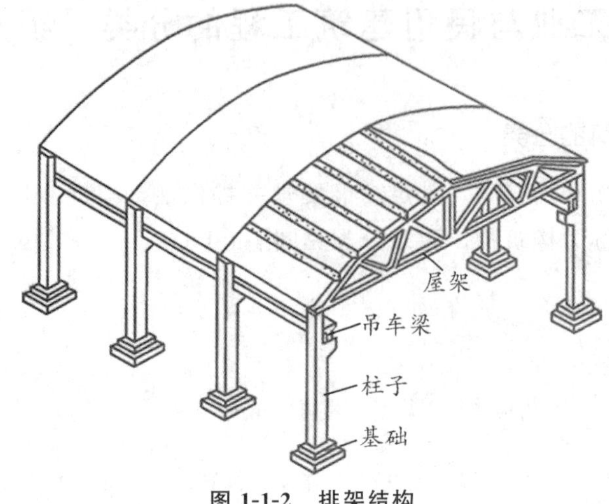

图 1-1-2　排架结构

（2）刚架结构型。

刚架结构的特点是柱和屋架合并为同一个刚性构件。柱与基础的连接通常为铰接。一般重型单层厂房多采用刚架结构。刚架结构见图 1-1-3。

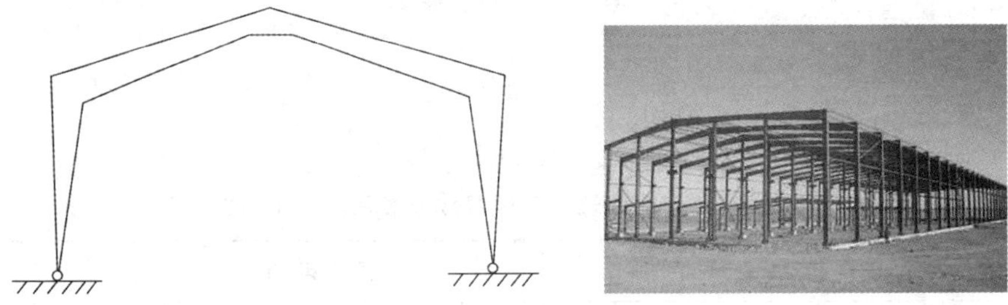

图 1-1-3　刚架结构

（3）空间结构型。

空间结构是一种屋面体系为空间结构的结构体系。常见的有：膜结构（见图 1-1-4）、网架结构、薄壳结构、悬索结构等。

（a）实物图

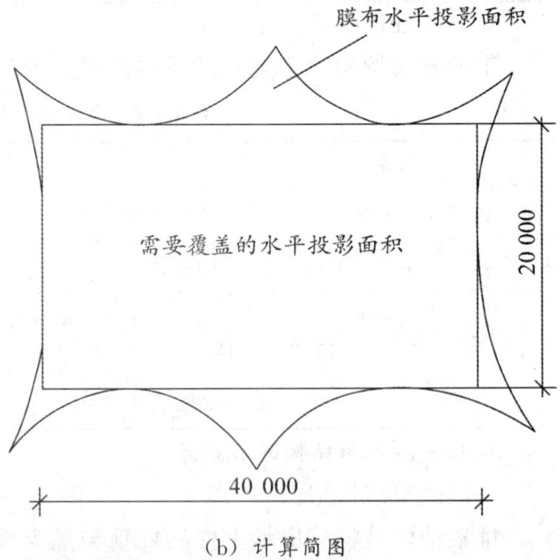

（b）计算简图

图 1-1-4　膜结构

（二）民用建筑分类

1. 按建筑物的层数和高度分

民用建筑按层数与高度分类见表 1-1-3。

表 1-1-3　民用建筑按层数与高度分类

层数和高度		分类
低层	1～3 层	住宅建筑（以 3 层为界）
多层	4～6 层	
中高层	7～9 层（高度不大于 27m）	
高层	≥10 层（高度大于 27m）	
单层和多层	≤24m	除住宅建筑之外的民用建筑
高层	>24m（不包括高度大于 24m 的单层公共建筑）	
>100m		超高层建筑

2. 按建筑的耐久年限分

民用建筑按耐久年限分类及适用性见表 1-1-4。

表 1-1-4　民用建筑按耐久年限分类及适用性

耐久年限	分类	适用性
100 年以上	一级建筑	重要的建筑和高层建筑
50～100 年	二级建筑	一般性建筑
25～50 年	三级建筑	次要的建筑
15 年以下	四级建筑	临时性建筑

3. 按施工方法分

（1）现浇、现砌式。

主要承重构件均在现场砌筑和浇筑而成。

（2）装配式混凝土结构。

主体结构部分或全部采用预制混凝土构件装配而成的钢筋混凝土结构，简称装配式结构。装配式建筑（PC 建筑）是指房屋的主要承重构件，如墙体、楼板、楼梯、屋面板等均为预制构件，在施工现场组装在一起的建筑。

这种建筑的特点是建筑构件工厂化生产，现场装配，建造速度快，节能、环保，施工受气候条件制约小，节约劳动力。符合绿色节能建筑的发展方向，是我国大力提倡的施工方式。虽然目前单方造价比现浇混凝土结构高，但可以缩短工期，提高质量，取得显著的综合效益。

装配式结构可分为装配整体式框架结构、装配整体式剪力墙结构、装配整体式框架-现浇剪力墙结构、装配整体式部分框支剪力墙结构。

4. 按承重体系分

（1）混合结构体系。

混合结构是指楼盖和屋顶采用钢筋混凝土或钢木结构，而墙和柱采用砌体结构建造的房屋。大多用在住宅、办公楼、教学楼建筑中，住宅建筑最适合采用混合结构，一般在 6 层以下。混合结构见图1-1-5。

图 1-1-5　混合结构

（2）框架结构体系。

框架结构是利用梁、柱组成的纵、横两个方向的框架形成的结构体系，同时承受竖向荷载和水平荷载。在非地震区，框架结构一般不超过 15 层。框架结构见图 1-1-6。

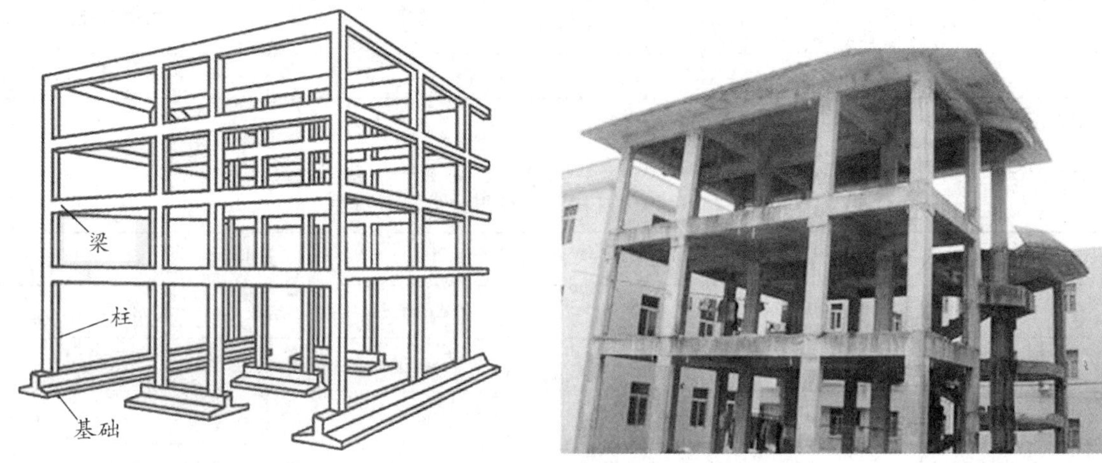

图 1-1-6　框架结构

（3）剪力墙体系。

剪力墙结构是利用建筑物的墙体（内墙和外墙）来抵抗水平力。剪力墙一般为钢筋混凝土墙，厚度不小于 160mm，剪力墙的墙段长度一般不超过 8m，适用于小开间的住宅和旅馆等。在 180m 高的范围内都可以适用。剪力墙结构见图 1-1-7。

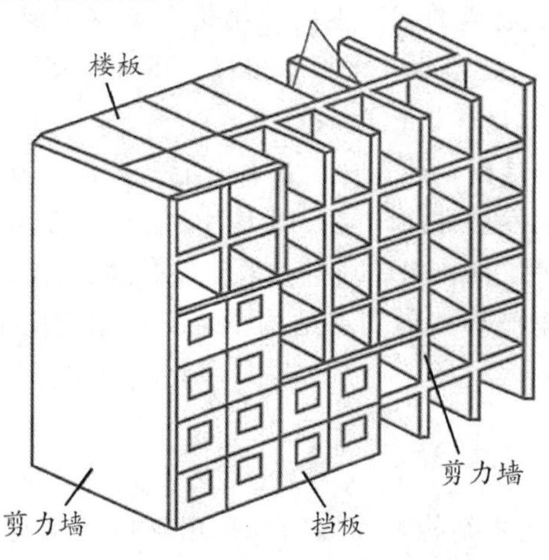

图 1-1-7　剪力墙结构

（4）框架-剪力墙结构体系。

框架–剪力墙结构是在框架结构中设置适当剪力墙的结构，见图 1-1-8。剪力墙主要承受水平荷载（至少承受 80%的水平荷载）。竖向荷载主要由框架承担。一般适用于不超过 170m 高的建筑。

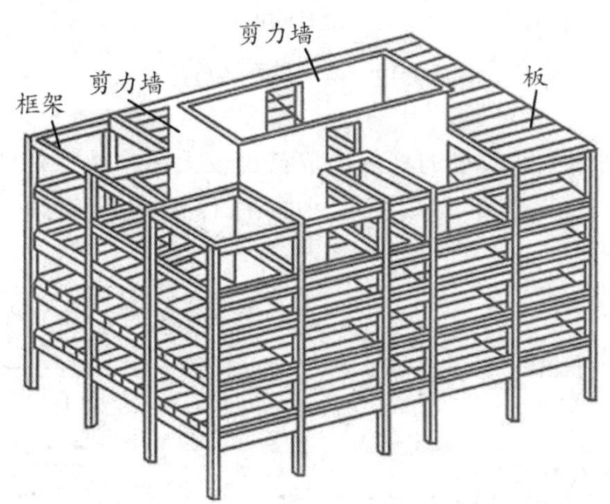

图 1-1-8　框架–剪力墙结构示意图

（5）筒体结构体系。

筒体结构是抵抗水平荷载最有效的结构。可分为框架–核心筒结构、筒中筒（外筒、内筒）和多筒结构等，内筒一般由电梯间、楼梯间组成。适用于高度不超过 300m 的建筑。筒体结构见图 1-1-9。

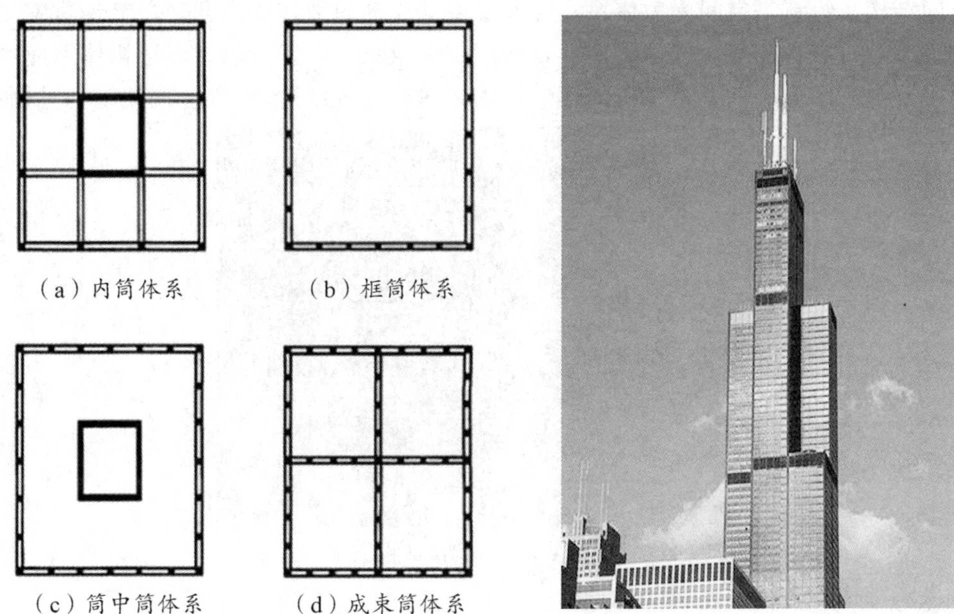

图 1-1-9　筒体结构

➤ **总结：** 结构体系适用高度见图 1-1-10。适用高度、侧向刚度、抵抗水平荷载均是从左向右依次增大。

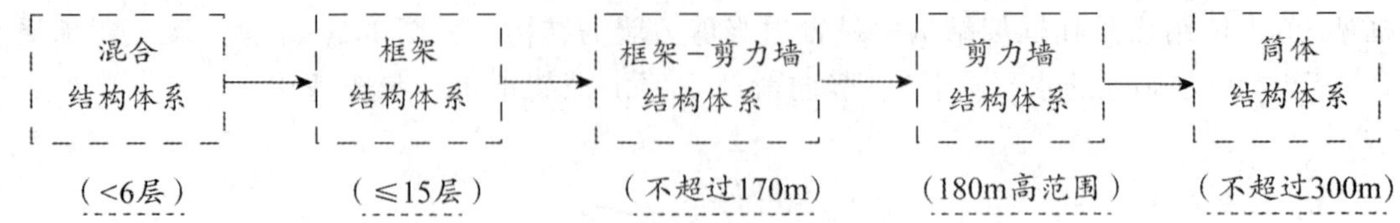

图 1-1-10　结构体系适用高度

（6）桁架结构体系。

桁架结构的特点是利用截面较小的杆件组成截面较大的构件。杆件只有轴向力，其材料的强度可得到充分发挥。优点是利用截面较小的杆件组成截面较大的构件。桁架结构见图1-1-11。

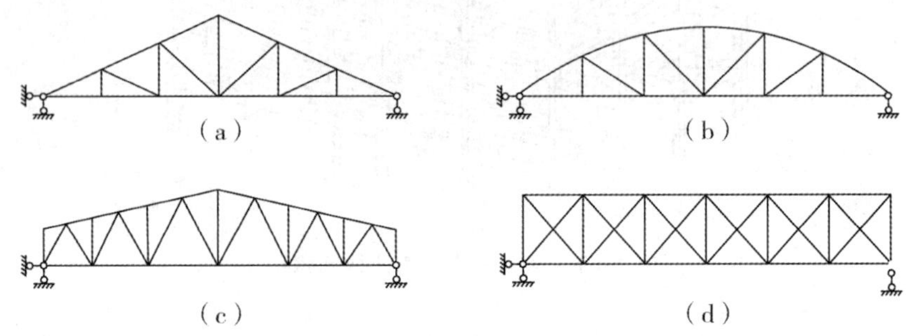

图 1-1-11　桁架结构

（7）网架结构体系。

网架是由许多杆件按照一定规律组成的网状结构。改变了平面桁架的受力状态，是高次超静定的空间结构。特点是空间受力体系，杆件主要承受轴向力，受力合理，节约材料，整体性能好，刚度大，抗震性能好。杆件类型少，适用于工业化生产。目前，该结构体系应用比较普及，如火力发电厂的煤棚、大型飞机的维修库等，建筑跨度已达 260m。网架结构见图 1-1-12。

图 1-1-12　网架结构

（8）拱式结构体系。

拱是一种有推力的结构，其主要内力是轴向压力。适用于体育馆、展览馆等建筑中。按照结构的组成和支承方式，拱可分为三铰拱、两铰拱和无铰拱。拱式结构见图 1-1-13。

图 1-1-13 拱式结构

(9) 悬索结构体系。

悬索结构是比较理想的大跨度结构形式之一。主要承重构件是受拉的钢索，钢索是用高强度钢绞线或钢丝绳制成。主要用于体育馆、展览馆及大跨度桥梁中。悬索结构见图 1-1-14。

图 1-1-14 悬索结构

(10) 薄壁空间结构体系。

薄壁空间结构，也称壳体结构。主要承受曲面内的轴向压力。薄壳常用于大跨度的屋盖结构，如展览馆、俱乐部、飞机库等。薄壁空间结构见图 1-1-15。

图 1-1-15 薄壁空间结构

·典型例题·

[**例题 1 · 单选**] 热处理车间属于（　　）。

A. 动力车间　　B. 其他建筑

C. 生产辅助用房　　D. 生产厂房

［解析］生产厂房是指进行产品的备料、加工、转配等主要工艺流程的厂房，如机械制造厂中有铸工车间、电镀车间、热处理车间、机械加工车间和装配车间等。

［例题 2 · 单选］ 根据有关设计规范要求，城市标志性建筑其主体结构的耐久年限应为（　　）。

A. 15～25 年　　　　B. 25～50 年

C. 50～100 年　　　　D. 100 年以上

［解析］一级建筑：耐久年限为 100 年以上，适用于重要的建筑和高层建筑。

答案：1. D　2. D

二、民用建筑构造

（一）地基

地基是指支承基础的土体或岩体，承受由基础传来的建筑物的荷载，地基不是建筑物的组成部分。

（二）基础

基础是建筑物的一个组成部分，承受建筑物的全部荷载，并将其传给地基。

1. 基础的分类

基础按受力特点及材料性能可分为刚性基础和柔性基础。

按构造的方式可分为条形基础、独立基础、片筏基础、箱形基础、桩基础等。

（1）按受力特点及材料性能分类。

1）刚性基础。

刚性基础所用的材料如砖、石、混凝土等，抗压强度较高，但抗拉及抗剪强度偏低。用此类材料建造的基础，应保证其基底只受压，不受拉。

2）柔性基础。

鉴于刚性基础受其刚性角的限制，要想获得较大的基底宽度，相应的基础埋深也应加大，这显然会增加材料消耗和挖方量，也会影响施工工期。

在混凝土基础底部配置受力钢筋，基础就可以承受弯矩，也就不受刚性角的限制。钢筋混凝土基础见图 1-1-16。

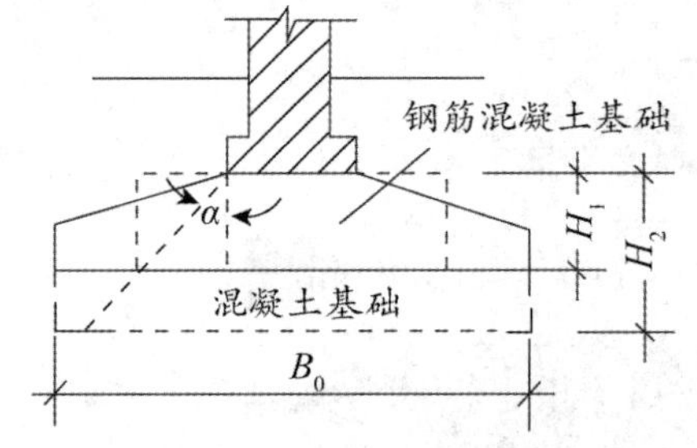

（a）混凝土基础与钢筋混凝土基础比较

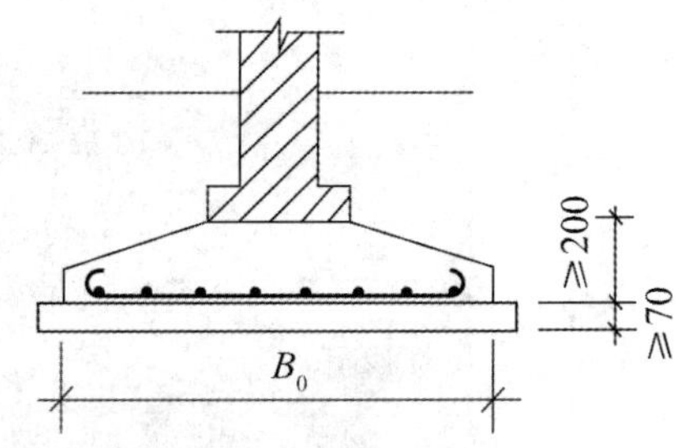

（b）基础配筋情况

图 1-1-16　钢筋混凝土基础

（2）按基础的构造方式分类。常见的基础形式见图 1-1-17。

1）独立基础（单独基础）：柱下、墙下。

2）条形基础：柱下、墙下（无肋、肋式）。

3）柱下十字交叉基础。

4）片筏基础：适用于地基基础软弱而荷载又很大、带形基础不能满足要求或相邻基槽距离很小时。

5）箱形基础（高层建筑中多采用）：适用于地基软弱土层厚、荷载大和需设有地下室的一些重要建筑物。高层建筑中多采用箱形基础。

6）桩基础（桩身＋桩承台）。

当建筑物荷载较大，地基的软弱土层厚度在 5m 以上，基础不能埋在软弱土层内，或对软弱土层进行人工处理困难和不经济时，常采用桩基础。

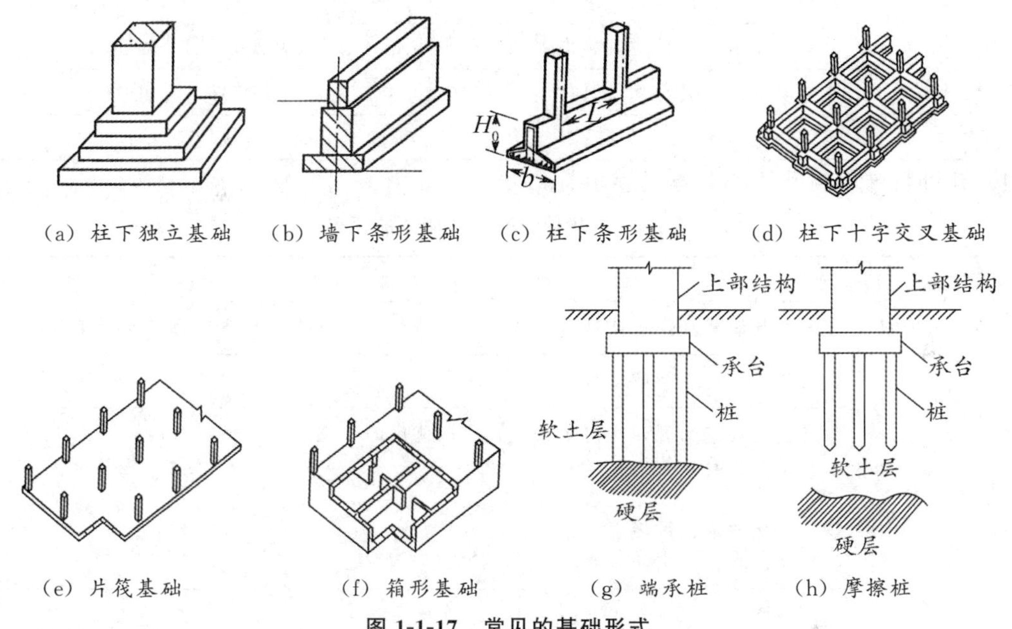

图 1-1-17　常见的基础形式

2. 基础的埋深

（1）基础埋深的概念：从室外设计地面至基础底面的垂直距离。基础的埋置深度见图1-1-18。

（2）浅基础：埋深在 0.5～5m 之间或埋深＜基础宽度 4 倍的基础。

（3）深基础：埋深≥5m 或埋深≥基础宽度 4 倍的基础。

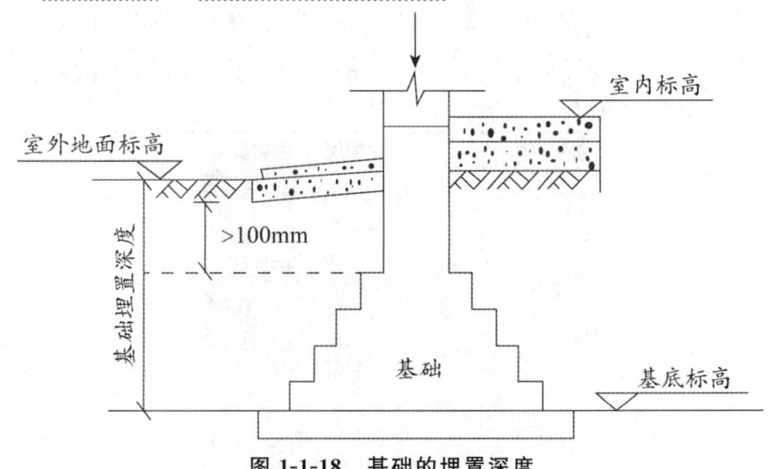

图 1-1-18　基础的埋置深度

（三）墙

1. 墙的类型

墙在建筑物中主要起承重、围护及分隔作用。按照墙在建筑物中的位置、受力情况、所用材料和构造方式可分不同类型，见表 1-1-5。

表 1-1-5 墙体的分类

项目	分类
按位置	内墙、外墙、横墙和纵墙
按受力	承重和非承重墙（建筑物内部只起分隔作用的非承重墙称隔墙）
按构造方式	实体墙（一种材料）、空体墙（一种材料）和组合墙（两种以上材料）
按所用材料	砖墙、多孔砖墙、石墙、加气混凝土或工业废料制成的砌块墙、复合板材墙

（1）几种特殊材料墙体的要点见表 1-1-6。

表 1-1-6 几种特殊材料墙体的要点

类型	要点
预制钢筋混凝土墙	装配在预制或现浇框架结构上的围护外墙体系，是装配式建筑的基本构件之一
加气混凝土墙	有砌块、外墙板和隔墙板
	加气混凝土墙如无切实有效措施，不得使用的情况（怕水怕高温）： （1）不得在建筑物±0.000 以下 （2）长期浸水、干湿交替部位 （3）受化学浸蚀的环境 （4）制品表面经常处于 80℃以上的高温环境
	加气混凝土墙（见图 1-1-19）可作承重墙或非承重墙
压型金属板墙	一种轻质高强的建筑材料
	有保温与非保温型两种
石膏板墙	主要有石膏龙骨石膏板墙、轻钢龙骨石膏板墙及增强石膏空心条板墙等
	适用于中低档民用和工业建筑中的非承重内隔墙
舒乐舍板墙	具有强度高、自重轻、保温隔热、防火及抗震等良好的综合性能
	适用于框架建筑的围护外墙及轻质内墙、承重的外保温复合外墙的保温层、低层框架的承重墙和屋面板等

图 1-1-19 加气混凝土墙

（2）隔墙。

隔墙是分隔室内空间的非承重墙。按其构造方式可分为块材隔墙、骨架隔墙和板材隔墙三大类，见表 1-1-7。

表 1-1-7 隔墙的类型及特点

类型	特点
块材隔墙（见图 1-1-20）	常用的有普通砖隔墙和砌块隔墙
骨架隔墙（见图 1-1-21）	由骨架和面层两部分组成，先立墙筋（骨架）后做面层；又称为立筋式隔墙
板材隔墙（见图 1-1-22）	指单板高度与房间净高相当，面积较大，且不依赖骨架，直接装配而成的隔墙

图 1-1-20 块材隔墙

图 1-1-21 骨架隔墙

图 1-1-22 板材隔墙

2. 墙体细部构造

（1）防潮层。

墙身防潮层一般有刚性防水砂浆防潮层、细石混凝土防潮层和钢筋混凝土防潮层等。墙体防潮层见图 1-1-23。

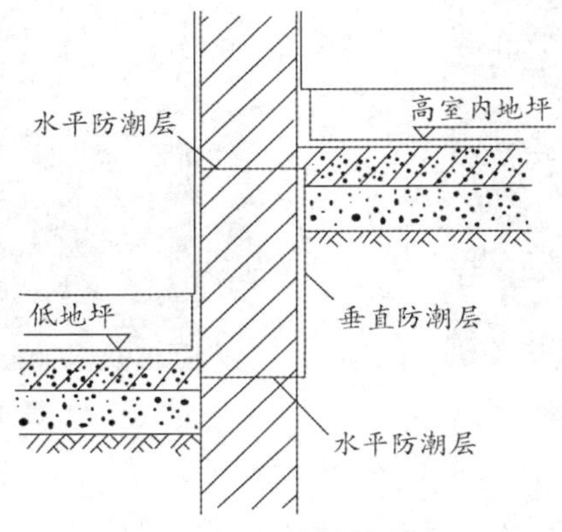

图 1-1-23 墙体防潮层

（2）勒脚。

勒脚是建筑物的外墙与室外地坪或散水部分接触墙体处的加厚部分，见图 1-1-24。勒脚的高度一般为室内地坪与室外地坪高差。

勒脚经常采用抹水泥砂浆、贴面砖或石材块料面层，或者在勒脚部位将墙体加厚，或者用坚固材料如石块、天然石板来砌筑。

图 1-1-24　勒脚

（3）散水和暗沟（明沟）。

为了防止地表水对建筑基础的侵蚀，在建筑物的四周地面上设置散水或暗沟（明沟）。不同地区类型对散水、暗沟（明沟）的要求见表 1-1-8。

表 1-1-8　不同地区类型对散水、暗沟（明沟）的要求

地区类型	要求
降水量>900mm 的地区	（1）同时设置暗沟（明沟）和散水 （2）散水宽度一般为 600～1 000mm，坡度为 3%～5%
降水量<900mm 的地区	可只设置散水（见图 1-1-25）

（4）过梁。

当过梁洞口较小时，可直接用砖加构造钢筋砌筑，但广泛应用的是预制钢筋混凝土过梁。宽度超过 300mm 的洞口上部应设置过梁。过梁见图 1-1-26。

图 1-1-25　散水

图 1-1-26　过梁

（5）圈梁。

圈梁的作用是水平方向将楼板与墙体箍住。在房屋的檐口、窗顶、楼层、吊车梁顶或基础顶面标高处，沿砌体墙水平方向设置封闭状的按构造配筋的混凝土梁式构件，见图 1-1-27。

钢筋混凝土圈梁的宽度一般同墙厚，对厚度较大的墙体可做到墙厚的 2/3，高度不小于 120mm。当圈梁遇到洞口不能封闭时，应在洞口上部设置截面不小于圈梁截面的附加梁（见图 1-1-28），其搭接长度不小于 1m，且应大于两梁高差的 2 倍。

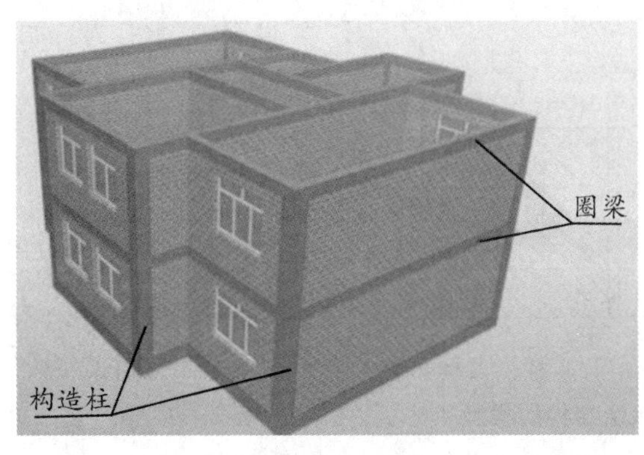

图 1-1-27 圈梁

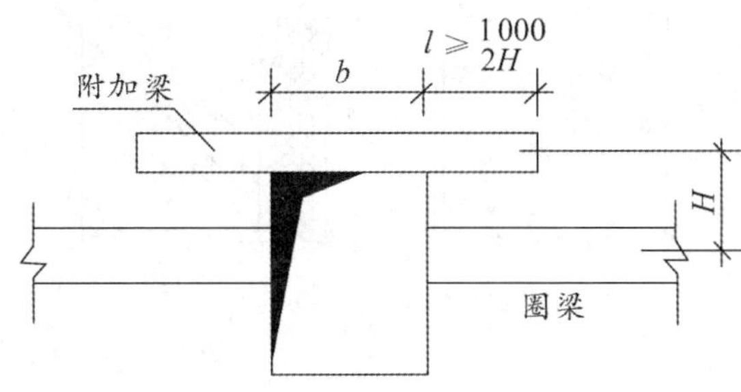

图 1-1-28 附加梁示意图

（6）构造柱。

构造柱是竖向加强墙体的连接。按先砌墙后浇灌混凝土柱的施工顺序制成。形成与墙体紧密结合、沿整个建筑物高度贯通，与圈梁和地梁（基础梁）现浇成一体。构造柱和圈梁增强砌体墙的整体性，是墙体的主要抗震措施。构造柱见图 1-1-29。

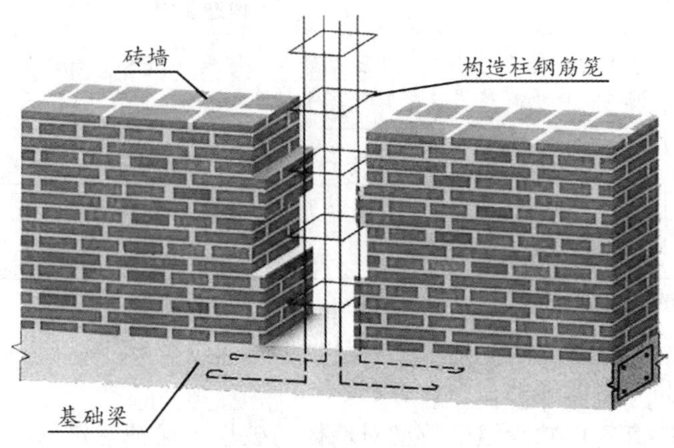

图 1-1-29 构造柱

（7）变形缝。

变形缝包括伸缩缝、沉降缝和防震缝，它的作用是保证房屋在温度变化、基础不均匀沉降或地震时能有一些自由伸缩，以防止墙体开裂、应力集中和结构破坏。其设置要求见表 1-1-9。

表 1-1-9 伸缩缝、沉降缝、防震缝设置要求

类型	设置要求
伸缩缝（温度缝）	（1）防止房屋因气温变化而产生裂缝 （2）基础因受温度变化影响较小，不必断开
沉降缝	（1）房屋相邻部分的高度、荷载和结构形式差别很大而地基又较弱时，房屋有可能产生不均匀沉降。应在适当位置，如复杂的平面或体形转折处、高度变化处以及荷载、地基的压缩性和地基处理的方法明显不同处设置沉降缝 （2）基础部分也要断开
防震缝	（1）防止地震使房屋破坏 （2）一般从基础顶面开始，沿房屋全高设置

3. 墙体保温隔热

外墙的保温构造，按其保温层所在的位置不同分为外墙单一保温、外墙外保温、外墙内保

温和外墙夹芯保温四种类型，见图 1-1-30。

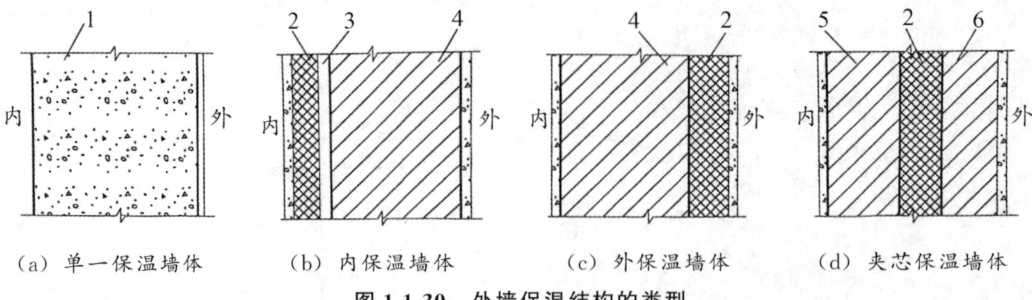

（a）单一保温墙体　（b）内保温墙体　（c）外保温墙体　（d）夹芯保温墙体

图 1-1-30　外墙保温结构的类型

1—主体结构兼保温材料；2—保温材料；3—空气层；4—主体结构；5—内层墙体；6—外层墙体

（1）外墙外保温。

外墙外保温是指在建筑物外墙的外表面上设置保温层。其构造由外墙、保温层、保温层的固定和面层等部分组成，是最科学、最高效的保温节能技术。其构造要求见表 1-1-10。

表 1-1-10　外墙外保温的构造要求

项目	构造要求
保温层	常用的外保温材料有：膨胀型聚苯乙烯板（EPS）、挤塑型聚苯乙烯板（XPS）、岩棉板、玻璃棉毡以及超轻保温浆料等
保温层的固定	固定方式：粘贴、钉固、粘贴＋钉固相结合
保温层的面层	薄型抹灰面层是在保温层的外表面上涂抹聚合物水泥砂浆，厚面层则采用普通水泥砂浆

1）外墙外保温的优点。

一是外墙外保温系统不会产生热桥，具有良好的建筑节能效果。

二是外保温对提高室内温度的稳定性有利。

三是外保温墙体能有效地减少温度波动对墙体的破坏，保护建筑物的主体结构，延长建筑物的使用寿命。

四是外保温墙体构造可用于新建的建筑物墙体，也可以用于旧建筑外墙的节能改造。在旧房的节能改造中，外保温结构对居住者影响较小。

五是外保温有利于加快施工进度，室内装修不致破坏保温层。

2）外墙外保温的缺点。

由于保温层在室外侧，故外保温构造必须能满足水密性、抗风压以及抵抗温度变化带来的不利影响。

（2）外墙内保温。

保温结构由保温板和空气层组成，常用的保温板有 GRC 内保温板、玻纤增强石膏外墙内保温板、P－GRC 外墙内保温板等。空气层的作用既能防止保温材料变潮，也能提高墙体的保温能力。

1）外墙内保温的优点。

一是施工比较安全方便，不损害建筑物原有的立面造型，施工造价相对较低。

二是由于绝热层在内侧，在夏季的晚上，墙的内表面温度随空气温度的下降而迅速下降，减少闷热感。

三是耐久性好于外墙外保温，增加了保温材料的使用寿命。

四是有利于安全防火。

五是施工方便，受风、雨天影响小。

2）外墙内保温的缺点。

一是保温隔热效果差，外墙平均传热系数高。

二是热桥保温处理困难，易出现结露现象。

三是占用室内使用面积。

四是不利于室内装修。

五是不利于既有建筑的节能改造。

六是保温层易出现裂缝。（外墙内保温容易引起开裂或产生“热桥”）

（四）楼板与地面

楼板主要由楼板结构层、楼面面层、板底天棚三个部分组成。

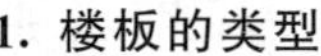

1. 楼板的类型

目前，楼板结构层多采用钢筋混凝土楼板以及压型钢板与钢梁组合的楼板。

钢筋混凝土楼板按施工方式的不同可分为现浇整体式钢筋混凝土楼板、预制装配式钢筋混凝土楼板和装配整体式钢筋混凝土楼板。

2. 现浇整体式钢筋混凝土楼板

现浇钢筋混凝土楼板主要分为板式、梁板式肋形、井字形密肋式和无梁式四种。

（1）板式楼板。

板式楼板分为单向板（长短边比≥3）、双向板（长短边比＜3）和悬挑板几种。单向板和双向板见图 1-1-31。

房屋中跨度较小的房间（如厨房、厕所、贮藏室、走廊）及雨篷、遮阳等常采用现浇钢筋混凝土板式楼板。

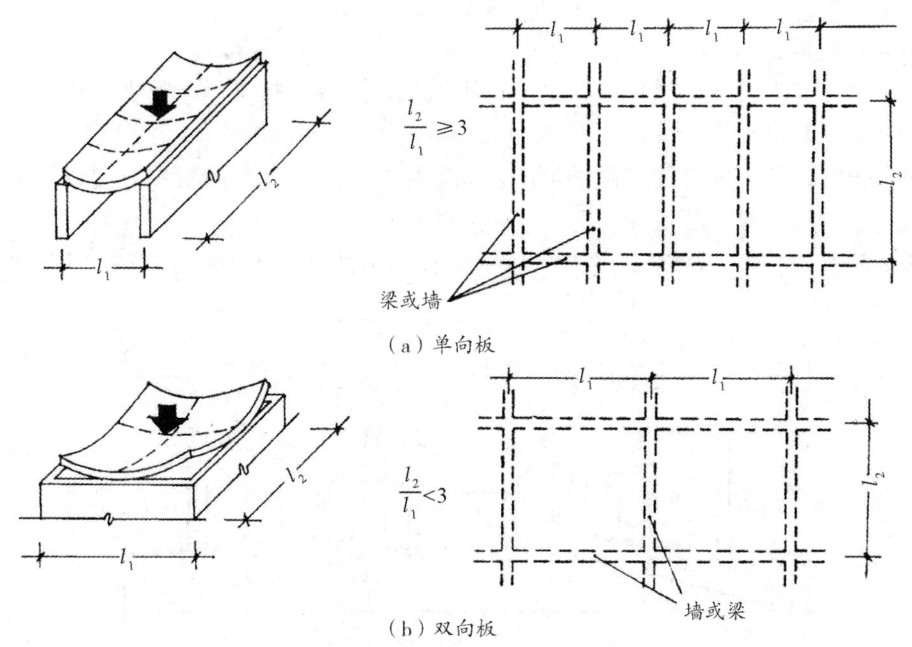

图 1-1-31　单向板和双向板

（2）梁板式肋形楼板。

梁板式肋形楼板由主梁、次梁（肋）、板组成。当房屋的开间、进深较大，楼面承受的弯矩较大，常采用这种楼板。梁板式肋形楼板见图 1-1-32。

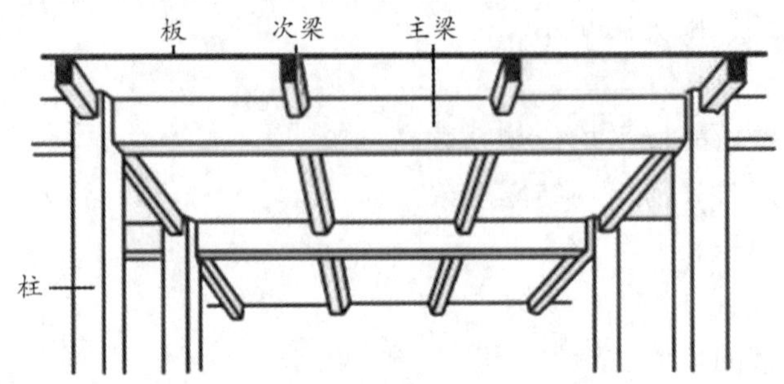

图 1-1-32　梁板式肋形楼板

（3）井字形密肋式楼板。

井字形密肋式楼板没有主梁，都是次梁（肋），且肋与肋间的跨距较小，见图 1-1-33。

当房间的平面形状近似正方形且跨度在 10m 以内时，常采用这种楼板。具有天棚整齐美观，有利于提高房屋的净空高度等优点，常用于门厅、会议厅等处。

图 1-1-33　井字形密肋式楼板

（4）无梁式楼板。

对于平面尺寸较大的房间或门厅，也可以不设梁，直接将板支承于柱上，这种楼板称为无梁式楼板，见图 1-1-34。

无梁式楼板分无柱帽和有柱帽两种类型。无梁楼板的柱网一般布置成方形或矩形，以方形柱网较为经济，跨度一般不超过 6m。

无梁楼板的底面平整，增加了室内的净空高度，适用于荷载较大、管线较多的商店和仓库等。

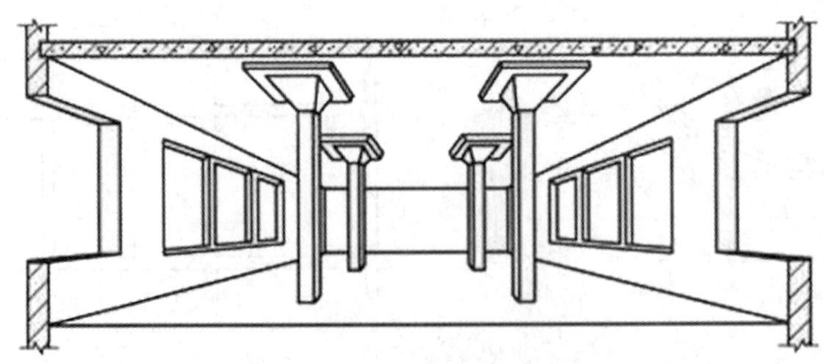

图 1-1-34　无梁式楼板

3. 预制装配式钢筋混凝土楼板

预制装配式钢筋混凝土楼板可节省模板，改善劳动条件，提高效率，缩短工期，促进工业化水平。但预制楼板的整体性不好，灵活性也不如现浇板，更不宜在楼板上穿洞。

预制装配式钢筋混凝土板的类型主要有实心平板、槽形板、空心板、预应力圆孔板及 SP 预应力空心板等。

4. 装配整体式钢筋混凝土楼板

（1）叠合楼板。

由预制板和现浇钢筋混凝土层叠合而成的装配整体式楼板。叠合楼板的预制部分可以采用预应力实心薄板，也可采用钢筋混凝土空心板，见图 1-1-35。

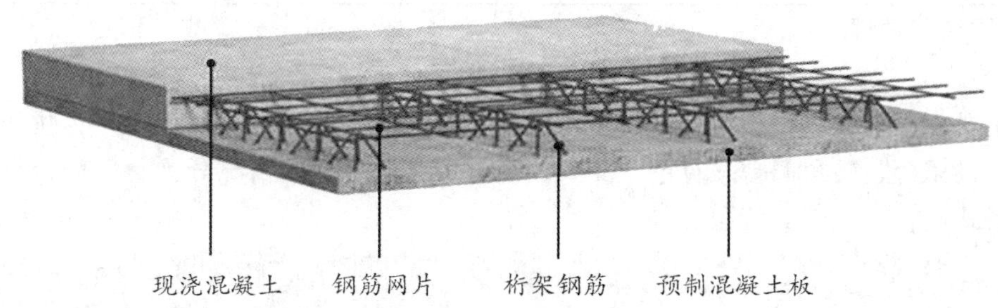

图 1-1-35 叠合楼板

（2）密肋填充块楼板。

密肋填充块楼板的密肋小梁有现浇和预制两种。现浇密肋填充块楼板以陶土空心砖、矿渣混凝土空心块等作为肋间填充块，然后现浇密肋和面板。密肋填充块楼板见图 1-1-36。

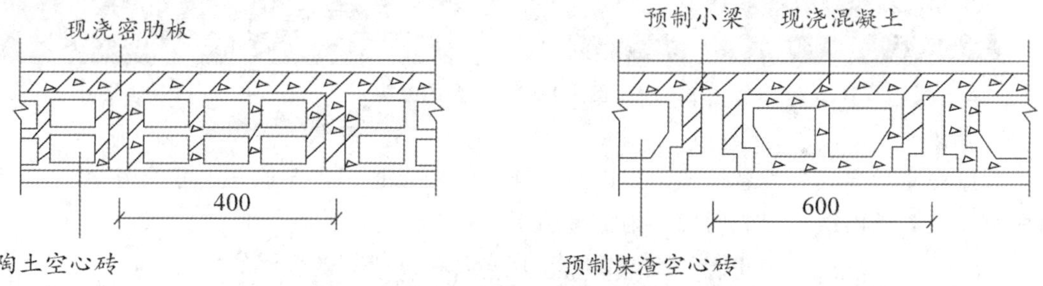

图 1-1-36 密肋填充块楼板

5. 地面构造

地面主要由面层、垫层和基层三部分组成（见图 1-1-37），其特点见表 1-1-11。

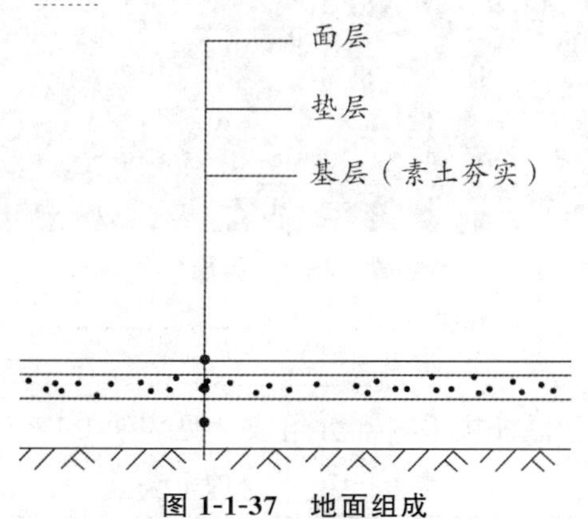

图 1-1-37 地面组成

表 1-1-11 地面组成及特点

组成	特点
面层	地面上表面的铺筑层，也是室内空间下部的装修层
垫层	(1) 位于面层之下用来承受并传递荷载的部分，起到承上启下的作用 (2) 根据垫层材料的性能，垫层可分为刚性垫层和柔性垫层
基层	(1) 地面的最下层 (2) 实铺地面的基层为地表回填土，它应分层夯实，其压缩变形量不得超过允许值

（五）阳台与雨篷

1. 阳台

阳台主要由阳台板、栏板或栏杆扶手组成。阳台按其与外墙的相对位置分为挑阳台、凹阳台、半凹半挑阳台、转角阳台，见图 1-1-38。阳台按其对外封闭情况分为封闭阳台（设有阳台窗）和开敞式阳台。

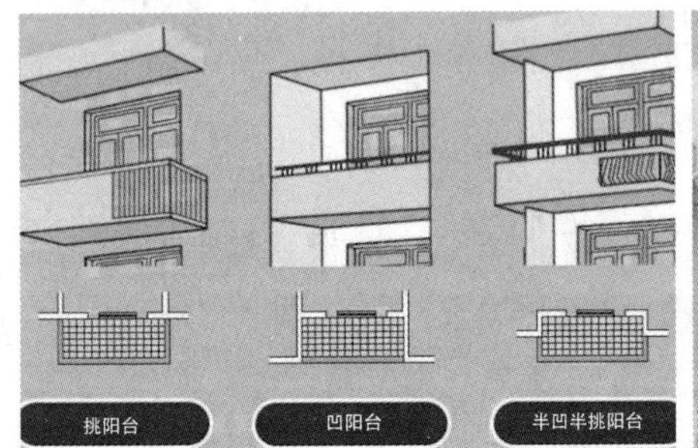

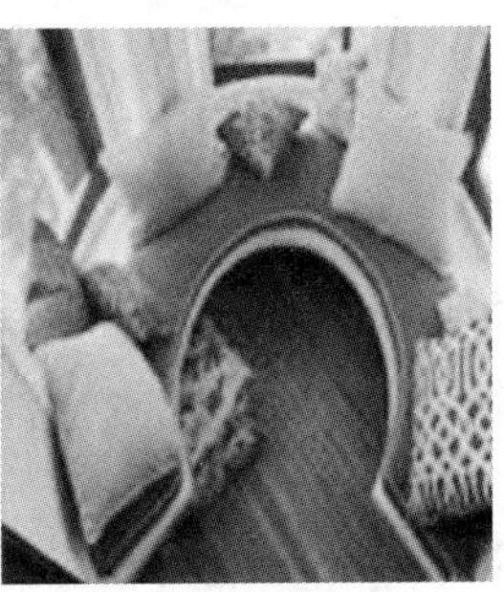

图 1-1-38 阳台的分类

2. 雨篷

雨篷的支承方式多为悬挑式。当雨篷外伸尺寸较大时，其支承方式可采用立柱式，即在入口两侧设柱支承雨篷，形成门廊。雨篷见图 1-1-39。

图 1-1-39 雨篷

（六）楼梯

1. 楼梯的组成

楼梯一般由梯段、平台、栏杆扶手三部分组成，见表 1-1-12。示意图见图 1-1-40。

表 1-1-12 楼梯的组成

组成	内容
梯段	梯段的踏步步数一般不宜超过 18 级，且一般不宜少于 3 级

续表

组成	内容
平台	楼梯梯段净高不宜小于2.20m，楼梯平台过道处的净高不应小于2m，净空高度见图1-1-41
栏杆扶手	栏杆与梯段的连接方法有：预埋铁件焊接、预留孔洞插接、螺栓连接

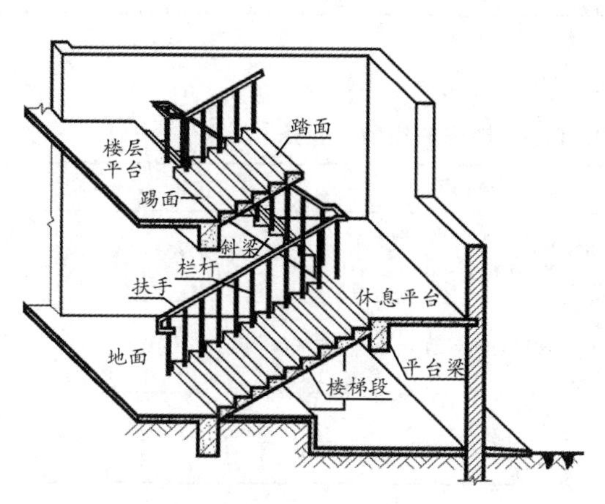

图 1-1-40 楼梯的组成

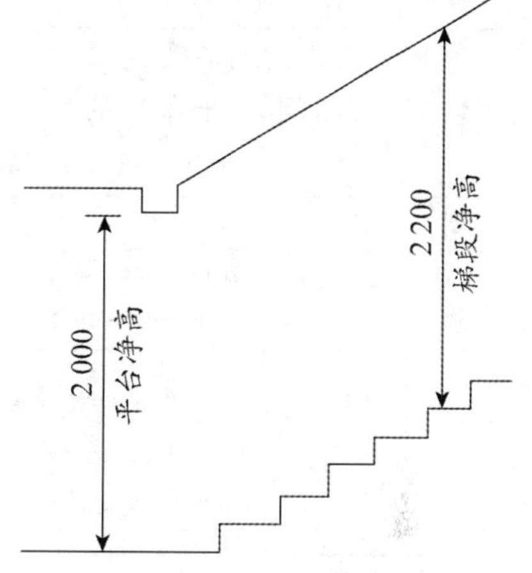

图 1-1-41 楼梯的净空高度

2. 楼梯的类型

楼梯的类型见表 1-1-13。

表 1-1-13 楼梯的类型

分类标准	类型
按所在位置	分为室外楼梯和室内楼梯两种
按使用性质	分为主要楼梯、辅助楼梯、疏散楼梯及消防楼梯等
按所用材料	分为木楼梯、钢楼梯及钢筋混凝土楼梯等
按形式	分为直跑式、双跑式、双分式、双合式、三跑式、四跑式、螺旋式及圆弧形等

3. 钢筋混凝土楼梯构造

（1）现浇钢筋混凝土楼梯。

现浇钢筋混凝土楼梯按楼梯段传力的特点可以分为板式（见图 1-1-42）和梁式（见图 1-1-43）两种，其特点见表 1-1-14。

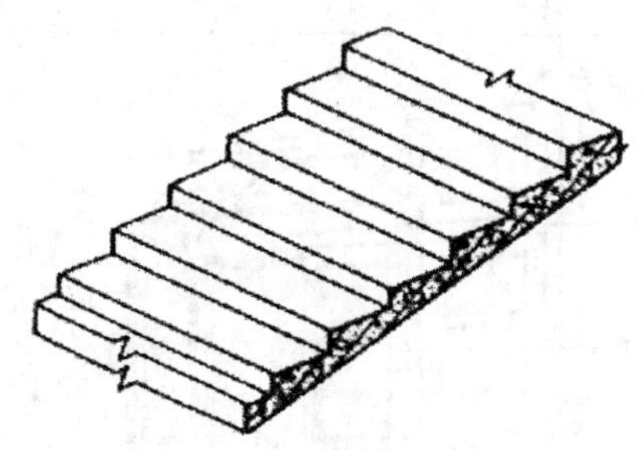

图 1-1-42 板式楼梯

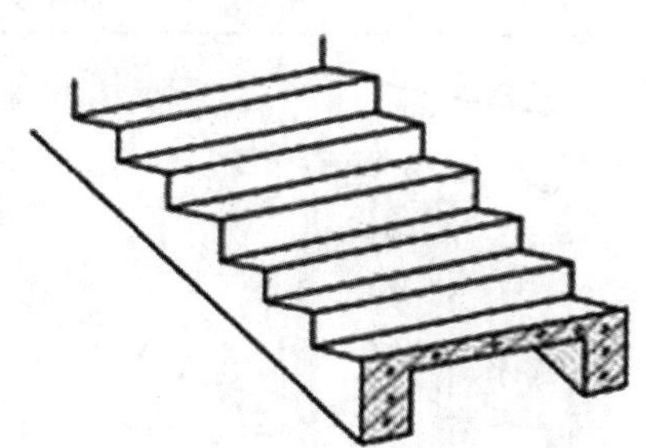

图 1-1-43 梁式楼梯

表 1-1-14　板式楼梯和梁式楼梯的特点

类型	特点
板式楼梯	(1) 通常由梯段板、平台梁和平台板组成 (2) 梯段底面平整，外形简洁，便于支撑施工。当梯段跨度不大时采用。当梯段跨度较大时，梯段板厚度增加，自重较大，不经济
梁式楼梯	当荷载或梯段跨度较大时，采用梁式楼梯比较经济

(2) 预制装配式钢筋混凝土楼梯。

预制装配式钢筋混凝土楼梯的类型及特点见表 1-1-15。

表 1-1-15　预制装配式钢筋混凝土楼梯的类型及特点

类型	特点
小型构件装配式楼梯	(1) 将梯段、平台分割成若干部分，分别预制成小构件装配而成 (2) 按照预制踏步的支承方式分为悬挑式、墙承式、梁承式三种
中型构件装配式楼梯	一般是由楼梯段和带有平台梁的休息平台板两大构件组合而成
大型构件装配式楼梯	是将楼梯段与休息平台一起组成一个构件

4. 台阶与坡道

(1) 室外台阶：室外台阶一般包括踏步和平台两部分。

(2) 坡道。

（七）门与窗

1. 门、窗的类型

(1) 按门、窗所用的材料分类，有木门窗、钢门窗、铝合金门窗、塑钢或塑铝门窗及彩板组角钢门窗等。

(2) 按特殊用途分类，门有防火门、保温绝热门、隔声门、放射线门及人防密闭门等。

2. 门、窗的构造组成

门、窗的构造组成见表 1-1-16。

表 1-1-16　门、窗的构造组成

项目	构造组成
门（见图 1-1-44）	由门樘和门扇两部分组成；为了通风采光，可在门的上部设腰窗（俗称上亮子），腰窗构造同窗扇
窗（见图 1-1-45）	由窗樘（又称窗框）和窗扇两部分组成

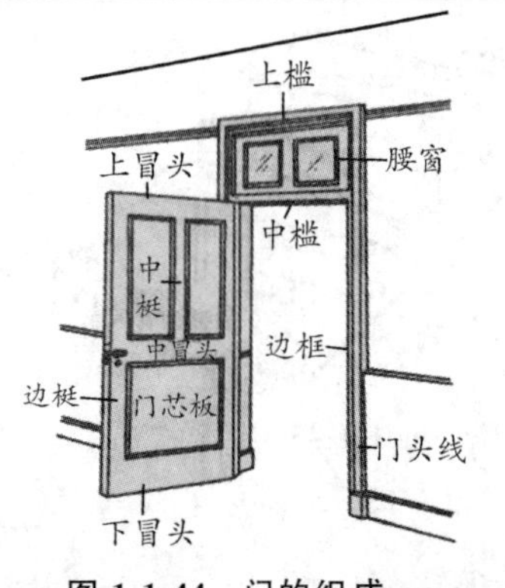

图 1-1-44　门的组成

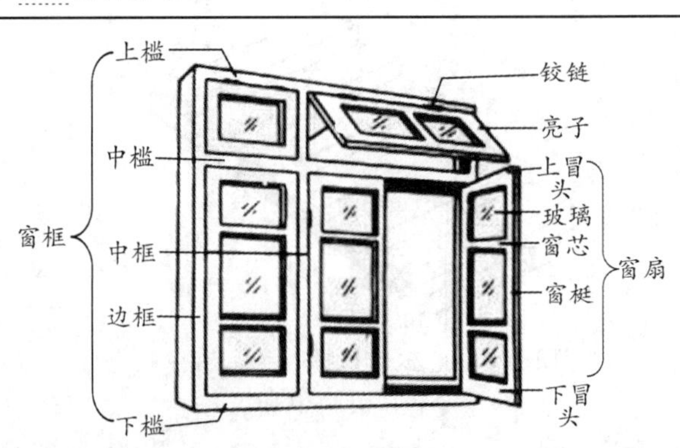

图 1-1-45　窗的组成

（八）屋顶

屋顶是房屋最上层起承重和覆盖作用的构件。作用主要有三个：

（1）防御自然界的风、雨、雪、太阳辐射热和冬季低温等的影响。

（2）承受自重及风、沙、雨、雪等荷载以及施工或屋顶检修人员的活荷载。

（3）屋顶是建筑物的重要组成部分，对建筑形象的美观起着重要的作用。

1. 屋顶的类型

屋顶的类型归纳起来大致可分为三大类，即平屋顶、坡屋顶和曲面屋顶，见表1-1-17。

表1-1-17 屋顶的类型

类型	内容
平屋顶	屋面坡度小于10%的屋顶，最常用的排水坡度为2%～3%
坡屋顶	屋面坡度大于10%的屋顶
曲面屋顶	屋顶为曲面，如球形、悬索形、鞍形等

2. 平屋顶的构造

平屋顶（从下到上）主要由结构层、找平层、隔汽层、找坡层、保温层（隔热层）、找平层、结合层、防水层、保护层等组成，见图1-1-46。

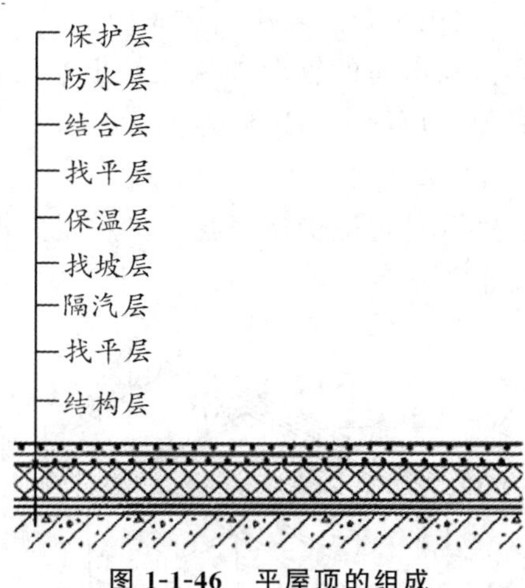

图1-1-46 平屋顶的组成

（1）平屋顶的排水。

要使屋面排水通畅，平屋顶应设置不小于1%的屋面坡度。屋面排水方式可分为有组织排水和无组织排水两种方式。

（2）平屋顶柔性防水及构造。

屋面防水工程应根据建筑物的类别、重要程度及使用功能要求确定防水等级，对防水有特殊要求的建筑屋面，应进行专项防水设计。

1）找平层。

找平层设置在结构层或保温层上。

2）结合层。

当采用水泥砂浆及细石混凝土为找平层时，为了保证防水层与找平层能更好地黏结，可采用沥青为基材的结合层。

3）防水层。

防水卷材应铺设在表面平整、干燥的找平层上，应按设计使用相应的卷材。构造上常采取在屋面结构层上的找平层表面做隔汽层。

涂膜防水屋面，按防水层和隔热层的上下设置关系可分为正置式屋面和倒置式屋面，详见表 1-1-18。复合防水层是由彼此相容的卷材和涂料组合而成的防水层。

表 1-1-18　正置式与倒置式防水

涂膜防水	要点
正置式	隔热保温层在防水层的下面
倒置式	(1) 防水层在下面，保温隔热层在上面 (2) 与传统施工法相比该工法能使防水层无热胀冷缩现象，延长了防水层的使用寿命；同时保温层对防水层提供一层物理性保护，防止其受到外力破坏

4）保护层。

常用块体材料、水泥砂浆或细石混凝土作为保护层。

(3) 平屋顶的保温。

平屋顶的保温层分为成品板状保温材料和憎水保温材料砂浆等类型。

3. 坡屋顶的构造

坡屋顶的承重结构方式有砖墙承重、屋架承重及梁架结构，见图 1-1-47。

(1) 砖墙承重（硬山搁檩）：适用于开间较小的房屋。

(2) 屋架承重：通常屋架搁置在房屋的纵向外墙或柱上，使房屋有一个较大的使用空间。屋架的形式较多，有三角形、梯形、矩形、多边形等。

(3) 梁架结构（穿斗结构）。

(4) 钢筋混凝土梁板承重：一种是现浇钢筋混凝土梁和屋面板，另一种是预制钢筋混凝土屋面板直接搁置在山墙上或屋架上。

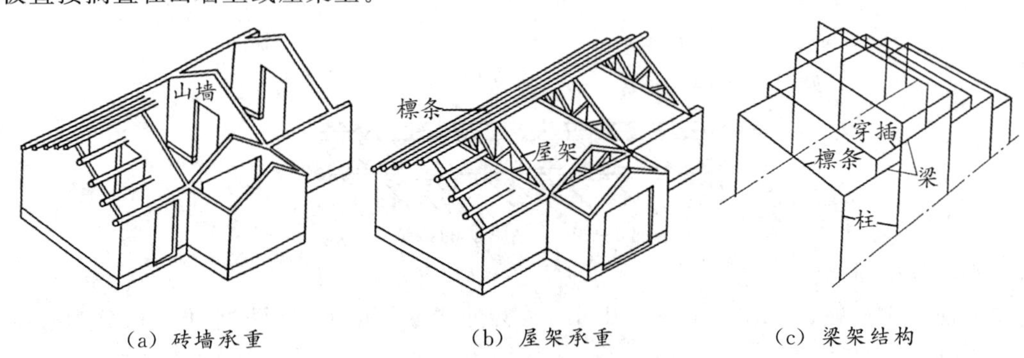

图 1-1-47　坡屋顶的承重结构方式

4. 坡屋顶的天棚与保温

(1) 天棚。天棚骨架主要有：主吊顶筋（主搁栅）与屋架或檩条拉接；天棚龙骨（次搁栅）与主吊顶筋连接。

(2) 保温。当结构层为钢筋混凝土板时，保温层宜设在结构层上部；当结构层为轻钢结构时，保温层可设置在上部或下部。

（九）装饰构造

1. 装饰构造的类别

装饰构造的分类方法很多，这里按装饰的位置不同进行分类。详见表 1-1-19。

表 1-1-19 装饰构造的类别

类别	作用
墙面装饰	对改善建筑物的功能、质量及美化环境等都有重要作用
楼地面装饰	建筑中直接承受荷载，经常受到摩擦、清扫和冲洗的部分
天棚装饰	天棚本身往往具有保温、隔热、隔声及吸声等作用，而且人们还经常利用天棚来处理人工照明、空气调节、音响及防火等技术问题
外墙装饰	提高墙体抵抗自然界中各种因素侵袭破坏的能力，并与墙体结构一起共同满足保温、隔热、隔声、防水及美化等功能要求

2. 墙体饰面装修构造

按材料和施工方式的不同，常见的墙体饰面装修可分为抹灰类、贴面类、涂料类、裱糊类、铺钉类和干挂类等，见表 1-1-20。

表 1-1-20 墙体饰面装修分类

类型	特点
抹灰类	普通标准的抹灰一般由底层和面层组成
贴面类	这类装修具有耐久性好、施工方便、装饰性强、质量高及易于清洗等优点
涂料类	饰面装修中最简便的一种形式
裱糊类	墙纸或墙布的裱贴是在抹灰的基层上进行的
铺钉类	由骨架和面板两部分组成
干挂类	由骨架和面板两部分组成，不需再灌浆粘贴

3. 楼地面装饰构造

楼地面装饰按材料形式和施工方式可分为四大类，即整体浇筑楼地面、块料楼地面、卷材楼地面和涂料楼地面。

（1）整体浇筑楼地面要点见表 1-1-21。

表 1-1-21 整体浇筑楼地面

整体浇筑楼地面	要点
水泥砂浆楼地面（见图 1-1-48）	通常是采用水泥砂浆抹压而成
混凝土楼地面（见图 1-1-49）	常用的材料有普通混凝土、细石混凝土和耐磨混凝土，通过浇筑、找平和打磨而成
水磨石楼地面（见图 1-1-50）	以水泥为胶结材料，大理石或白云石等中等硬度石料的石屑为骨料而形成的水泥石屑浆浇抹硬结后，经磨光打蜡而成

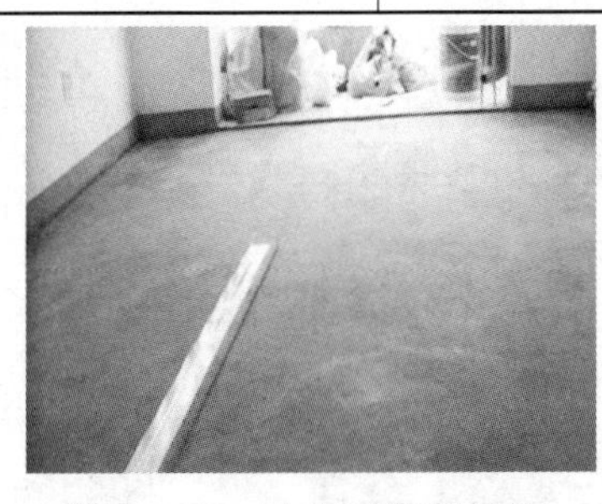

图 1-1-48 水泥砂浆楼地面

图 1-1-49 混凝土楼地面

图 1-1-50 水磨石楼地面

（2）块料楼地面。

块料楼地面指利用板材或块材铺贴而成的地面。按地面材料的不同有陶瓷板块楼地面、石板楼地面、塑料板块楼地面、木楼地面和防静电活动地板等。

（3）卷材楼地面。

卷材楼地面是用成卷的卷材铺贴而成。目前常用的卷材有化纤地毯和天然毛织物地毯。

（4）涂料楼地面。

涂料楼地面是利用涂料涂刷或涂刮而成。地面涂料品种较多，有溶剂型、水溶型和水乳型等，目前应用较多的是性价比高的环氧自流平、聚氨酯自流平地面。

4. 顶棚装饰构造

（1）直接式顶棚。

直接式顶棚装饰常用的方法有直接喷刷式、直接抹灰式和直接粘贴式。

（2）悬吊式顶棚。

悬吊式顶棚又称吊天花，简称吊顶。为提高建筑物的使用功能，除照明、给水排水管道及煤气管需安装在楼板层中外，空调管、灭火喷淋、探测器和各种弱电设备等管线及其装置，均需安装在顶棚上。为处理好这些设施，往往需要借助于悬吊顶棚来解决。

·典型例题·

［**例题 1·单选**］关于刚性基础说法正确的是（　　）。

A. 基础大放脚应超过基础材料刚性角范围

B. 基础大放脚与基础材料刚性角一致

C. 基础宽度应超过基础材料刚性角范围

D. 基础深度应超过基础材料刚性角范围

［**解析**］在设计中应尽力使基础大放脚与基础材料的刚性角相一致，以确保基础底面不产生拉应力，最大限度地节约基础材料。受刚性角限制的基础称为刚性基础，构造上通过限制刚性基础宽高比来满足刚性角的要求。

［**例题 2·单选**］在变形缝设计中，除上部结构要断开外，基础部分也要断开的是（　　）。

A. 温度缝　　B. 沉降缝

C. 伸缩缝　　D. 抗震缝

［**解析**］沉降缝与伸缩缝的不同之处是除屋顶、楼板、墙身都要断开外，基础部分也要断开，即使相邻部分也可自由沉降、互不牵制。

［**例题 3·单选**］房屋中跨度较小的房间常采用现浇钢筋混凝土（　　）。

A. 板式楼板

B. 梁板式肋形楼板

C. 井字形密肋楼板

D. 无梁式楼板

［**解析**］房屋中跨度较小的房间（如厨房、厕所、贮藏室、走廊）及雨篷、遮阳等常采用现浇钢筋混凝土板式楼板。

［**例题 4·单选**］屋架搁置在房屋的纵向外墙或柱上，使房屋有一个较大使用空间的坡屋顶承重结构是（　　）。

A. 硬山搁檩　　B. 屋架承重结构

C. 梁架结构　　D. 钢筋混凝土梁板承重结构

[**解析**] 屋架承重结构通常屋架搁置在房屋的纵向外墙或柱上，使房屋有一个较大的使用空间。

[**例题 5 · 单选**] 避免因各段荷载不均匀沉降引起下沉而产生裂缝，将建筑物从基础到顶部分隔成段的竖直缝是（ ）。[2019 浙江真题]

A. 沉降缝　　B. 伸缩缝

C. 防震缝　　D. 施工缝

[**解析**] 沉降缝是指将建筑物或构筑物从基础到顶部分隔成段的竖直缝，或是将建筑物或构筑物的地面或屋面分隔成段的水平缝，借以避免因各段荷载不均匀沉降引起下沉而产生裂缝。它通常设置在荷载或地基承载力差别较大的各部分之间，或在新旧建筑的连接处。

[**例题 6 · 多选**] 承受相同荷载条件下，相对刚性基础而言柔性基础的特点有（ ）。

A. 节约基础挖方量

B. 节约基础钢筋用量

C. 增加基础钢筋用量

D. 减小基础埋深

E. 增加基础埋深

[**解析**] 鉴于刚性基础受其刚性角的限制，要想获得较大的基底宽度，相应的基础埋深也应加大，这显然会增加材料消耗和挖方量，也会影响施工工期。在相同条件下，采用钢筋混凝土基础比混凝土基础可节省大量的混凝土材料和挖土工程量。

[**例题 7 · 多选**] 加气混凝土墙，一般不宜用于（ ）。

A. 建筑物±0.000 以下

B. 外墙板

C. 承重墙

D. 干湿交替部位

E. 环境温度＞80℃的部位

[**解析**] 加气混凝土砌块墙如无切实有效措施，不得在建筑物±0.000 以下，或长期浸水、干湿交替部位，以及受化学浸蚀的环境，制品表面经常处于 80℃以上的高温环境。

答案：1. B　2. B　3. A　4. B　5. A　6. ACD　7. ADE

三、工业建筑构造

（一）单层厂房的结构组成

1. 承重结构

（1）横向排架：由基础、柱、屋架组成，主要是承受厂房的各种竖向荷载。

（2）纵向连系构件：由吊车梁、圈梁、连系梁、基础梁等组成，与横向排架构成骨架，保证厂房的整体性和稳定性。（各种梁）

（3）支撑系统构件：支撑系统包括柱间支撑和屋盖支撑两大部分。支撑构件主要传递水平荷载，起保证厂房空间刚度和稳定性的作用。

单层厂房结构组成见图 1-1-51，屋盖支撑的类型见图 1-1-52。

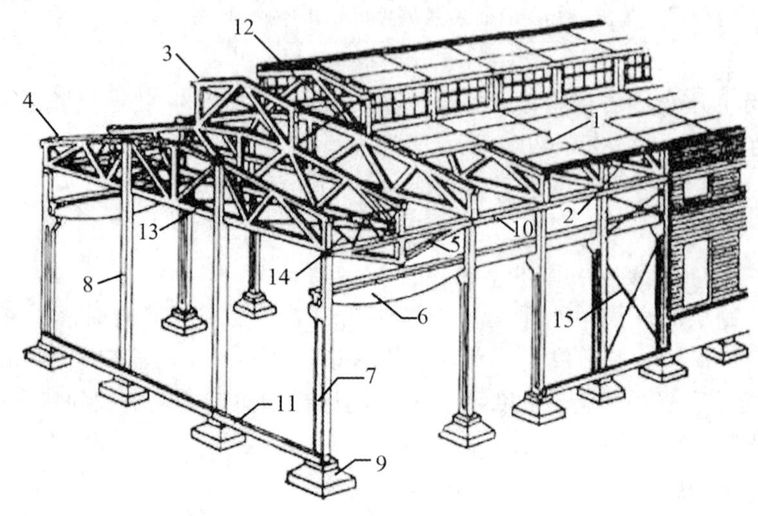

图 1-1-51　单层厂房结构组成

1—屋面板；2—天沟板；3—天窗架；4—屋架；5—托架；6—吊车梁；7—排架柱；8—抗风柱；9—基础；10—连系梁；11—基础梁；12—天窗架垂直支撑；13—屋架下弦横向水平支撑；14—屋架端部垂直支撑；15—柱间支撑

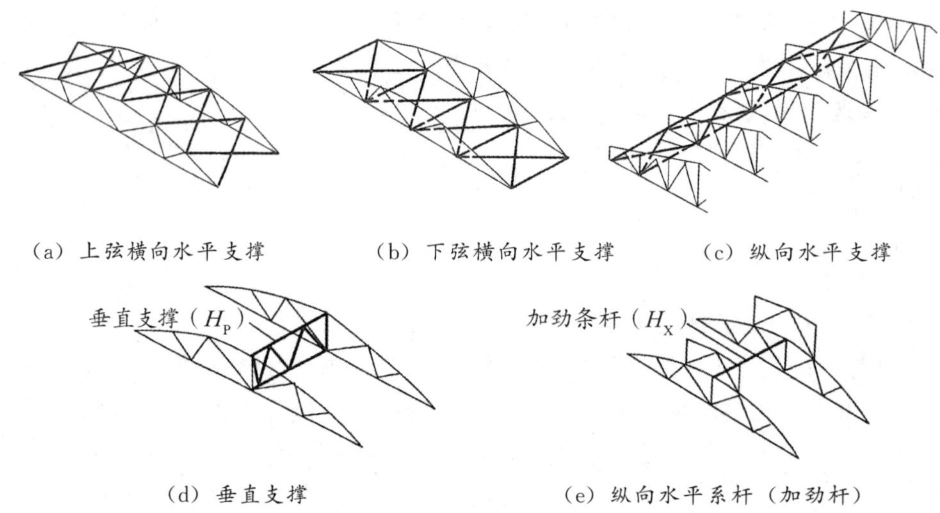

（a）上弦横向水平支撑　（b）下弦横向水平支撑　（c）纵向水平支撑

（d）垂直支撑　（e）纵向水平系杆（加劲杆）

图 1-1-52　屋盖支撑的类型

2. 围护结构

单层厂房的围护结构包括外墙、屋顶、地面、门窗及天窗等。

（二）单层厂房承重结构构造

1. 屋顶

（1）屋顶的结构类型。

屋顶结构根据构造不同可以分为两类：有檩体系屋顶或无檩体系屋顶。

1）有檩体系屋面：适用于中小型厂房。

2）无檩体系屋面：适用于大中型厂房。

（2）屋顶的承重构件。

屋架是屋顶结构的主要承重构件，直接承受屋面荷载。按制作材料可分为钢筋混凝土屋架或屋面梁、钢屋架，其要点见表 1-1-22。

表 1-1-22　屋盖的承重构件

屋架分类	要点
钢筋混凝土屋架或屋面梁	按外形可分为三角形、梯形、拱形、折线形等类型
	折线形屋架吸收了拱形屋架合理外形的优点，改善了屋面坡度，是目前较常采用的一种屋架形式
钢屋架	无檩钢屋架是将大型屋面直接支承在钢屋架上，屋架间距即大型屋面板的跨度

2. 柱

（1）钢筋混凝土柱。

钢筋混凝土预制柱按截面的构造尺寸可分为矩形柱、工字形柱、双肢柱和管柱等。钢筋混凝土预制柱的类型见图 1-1-53。

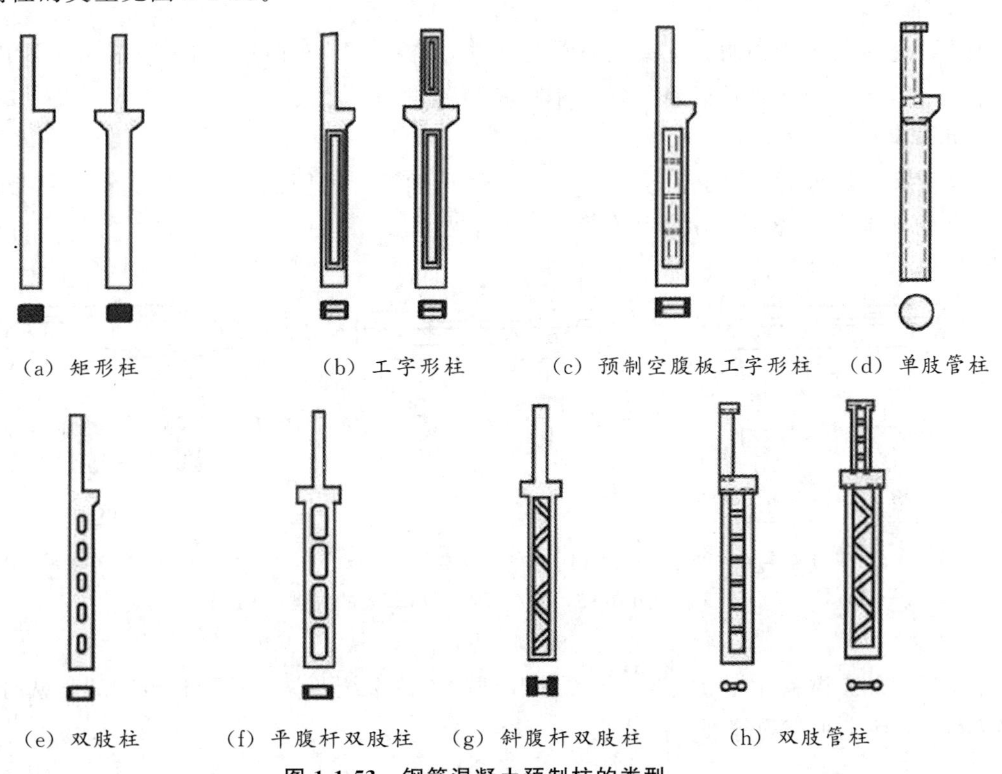

图 1-1-53　钢筋混凝土预制柱的类型

（2）钢柱。

钢柱一般分为等截面和变截面两种形式。它们可以是实腹式的，也可以是格构式的。

（3）柱牛腿。

1）为了避免沿支承板内侧剪切破坏，牛腿外缘高 $h_k \geqslant h/3$，$\geqslant$200mm。

2）支承吊车梁的牛腿，其外缘与吊车梁的距离为 100mm。

3）牛腿挑出距离 $c>$100mm 时，牛腿底面的倾斜角 $\alpha \leqslant 45°$，否则会降低牛腿的承载能力。当 $c \leqslant$100mm 时，牛腿底面的倾斜角 α 可以为 $0°$。

牛腿的构造要求见图 1-1-54。

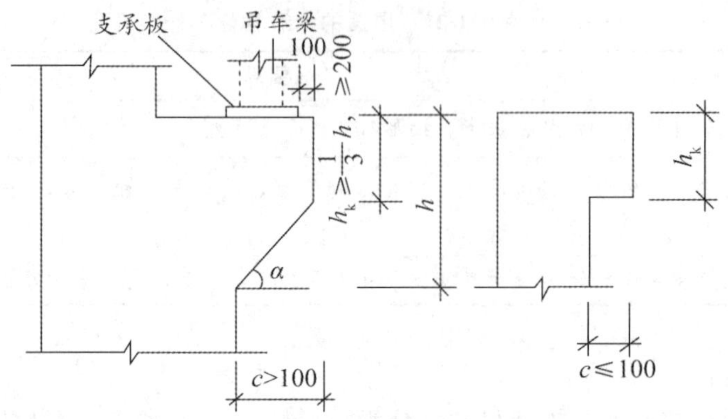

图 1-1-54 牛腿的构造要求（单位：mm）

3. 基础

单层厂房一般采用预制装配式钢筋混凝土排架结构，厂房的柱距与跨度较大，所以单层厂房的基础一般多采用独立式钢筋混凝土杯型基础。

4. 吊车梁

吊车梁按材料分为钢筋混凝土吊车梁和钢吊车梁等。钢筋混凝土吊车梁按截面形式分类，有等截面的 T 形吊车梁、工字形吊车梁和鱼腹式吊车梁等，见图 1-1-55。

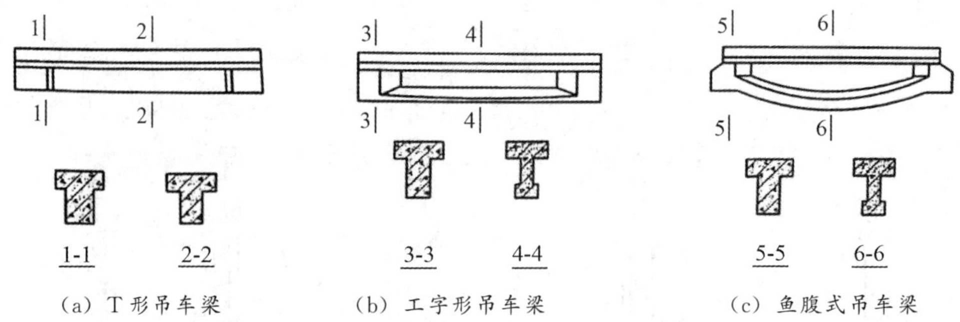

图 1-1-55 钢筋混凝土吊车梁的类型

5. 支撑

单层厂房的支撑系统分为屋架支撑系统和柱间支撑系统两类。承受和传递吊车纵向制动力、山墙风荷载、纵向地震力等水平荷载。

第二节 土建工程常用材料的分类、基本性能及用途

一、建筑结构材料

（一）建筑钢材

钢材具有品质稳定、强度高、塑性和韧性好、可焊接和铆接、能承受冲击和振动荷载等优异性能。常用的钢材品种有普通碳素结构钢、优质碳素结构钢和低合金高强结构钢。

1. 钢筋混凝土结构用钢

钢筋混凝土结构用钢主要是通过热轧、热处理、冷轧及冷拔加工等生产的钢筋、钢丝和钢绞线等。表示钢筋性能的参数有：屈服强度、抗拉强度和断后伸长率。

常用的钢筋名称、类别与特性及适用性见表 1-2-1。

表 1-2-1 常用的钢筋名称、类别与特性及适用性

名称		类别与特性	适用性
热轧钢筋	光圆钢筋（见图 1-2-1）	（1）HPB300 （2）屈服强度较低，塑性性能较好	各种非预应力常规钢筋混凝土钢筋
	带肋钢筋（见图 1-2-2）	（1）HRB400、HRB500、HRB600、HRB400E、HRB500E （2）强度相对高，相对节省钢筋，锚固性好，预应力稳定	（1）HRB400：各种非预应力常规钢筋混凝土钢筋 （2）HRB400、HRB500、HRB600：预应力钢筋混凝土钢筋，如预应力钢筋混凝土预制梁、预应力混凝土板、吊车梁等构件
冷轧带肋钢筋		（1）CRB550、CRB650、CRB800、CRB600H、CRB680H、CRB800H （2）强度高，相对节省钢筋，握裹力强，质量稳定	（1）CRB550、CRB600H：普通钢筋混凝土 （2）CRB650、CRB800 和 CRB800H：预应力混凝土用钢筋 （3）CRB680H：普通钢筋混凝土、预应力混凝土
冷拔低碳钢丝		甲级、乙级	（1）甲级用于预应力混凝土结构构件中 （2）乙级用于非预应力混凝土结构构件中
热处理钢筋（带肋钢筋）		强度高，用材省，锚固性好，预应力稳定	主要用作预应力钢筋混凝土轨枕，也可以用于预应力混凝土板、吊车梁等构件
预应力混凝土用钢丝		强度高，柔性好	适用于大跨度屋架、薄腹梁、吊车梁等大型构件的预应力结构
钢绞线		强度高，柔性好，与混凝土结合性能好	多用于大型屋架、薄腹梁、吊车梁及大跨度桥梁等大负荷的预应力混凝土结构

图 1-2-1 光圆钢筋

图 1-2-2 带肋钢筋

➤ **总结：**钢材适用性汇总见表 1-2-2。

表 1-2-2 钢材适用性汇总

预应力	非预应力
HRB400、HRB500、HRB600	HPB300、HRB400
CRB650、CRB800、CRB800H	CRB550、CRB600H、CRB680H
甲级	乙级
热处理钢筋、钢丝、钢绞线	—

注：最新规范中规定冷拔低碳钢丝只有一个牌号 CDW550，不得作预应力钢筋使用，备考按照当地教材规定来学习。

2. 钢结构用钢

土建结构用钢主要是热轧成型的钢板和型钢等。钢结构常用型钢截面的几何特性见图 1-2-3。

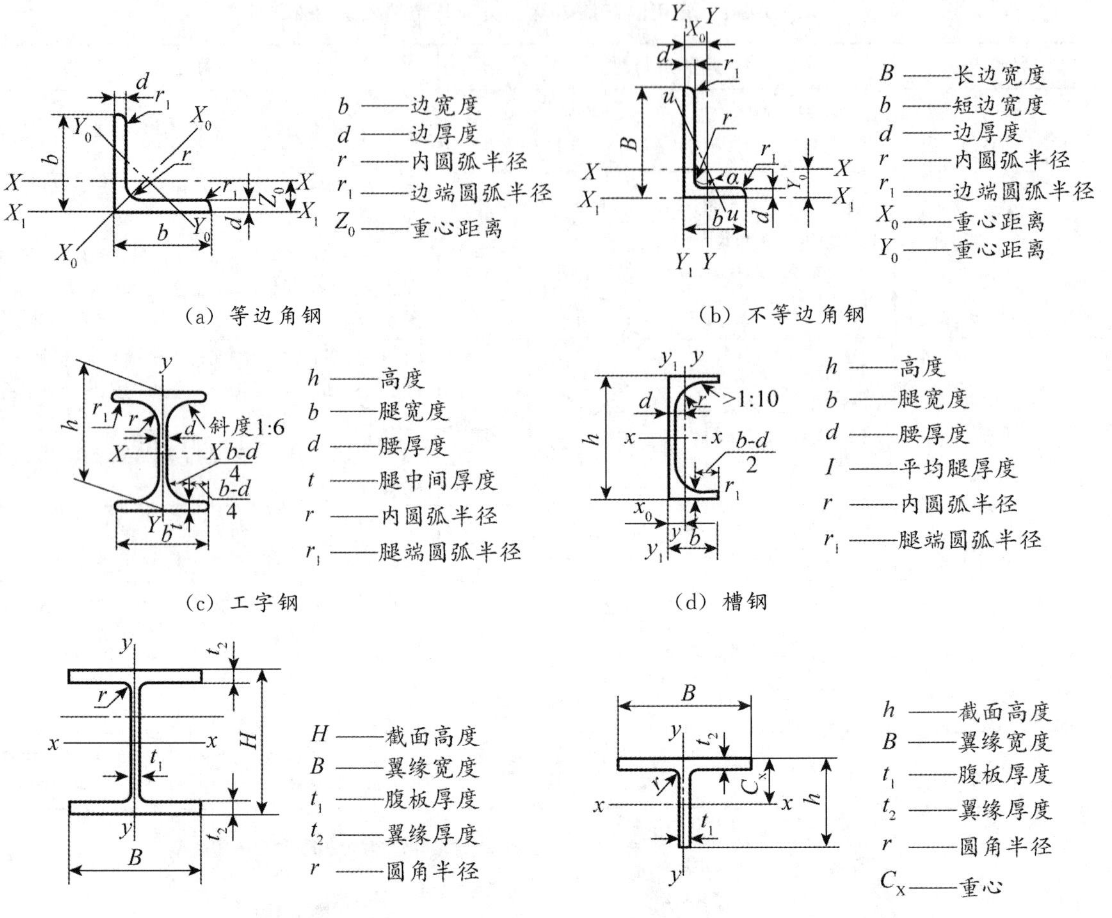

b——边宽度
d——边厚度
r——内圆弧半径
r_1——边端圆弧半径
Z_0——重心距离

（a）等边角钢

B——长边宽度
b——短边宽度
d——边厚度
r——内圆弧半径
r_1——边端圆弧半径
X_0——重心距离
Y_0——重心距离

（b）不等边角钢

h——高度
b——腿宽度
d——腰厚度
t——腿中间厚度
r——内圆弧半径
r_1——腿端圆弧半径

（c）工字钢

h——高度
b——腿宽度
d——腰厚度
I——平均腿厚度
r——内圆弧半径
r_1——腿端圆弧半径

（d）槽钢

H——截面高度
B——翼缘宽度
t_1——腹板厚度
t_2——翼缘厚度
r——圆角半径

（e）H 型钢

h——截面高度
B——翼缘宽度
t_1——腹板厚度
t_2——翼缘厚度
r——圆角半径
C_X——重心

（f）T 型钢

图 1-2-3　钢结构常用型钢截面的几何特性

3. 装饰用钢

装饰用钢主要有装饰面用不锈钢薄板（抛光面和拉丝面）、挂接块料饰面板用镀锌角钢和槽钢及轻隔墙和吊顶用镀锌薄壁轻钢龙骨等。

4. 钢材性能

钢材性能见图 1-2-4。

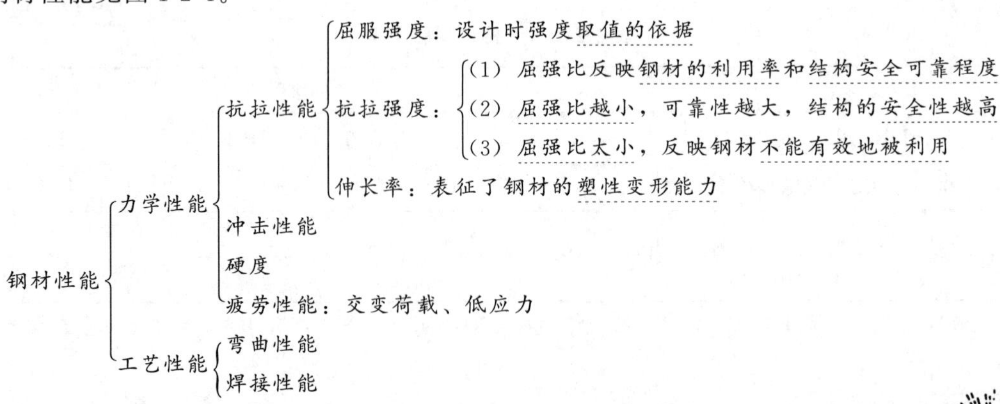

图 1-2-4　钢材性能

（二）水泥

水泥是一种胶凝材料。胶凝材料见图 1-2-5。

胶凝材料
- 无机胶凝材料
  - 气硬性（石灰、石膏、水玻璃）——一般只适用于干燥环境中，而不宜用于潮湿环境，更不可用于水中
  - 水硬性（水泥）
- 有机胶凝材料（沥青、天然或合成树脂）

图 1-2-5　胶凝材料

1. 水泥的基本成分

水泥的组成见图 1-2-6。

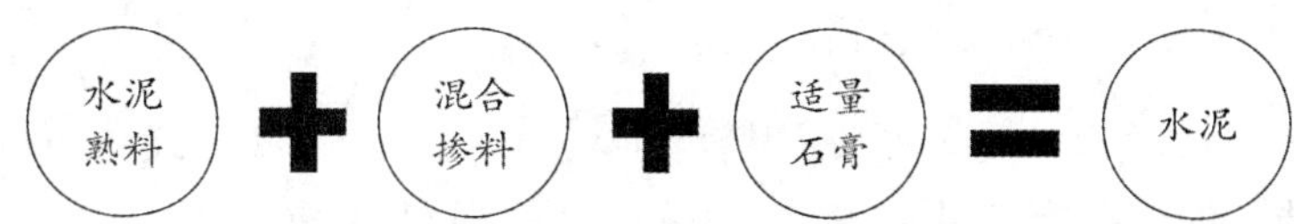

图 1-2-6　水泥的组成

水泥的基本成分是硅酸盐水泥熟料。硅酸盐水泥熟料的矿物组成、含量及主要特征如下：

（1）硅酸三钙。（含量最高）

（2）硅酸二钙。

（3）铝酸三钙。（含量最低、水化速度最快、水化热最大、体积收缩最大）

（4）铁铝酸四钙。

2. 水泥的主要品种

水泥的主要品种、特性及适用范围见表 1-2-3。

表 1-2-3　水泥的主要品种、特性及适用范围

<table>
<tr><th>种类</th><th colspan="2">主要特性</th><th>适用范围</th></tr>
<tr><td>硅酸盐</td><td colspan="2" rowspan="2">（1）早强快硬、强度高
（2）水化热较大
（3）抗冻性好
（4）耐腐蚀及耐水性较差</td><td rowspan="2">（1）适用于快硬早强、高强度等级混凝土的工程
（2）冬季严寒反复冻融地区</td></tr>
<tr><td>普通硅酸盐</td></tr>
<tr><td>矿渣</td><td>耐热性高</td><td rowspan="4">（1）早期强度低
（2）水化热低
（3）抗冻性差
（4）抗硫酸盐侵蚀性能好</td><td rowspan="4">（1）适用于有抗硫酸盐侵蚀要求的一般工程
（2）适于蒸汽养护的混凝土构件
（3）适于大体积混凝土结构
（4）不适宜有早强要求、冻融或干湿交替的工程</td></tr>
<tr><td>火山灰</td><td>抗渗性好</td></tr>
<tr><td>粉煤灰</td><td>干缩性小</td></tr>
<tr><td>复合水泥</td><td>—</td></tr>
</table>

3. 硅酸盐水泥及普通硅酸盐水泥的技术性质

硅酸盐水泥及普通硅酸盐水泥的技术性质见图 1-2-7。

技术性质
- （1）细度：直接影响水泥的活性和强度，颗粒越细，水化速度越快
- （2）凝结时间
  - 初凝：加水拌合→开始失去塑性　（≥45min）
  - 终凝：加水拌合→完全失去塑性并开始产生强度　（硅≤6.5h、普≤10h）
- （3）体积安定性：体积是否均匀变化的性能。游离氧化钙、游离氧化镁或石膏含量过多
- （4）强度（胶砂强度）：在标准温度（20℃±1℃）的水中养护，测3d和28d试件的抗折和抗压强度
- （5）碱含量：若使用活性骨料，碱含量不得大于0.6%
- （6）水化热：水化热主要在早期释放，后期逐渐减少。对大体积混凝土工程是不利的

图 1-2-7　硅酸盐水泥及普通硅酸盐水泥的技术性质

注：初凝时间、安全性不符合要求，应该报废。

➤ 记忆方法：凝结时间记忆结合数轴，见图 1-2-8。

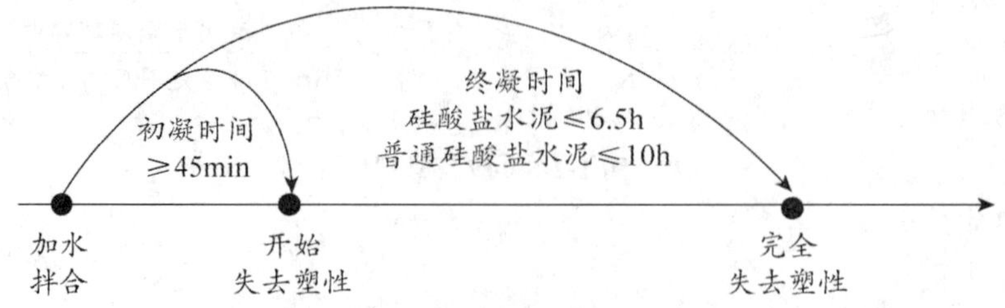

图 1-2-8　凝结时间

·典型例题·

［例题 1·单选］通常要求普通硅酸盐水泥的初凝时间和终凝时间（　　）。

A. ≥45min 和≥10h　　B. ≥45min 和≤10h

C. ≤45min 和≤10h　　D. ≤45min 和≥10h

［解析］根据《通用硅酸盐水泥》（GB 175—2007）的规定，硅酸盐水泥初凝时间不得早于 45min，终凝时间不得迟于 6.5h；普通硅酸盐水泥初凝时间不得早于 45min，终凝时间不得迟于 10h。

［例题 2·单选］判定硅酸盐水泥是否废弃的技术指标是（　　）。

A. 体积安定性　　B. 水化热　　C. 水泥强度　　D. 水泥细度

［解析］初凝时间不合要求，该水泥报废；终凝时间不合要求，视为不合格。

答案：1. B　2. A

（三）混凝土

1. 普通混凝土组成材料

普通混凝土（以下简称混凝土）一般是由水泥、砂、石和水组成。为改善混凝土的某些性能，还经常加入适量的外加剂和掺合料，见图 1-2-9。其特点见表 1-2-4。

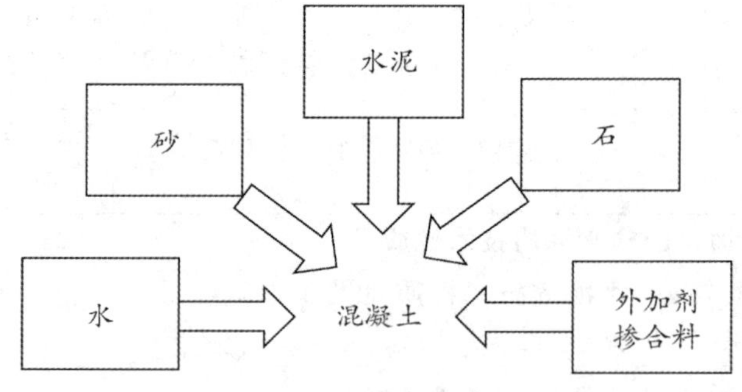

图 1-2-9　混凝土组成

表 1-2-4　普通混凝土组成及其特点

组成	特点
水泥	（1）一般强度的混凝土：水泥强度等级宜为混凝土强度等级的 1.5～2.0 倍 （2）较高强度等级的混凝土：水泥强度等级宜为混凝土强度等级的 0.9～1.5 倍
砂	（1）在砂用量相同的情况下，若砂子过粗，则拌制的混凝土黏聚性较差，容易产生离析、泌水现象；若砂子过细，砂子的总表面积增大，虽然拌制的混凝土黏聚性较好，不易产生离析、泌水现象，但水泥用量增大

续表

组成	特点
砂	（2）砂按细度模数分为粗、中、细三种规格，粗、中、细砂均可作为普通混凝土用砂，但以中砂为宜 细砂 1.6–2.2；中砂 2.3–3.0；粗砂 3.1–3.7　细度模数
石子	最大粒径：≤1/4 结构截面最小尺寸且≤3/4 钢筋间最小净距（实心板：≤1/3 板厚且≤40mm）
水	未经处理的海水严禁用于钢筋混凝土和预应力混凝土
外加剂	（1）减水剂：减水增强、提高流动性、节约水泥 （2）早强剂：多用于抢修工程和冬季施工的混凝土 （3）引气剂：改善和易性，同时显著提高硬化混凝土抗冻融耐久性 （4）缓凝剂：用于大体积混凝土、炎热气候条件下施工的混凝土或长距离运输的混凝土

2. 混凝土的技术性质

（1）混凝土的强度。

1）混凝土抗压、抗拉和抗折强度见表 1-2-5。

表 1-2-5　混凝土抗压、抗拉和抗折强度

项目	内容
抗压强度	（1）立方体抗压强度 f_{cu}：f_{cu} 只是一组试件抗压强度的算术平均值，并未涉及数理统计和保证率的概念 （2）立方体抗压强度标准值 $f_{cu,k}$：按数理统计方法确定，具有不低于 95%保证率的立方体抗压强度。混凝土的强度等级是根据立方体抗压强度标准值来确定的
抗拉强度	只有抗压强度的 1/20～1/10，且强度等级越高，该比值越小【抗压不抗拉】
抗折强度	在道路和机场工程中，混凝土抗折强度是结构设计和质量控制的重要指标

2）影响混凝土强度的因素。

①水灰比和水泥强度等级。适当控制水灰比及水泥用量，是决定混凝土密实性的主要因素。

②养护的温度和湿度。

③龄期。

（2）混凝土的和易性。

1）和易性是一项综合技术指标，包括流动性、黏聚性（整体均匀性）、保水性 3 个主要方面。

2）影响因素：水泥浆是最敏感的影响因素。

·典型例题·

［**例题·多选**］混凝土拌合物的和易性包括（　　）。

A. 保水性　　B. 耐久性　　C. 黏聚性　　D. 流动性

E. 抗冻性

［**解析**］和易性是一项综合技术指标，包括流动性、黏聚性和保水性三方面的含义。

答案：ACD

（3）混凝土耐久性。

混凝土的耐久性包括抗冻性、抗渗性、抗侵蚀性及抗碳化能力。

3. 预拌混凝土

（1）在采用商品混凝土时要考虑混凝土的经济运距，一般以15～20km为宜，运输时间一般不宜超过1h。

（2）预拌混凝土分为常规品（代号A）和特制品（代号B），包括的混凝土种类有高强混凝土、自密实混凝土、纤维混凝土、轻骨料混凝土和重混凝土。

（3）预拌混凝土供货量应以体积计，计算单位为m^3。

4. 特种混凝土

（1）高性能混凝土（简称HPC）。

具有高耐久性、高工作性和高体积稳定性的混凝土。特别适用于高层建筑、桥梁以及暴露在严酷环境中的建筑物。

（2）高强混凝土（不低于C60的混凝土）。

高强混凝土是用普通水泥、砂石作为原料，采用常规制作工艺（主要依靠高效减水剂，或者同时外加一定数量的活性矿物掺合料），使硬化后强度等级不低于C60的混凝土。高强混凝土的特点见表1-2-6。

表1-2-6　高强混凝土的特点

特点	内容
优点	（1）减少结构断面，降低钢筋用量，增加房屋使用面积和有效空间，减轻地基负荷 （2）致密坚硬，抗渗、抗冻、耐腐蚀、抗冲击性能好 （3）对于预应力钢筋混凝土构件，高强混凝土由于刚度大、变形小，可以施加更大的预应力和更早地施加预应力，减少预应力损失
缺点	（1）易受到施工各环节中环境条件的影响，对其施工过程的质量管理水平要求高 （2）延性差

（3）多孔混凝土。

1）加气混凝土。

加气混凝土是以硅质材料（砂、粉煤灰及含硅尾矿等）和钙质材料（石灰、水泥）为主要原料，掺加发气剂（铝粉），制成的轻质多孔硅酸盐制品。

优点主要有：①质轻；②保温、隔声；③抗震、耐久；④具有一定的强度和可加工性。

2）泡沫混凝土。

凡在配制好的含有胶凝物质的料浆中加入泡沫而形成多孔的坯体，并经养护形成的多孔混凝土，称为泡沫混凝土。

3）大孔混凝土。

大孔混凝土指无细骨料的混凝土，按其粗骨料的种类，可分为普通无砂大孔混凝土和轻骨料大孔混凝土两类。

（4）防水混凝土。（抗渗性能不得小于P6）

防水混凝土又称抗渗混凝土，抗渗混凝土的设计抗渗等级有P6、P8、P10和P12。

（5）碾压混凝土。（超干硬性混凝土拌合物）

碾压混凝土是道路工程、机场工程和水利工程中性能好、成本低的新型混凝土材料。

（6）纤维混凝土。

掺入纤维的目的是提高混凝土的抗拉强度与降低其脆性。纤维混凝土的作用如下：

1）很好地控制混凝土的非结构性裂缝。

2）对混凝土具有微观补强的作用。

3）利用纤维束减少塑性裂缝和混凝土的渗透性。

4）增强混凝土的抗磨损能力。

5）静载试验表明可替代焊接钢丝网。

6）增加混凝土的抗破损能力。

7）增加混凝土的抗冲击能力。

（7）聚合物混凝土。

聚合物混凝土主要分为：聚合物浸渍混凝土、聚合物水泥混凝土和聚合物胶结混凝土（树脂混凝土）三类，其适用范围见表1-2-7。

表1-2-7　聚合物混凝土的分类及其适用范围

分类	适用范围
聚合物浸渍混凝土	（1）腐蚀介质中的管、桩、柱、地面砖、海洋构筑物和路面、桥面板 （2）水利工程中对抗冲、耐磨、抗冻要求高的部位 （3）现场修补构筑物的表面和缺陷，以提高其使用性能
聚合物水泥混凝土	可应用于现场灌注构筑物、路面及桥面修补，混凝土储罐的耐蚀面层，新老混凝土的黏结以及其他特殊用途的预制品
聚合物胶结混凝土（树脂混凝土）	具有快硬、高强和显著改善抗渗、耐蚀、耐磨、抗冻融以及黏结等性能，可现场应用于混凝土工程快速修补、地下管线工程快速修建、隧道衬里等

（四）砌筑材料

1. 砖

（1）烧结砖。

1）烧结普通砖（见图1-2-10）。

①基本参数。标准尺寸为240mm×115mm×53mm。

②特性及适用性。烧结普通砖具有较高的强度，良好的绝热性、耐久性、透气性和稳定性，且原料广泛，生产工艺简单，因而可用作墙体材料，砌筑柱、拱、窑炉、烟囱、沟道及基础等。【适用于受压构件】

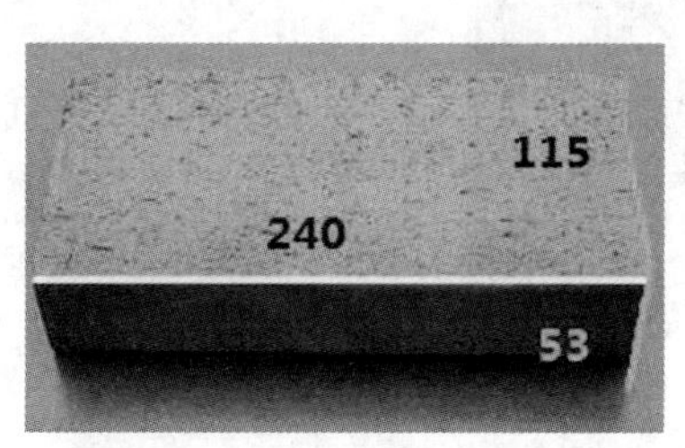

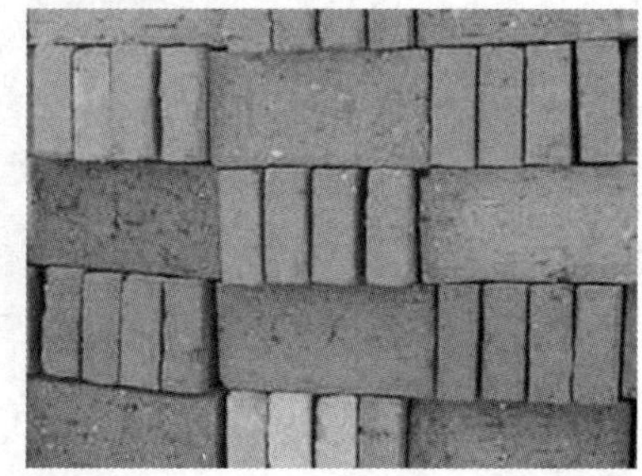

图1-2-10　烧结普通砖

2）烧结多孔砖（见图1-2-11）。

多孔砖大面有孔，孔多而小，孔洞垂直于大面（即受压面）。主要用于六层以下建筑物的承重墙体。

图 1-2-11　烧结多孔砖

3）烧结空心砖（见图 1-2-12）。

孔洞平行于大面和条面，垂直于顶面，使用时大面承压，承压面与孔洞平行，所以这种砖强度不高，而且自重较轻。用于非承重墙，如多层建筑内隔墙或框架结构的填充墙等。

图 1-2-12　烧结空心砖

（2）蒸养（压）砖（见图 1-2-13）。

蒸养（压）砖属于硅酸盐制品，是以石灰和含硅原料（砂、粉煤灰、炉渣、矿渣及煤矸石等）加水拌合，经成型、蒸养（压）而制成的。目前使用的主要有粉煤灰蒸养砖、灰砂蒸养砖和炉渣蒸养砖。

这种砖均不得用于长期经受 200℃高温、急冷急热或有酸性介质侵蚀的建筑部位。

图 1-2-13　蒸养（压）砖

2. 砌块

砌块按外观形状可分为实心砌块和空心砌块。空心率小于 25%或无孔洞的砌块为实心砌块；空心率大于或等于 25%的砌块为空心砌块。空心砌块有单排方孔、单排圆孔和多排扁孔三种形式。

3. 石材

（1）天然石材。

天然石材的分类见表 1-2-8。

表 1-2-8 天然石材的分类

岩石种类	常用石种	特性	用途
岩浆岩（火成岩）	花岗岩	孔隙率小，吸水率低，耐磨、耐酸、耐久，但不耐火，磨光性好	基础、地面、路面、室内外装饰、混凝土集料
	玄武岩	硬度大、细密、耐冻性好，抗风化性强	高强混凝土集料、道路路面
沉积岩（水成岩）	石灰岩	耐久性及耐酸性均较差，力学性质随组成不同变化范围很大	基础、墙体、桥墩、路面、混凝土集料
	砂岩	硅质砂岩（以氧化硅胶结），坚硬、耐久，耐酸性与花岗岩相近	基础、墙体、衬面、踏步、纪念碑石
变质岩	大理石	质地致密，硬度不高，易加工，磨光性好，易风化，不耐酸	室内墙面、地面、柱面、栏杆等装修
	石英岩	硬度大，加工困难，耐酸、耐久性好	基础、栏杆、踏步、饰面材料、耐酸材料

（2）人造石材。

人造石材是以大理石、花岗石碎料、石英砂及石渣等为集料，树脂或水泥等为胶黏剂，经拌合、成型、聚合或养护后研磨抛光、切割而成。常用的人造石材有人造花岗石、人造大理石和人造水磨石三种。

4. 砌筑砂浆

（1）分类和应用。

砌筑砂浆根据组成材料的不同，分为水泥砂浆、石灰砂浆、水泥石灰混合砂浆等，水泥砂浆及预拌砂浆的强度等级可分为M5、M7.5、M10、M15、M20、M25、M30。水泥混合砂浆的强度等级可分为M5、M7.5、M10、M15。砌筑砂浆分类和应用见表1-2-9。

表 1-2-9 砌筑砂浆分类和应用

分类	应用
水泥砂浆	砌筑基础
石灰砂浆	砌筑简易工程
水泥石灰混合砂浆	砌筑主体及砖柱

（2）材料要求。

砌筑砂浆的材料要求详见表1-2-10。

表 1-2-10 砌筑砂浆的材料要求

材料组成	要求
水泥	（1）砂浆强度≤M15：宜选用32.5级的通用硅酸盐水泥或砌筑水泥 （2）砂浆强度＞M15：宜选用42.5级普通硅酸盐水泥
砂	宜选用中砂
掺合料	增加和易性，常用的掺合料有： （1）石灰膏（严禁使用脱水硬化的石灰膏） （2）电石膏 （3）粉煤灰

续表

材料组成	要求
水	(1) 应采用不含有害物质的洁净水，饮用水可用来拌制各类砂浆 (2) 采用工业废水和矿泉水时，须经化验合格后才能使用

·典型例题·

［例题 1·单选］热轧钢筋的级别提高，则其（　　）。

A. 屈服强度提高，极限强度下降　　B. 极限强度提高，塑性提高

C. 屈服强度提高，塑性下降　　D. 屈服强度提高，塑性提高

［解析］随钢筋级别的提高，其屈服强度和极限强度逐渐增加，而其塑性则逐渐下降。

［例题 2·单选］与普通混凝土相比，高强度混凝土的特点是（　　）。

A. 早期强度低，后期强度高　　B. 徐变引起的应力损失大

C. 耐久性好　　D. 延展性好

［解析］混凝土的耐久性包括抗渗性、抗冻性、耐磨性及抗侵蚀性等。高强混凝土在这些方面的性能均明显优于普通混凝土，尤其是外加矿物掺合料的高强度混凝土，其耐久性进一步提高。

［例题 3·单选］非承重墙应优先采用（　　）。

A. 烧结空心砖　　B. 烧结多孔砖

C. 粉煤灰砖　　D. 煤矸石砖

［解析］烧结空心砖是以黏土、页岩、煤矸石或粉煤灰为主要原料烧制的主要用于非承重部位的空心砖。其顶面有孔、孔大而少，孔洞为矩形条孔或其他孔形，孔洞率大于 40%。由于其孔洞平行于大面和条面，垂直于顶面，使用时大面承压，承压面与孔洞平行，所以这种砖强度不高，而且自重较轻，因而多用于非承重墙。

［例题 4·单选］在水泥石灰砂浆中，掺入粉煤灰是为了（　　）。

A. 提高和易性　　B. 提高强度

C. 减少水泥用量　　D. 缩短凝结时间

［解析］石灰膏在水泥石灰混合砂浆中起增加砂浆和易性的作用。除石灰膏外，在水泥石灰混合砂浆中适当掺入电石膏和粉煤灰也能增加砂浆的和易性。

［例题 5·多选］有抗化学侵蚀要求的混凝土多使用（　　）。

A. 硅酸盐水泥　　B. 普通硅酸盐水泥

C. 矿渣硅酸盐水泥　　D. 火山灰质硅酸盐水泥

E. 粉煤灰硅酸盐水泥

［解析］硅酸盐水泥和普通硅酸盐水泥不适用于受化学侵蚀、压力水（软水）作用及海水侵蚀的工程。

答案：1. C　2. C　3. A　4. A　5. CDE

二、建筑装饰材料

（一）饰面材料

1. 饰面石材

（1）天然饰面石材。

常用的天然饰面石材有花岗石板材和大理石板材等，见表 1-2-11。

表 1-2-11　天然饰面石材

石材	特性	应用
花岗石板材	质地坚硬密实，抗压强度高，具有优异的耐磨性及良好的化学稳定性，不易风化变质，耐久性好，耐火性差	适用于室内外
大理石板	（1）结构致密，抗压强度高，但硬度不大，易锯解、雕琢和磨光 （2）具有吸水率小、耐磨性好以及耐久等优点，但其抗风化性能较差	一般不宜用作室外装饰

1）民用建筑工程根据控制室内环境污染的不同要求，划分为两类，见表 1-2-12。

表 1-2-12　民用建筑工程的划分

分类	举例
Ⅰ类	住宅、医院、老年人建筑、幼儿园、学校教室等（弱势群体活动场所）
Ⅱ类	办公楼、商店、旅馆、文化娱乐场所、书店、图书馆、展览馆、体育馆、公共交通等候室、餐厅、理发店等（公共场所）

2）装修材料（花岗石、建筑陶瓷、石膏制品等）中以天然放射性核素的放射性比活度和外照射指数的限值分为 A、B、C 三类。

（2）人造饰面石材。

合成石面板（见图 1-2-14）属于人造饰面石材。其品种有仿天然大理石板、仿天然花岗石板等，可用于室内外立面、柱面装饰，用作室内墙面与地面装饰材料，还可用作楼梯面板、窗台板等。

图 1-2-14　合成石面板

2. 饰面陶瓷

建筑装饰用陶瓷制品指用于建筑室内外装饰且档次较高的烧土制品。陶瓷制品内部构造致密，有一定的强度和硬度，化学稳定性好，耐久性高，制品有各种颜色、图案，但性能脆，抗冲击性能较差。饰面陶瓷的类型及特点见表 1-2-13。

表 1-2-13　饰面陶瓷的类型及特点

类型	特点
釉面砖（见图 1-2-15）	（1）表面平整、光滑，坚固耐用，色彩鲜艳，易于清洁，防火、防水、耐磨、耐腐蚀等 （2）不应用于室外（适用于室内）
墙地砖（见图 1-2-16）	墙砖和地砖的总称，作为墙面、地面装饰都可使用，包括建筑物外墙装饰贴面用砖和室内外地面装饰铺贴用砖（适用于室内外）
陶瓷锦砖（见图 1-2-17）	俗称马赛克，主要用于室内地面铺装（适用于室内）
瓷质砖（见图 1-2-18）	（1）瓷质砖又称同质砖、通体砖、玻化砖。装饰在建筑物外墙壁上能起到隔声、隔热的作用，而且它比大理石轻便，质地均匀致密、强度高、化学性能稳定（适用于室内外） （2）20 世纪 80 年代后期发展起来的建筑装饰材料，正逐渐成为天然石材装饰材料的替代产品

图 1-2-15　釉面砖

图 1-2-16　墙地砖

图 1-2-17　陶瓷锦砖

图 1-2-18　瓷质砖

3. 其他饰面材料

(1) 石膏饰面材料：石膏板主要用作室内吊顶及内墙饰面。

(2) 塑料饰面材料：包括各种塑料壁纸、塑料装饰板材（塑料贴面装饰、硬质 PVC 板、玻璃钢板及钙塑泡沫装饰吸声板等）、塑料卷材地板、块状塑料地板及化纤地毯等。

(3) 木材、金属等饰面材料：此类饰面材料有薄木贴面板、胶合板、木地板、铝合金装饰板及彩色不锈钢板等。

（二）建筑玻璃

1. 平板玻璃

平板玻璃的特点：

(1) 良好的透视、透光性能。

(2) 隔声，有一定的保温性能。抗拉强度远小于抗压强度，是典型的脆性材料。

(3) 有较高的化学稳定性。

(4) 热稳定性较差，急冷急热，易发生炸裂。

2. 装饰玻璃

装饰玻璃主要有：彩色平板玻璃、釉面玻璃、压花玻璃、喷花玻璃、乳花玻璃、刻花玻璃、冰花玻璃。

➢ **记忆口诀**："油菜花"。

3. 安全玻璃

常见的安全玻璃包括防火玻璃、钢化玻璃、夹丝玻璃和夹层玻璃，其特性详见表 1-2-14。

表 1-2-14　安全玻璃的分类及特性

种类	特性
防火玻璃	防火玻璃主要用于有防火隔热要求的建筑幕墙、隔断等构造和部位
钢化玻璃	(1) 钢化玻璃是用物理或化学的方法，在玻璃的外表面上形成一个压应力层，而内部处于较大的拉应力状态，内、外拉压应力处于平衡状态，玻璃本身具有较高的抗压强度，表面不会造成破坏的玻璃品种 (2) 机械强度高、弹性好、热稳定性好、碎后不易伤人，但可发生自爆
夹丝玻璃（见图 1-2-19）	(1) 具有安全性、防火性、防盗抢性 (2) 主要应用于建筑的天窗、采光屋顶、阳台及有防盗、防抢功能要求的营业柜台的遮挡部位
夹层玻璃（见图 1-2-20）	(1) 透明度好、抗冲击性能好、碎片不会散落伤人 (2) 有着较高的安全性，一般在建筑上用于高层建筑的门窗、天窗、楼梯栏板和有抗冲击作用要求的商店、银行、橱窗、隔断及水下工程等安全性能高的场所或部位等 (3) 用于生产夹层玻璃的原片可以是浮法玻璃、钢化玻璃、着色玻璃或镀膜玻璃等

图 1-2-19　夹丝玻璃

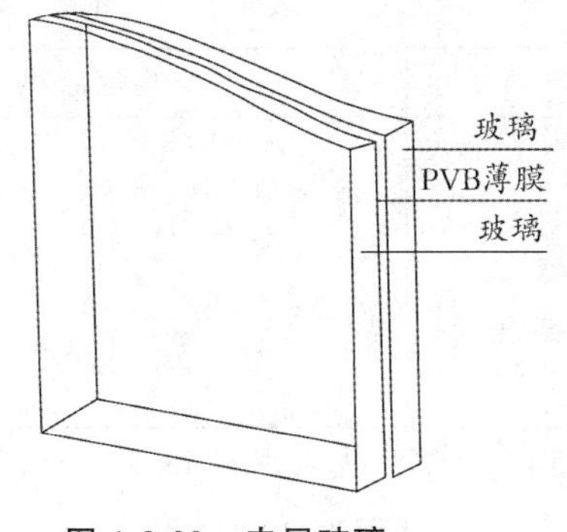

图 1-2-20　夹层玻璃

4. 节能装饰型玻璃

节能装饰型玻璃的分类及特性见表 1-2-15。

表 1-2-15　节能装饰型玻璃的分类及特性

<table>
<tr><th colspan="2">分类</th><th>特性</th></tr>
<tr><td colspan="2">着色玻璃</td><td>一般多用作建筑物的门窗或玻璃幕墙</td></tr>
<tr><td rowspan="2">镀膜玻璃</td><td>阳光控制镀膜玻璃</td><td>（1）镀膜层具有单向透视性
（2）单面镀膜玻璃在安装时，应将膜层面向室内</td></tr>
<tr><td>低辐射镀膜玻璃</td><td>（1）又称“Low-E”玻璃。有利于自然采光，可节省照明费用，总体节能效果明显
（2）一般不单独使用，往往与普通平板玻璃、浮法玻璃、钢化玻璃等配合，制成高性能的中空玻璃</td></tr>
<tr><td colspan="2">中空玻璃</td><td>保温隔热、隔声效果明显</td></tr>
<tr><td colspan="2">真空玻璃</td><td>（1）两片玻璃中一般至少有一片是低辐射玻璃
（2）真空玻璃比中空玻璃有更好的隔热、隔声性能</td></tr>
</table>

（三）建筑装饰涂料

1. 建筑装饰涂料的基本组成

根据涂料中各成分的作用，其基本组成可分为主要成膜物质、次要成膜物质和辅助成膜物质三部分，见表 1-2-16。

表 1-2-16　建筑装饰涂料的基本组成

<table>
<tr><th>基本组成</th><th colspan="2">要求</th></tr>
<tr><td>主要成膜物质（多用树脂）</td><td colspan="2">在现代建筑装饰涂料中，成膜物质多用树脂，尤以合成树脂为主</td></tr>
<tr><td>次要成膜物质</td><td colspan="2">次要成膜物质不能单独成膜，它包括颜料与填料</td></tr>
<tr><td rowspan="2">辅助成膜物质</td><td>助剂</td><td>催干剂（铝、锰氧化物及其盐类）、增塑剂</td></tr>
<tr><td>溶剂</td><td>苯、丙酮、汽油</td></tr>
</table>

2. 外墙、内墙、地面涂料的基本要求

外墙、内墙、地面涂料的基本要求详见表 1-2-17。

表 1-2-17　外墙、内墙、地面涂料的基本要求

外墙涂料	内墙涂料	地面涂料
（1）装饰性良好 （2）耐水性良好 （3）耐候性良好 （4）耐污染性好 （5）施工及维修容易	（1）色彩丰富、细腻、调和 （2）耐碱性、耐水性、耐粉化性良好 （3）透气性良好 （4）涂刷方便，重涂容易	（1）耐碱性良好 （2）耐水性良好 （3）耐磨性良好 （4）抗冲击性良好 （5）与水泥砂浆有良好的黏结性能 （6）涂刷施工方便，重涂容易

➢ **记忆方法**：总结共同点和各自的不同点。

3. 外墙、内墙、地面涂料的适用性

外墙、内墙、地面涂料的适用性详见表 1-2-18。

表 1-2-18　外墙、内墙、地面涂料的适用性

项目	适用性
外墙涂料	常用于外墙的涂料有苯乙烯-丙烯酸酯乳液涂料、丙烯酸酯系外墙涂料、聚氨酯系外墙涂料、合成树脂乳液砂壁状涂料等
内墙涂料	常用于内墙的涂料有聚乙烯醇水玻璃涂料（106 内墙涂料）、聚醋酸乙烯乳液涂料、醋酸乙烯-丙烯酸酯有光乳液涂料、多彩涂料等
地面涂料	一是用于木质地板的涂饰，如常用的聚氨酯漆、钙酯地板漆和酚醛树脂地板漆；二是用于地面装饰，做成无缝涂布地面等，如常用的过氯乙烯地面涂料、聚氨酯地面涂料、环氧树脂厚质地面涂料等

➢ **记忆方法**：（1）外墙涂料：外墙由石头组成、乙丙烯很“笨”。

（2）内墙涂料：醋和水在室内、“有光”“多彩”。

（3）地面涂料：“地”“漆”。

（四）木材

1. 木材的含水率

（1）含水率指标。

影响木材物理力学性质和应用的最主要的含水率指标是纤维饱和点和平衡含水率，见表 1-2-19。

表 1-2-19　纤维饱和点与平衡含水率

指标	要点
纤维饱和点	（1）木材仅细胞壁中的吸附水达饱和而细胞腔和细胞间隙中无自由水存在时的含水率 （2）木材物理力学性质是否随含水率而发生变化的转折点
平衡含水率	木材中的水分与周围空气中的水分达到吸收与挥发动态平衡时的含水率

（2）木材的湿胀干缩与变形。

由于木材构造的不均匀性，木材的变形在各个方向上也不同。湿胀干缩将影响木材的使用。木材的湿胀干缩与变形详见表 1-2-20。

表 1-2-20　木材的湿胀干缩与变形

湿胀干缩与变形	要点
变形	顺纹方向最小，径向较大，弦向最大
湿胀干缩	（1）干缩会使木材翘曲、开裂、接榫松动、拼缝不严。湿胀可造成表面鼓凸 （2）木材在加工或使用前应预先进行干燥，使其接近于与环境湿度相适应的平衡含水率

2. 木材的强度

木材按受力状态分为抗拉、抗压、抗弯和抗剪四种强度，而抗拉、抗压和抗剪强度又有顺纹和横纹之分。木材各种强度之间的比例关系见表 1-2-21。

表 1-2-21　木材各种强度之间的比例关系

抗压强度		抗拉强度		抗弯强度	抗剪强度	
顺纹	横纹	顺纹	横纹		顺纹	横纹
1	1/10～1/3	2～3	1/3～3/2	3/2～2	1/7～1/3	1/2～1

木材在顺纹方向的抗拉和抗压强度都比横纹方向高得多，其中在顺纹方向的抗拉强度是木材各种力学强度中最高的，顺纹抗压强度仅次于顺纹抗拉和抗弯强度。

3. 人造木材的应用

人造木材是将木材加工过程中的大量边角、碎料、刨花、木屑等，经过再加工处理，制成各种人造板材。人造木材的应用见表 1-2-22。

表 1-2-22　人造木材的应用

人造木材	应用
胶合板	(1) 生产胶合板是合理利用木材，改善木材物理力学性能的有效途径，能获得较大幅宽的板材，消除各向异性，克服木节和裂纹等缺陷的影响 (2) 可用于隔墙板、天花板、门芯板、室内装修和家具等
纤维板	(1) 硬质纤维板密度大、强度高，主要用作壁板、门板、地板、家具和室内装修等 (2) 中密度纤维板是家具制造和室内装修的优良材料 (3) 软质纤维板表观密度小、吸声绝热性能好，可作为吸声或绝热材料使用
胶板夹合板	适用于家具制作、室内装修等
刨花板	(1) 普通刨花板由于成本低、性能优，用作芯材比木材更受欢迎 (2) 饰面刨花板则由于材质均匀、花纹美观、质量较小等原因，大量应用在家具制作、室内装修、车船装修等方面

·典型例题·

［例题 1 · 单选］室外装饰较少使用大理石板材的主要原因在于大理石（　　）。

A. 吸水率大　　B. 耐磨性差

C. 光泽度低　　D. 抗风化差

［解析］大理石板材具有吸水率小、耐磨性好以及耐久等优点，但其抗风化性能较差，一般不宜用作室外装饰。

［例题 2 · 单选］钢化玻璃是用物理或化学方法，在玻璃表面上形成一个（　　）。

A. 压应力层　　B. 拉应力层

C. 防脆裂层　　D. 刚性氧化层

［解析］钢化玻璃是用物理或化学的方法，在玻璃的表面上形成一个压应力层，而内部处于较大的拉应力状态，内外拉压应力处于平衡状态。

［例题 3 · 单选］建筑装饰涂料的辅助成膜物质常用的溶剂为（　　）。

A. 松香　　B. 桐油

C. 硝酸纤维　　D. 苯

［解析］辅助成膜物质不能构成涂膜，但可用以改善涂膜的性能或影响成膜过程，常用的

有助剂和溶剂。助剂包括催干剂（铝、锰氧化物及其盐类）、增塑剂等；溶剂则起溶解成膜物质、降低黏度、利于施工的作用，常用的溶剂有苯、丙酮、汽油等。

［**例题 4 · 单选**］关于对建筑涂料基本要求的说法，正确的是（　　）。

A. 外墙、地面、内墙涂料均要求耐水性好

B. 外墙涂料要求色彩细腻、耐碱性好

C. 内墙涂料要求抗冲击性好

D. 地面涂料要求耐候性好

［**解析**］内墙涂料色彩丰富、细腻、调和，耐碱性、耐水性、耐粉化性良好。地面涂料要求耐水性好及抗冲击性好。外墙涂料要求耐候性好。

［**例题 5 · 单选**］与内墙及地面涂料相比，对外墙涂料更注重（　　）。

A. 耐候性　　B. 耐碱性

C. 透气性　　D. 耐粉化性

［**解析**］对外墙涂料的基本要求：①装饰性良好；②耐水性良好；③耐候性良好；④耐污染性好；⑤施工及维修容易。

［**例题 6 · 单选**］下列建筑装饰涂料中，常用于外墙的涂料是（　　）。

A. 醋酸乙烯-丙烯酸酯有光乳液涂料

B. 聚醋酸乙烯乳液涂料

C. 聚乙烯醇水玻璃涂料

D. 苯乙烯-丙烯酸酯乳液涂料

［**解析**］常用于外墙的涂料有苯乙烯-丙烯酸酯乳液涂料、丙烯酸酯系外墙涂料、聚氨酯系外墙涂料、合成树脂乳液砂壁状涂料等。

［**例题 7 · 多选**］下列工程中属于Ⅱ类民用建筑工程的有（　　）。

A. 住宅　　B. 体育馆

C. 办公楼　　D. 医院

E. 旅馆

［**解析**］民用建筑工程根据控制室内环境污染的不同要求，划分为以下两类：①Ⅰ类民用建筑工程：住宅、医院、老年人建筑、幼儿园、学校教室等民用建筑工程。②Ⅱ类民用建筑工程：办公楼、商店、旅馆、文化娱乐场所、书店、图书馆、展览馆、体育馆、公共交通等候室、餐厅、理发店等民用建筑工程。

答案：1. D　2. A　3. D　4. A　5. A　6. D　7. BCE

三、建筑功能材料

（一）防水材料

1. 防水卷材

（1）聚合物改性沥青防水卷材。

由于在沥青中加入了高聚物改性剂，它克服了传统沥青防水卷材温度稳定性差、延伸率小的不足，具有高温不流淌、低温不脆裂、拉伸强度高、延伸率较大等优异性能，且价格适中。根据不同卷材可采用热熔法、冷粘法、自粘法施工。聚合物改性沥青防水卷材分类及应用见表 1-2-23。

表 1-2-23　聚合物改性沥青防水卷材分类及应用

分类	应用
SBS（弹性体）	适用于寒冷地区和结构变形频繁的建筑物防水，并可采用热熔法施工
APP（塑性体）	尤其适用于高温或有强烈太阳辐射地区的建筑物防水
沥青复合胎柔性防水卷材	适用于工业与民用建筑的屋面、地下室、卫生间等部位的防水防潮，也可用于桥梁、停车场、隧道等建筑物的防水

（2）合成高分子防水卷材。

合成高分子防水卷材具有拉伸强度和撕裂强度高，伸长率大，耐热性和低温柔性好，耐腐蚀、耐老化等一系列优异的性能，是新型高档防水卷材。常用的有再生胶防水卷材、三元乙丙橡胶防水卷材、三元丁橡胶防水卷材、聚氯乙烯防水卷材、氯化聚乙烯防水卷材及氯化聚乙烯-橡胶共混防水卷材等。

2. 防水涂料

防水涂料特别适合于各种不规则部位的防水。按成膜物质的主要成分可分为聚合物改性沥青防水涂料和合成高分子防水涂料两类。

3. 建筑密封材料

建筑密封材料分为定型密封材料和非定型密封材料。非定型密封材料通常是黏稠状的材料，定型密封材料是具有一定形状和尺寸的密封材料，如密封条带、止水带等。密封材料的分类见表 1-2-24。

表 1-2-24　密封材料的分类

密封材料	分类
非定型密封材料	常用的非定型密封材料有沥青嵌缝油膏、聚氯乙烯接缝膏、塑料油膏、丙烯酸类密封膏、聚氨酯密封膏、聚硫密封膏和硅酮密封膏等
定型密封材料	（1）定型密封材料包括密封条带和止水带，如铝合金门窗的橡胶密封条、丁腈橡胶-PVC门窗密封条、自黏性橡胶、橡胶止水带和塑料止水带等 （2）定型密封材料按密封机理的不同可分为遇水非膨胀型和遇水膨胀型两类

（二）保温隔热材料

1. 纤维状绝热材料

（1）岩棉及矿渣棉（统称为矿物棉）。

其缺点是吸水性大、弹性小。矿渣棉可作为建筑物的墙体、屋顶、天花板等处的保温隔热和吸声材料，以及热力管道的保温材料。

（2）石棉。

由于石棉中的粉尘对人体有害，民用建筑很少使用，目前主要用于工业建筑的隔热、保温及防火覆盖等。

（3）玻璃棉。

广泛用在温度较低的热力设备和房屋建筑中的保温隔热，同时它还是良好的吸声材料。

（4）陶瓷纤维。

陶瓷纤维制品是指用陶瓷纤维为原材料，通过加工制成的重量轻、耐高温、热稳定性好、导热率低、比热小及耐机械振动等优点的工业制品，专门用于各种高温、高压、易磨损的环境中。

2. 散粒状绝热材料

（1）膨胀蛭石（见图 1-2-21）。

作为绝热、隔声材料。但吸水性大、电绝缘性不好。使用时应注意防潮，以免吸水后影响绝热效果。膨胀蛭石可松散铺设，也可与水泥、水玻璃等胶凝材料配合，浇筑成板，用于墙、楼板和屋面板等构件的绝热。

（2）膨胀珍珠岩（见图 1-2-22）。

膨胀珍珠岩是一种高效的绝热材料。

（3）玻化微珠（见图 1-2-23）。

玻化微珠吸水率低，易分散，可提高砂浆流动性，还具有防火、吸音隔热等性能，是一种具有高性能的无机轻质绝热材料，广泛应用于外墙内外保温砂浆、装饰板、保温板的轻质骨料。

玻化微珠保温砂浆是用于外墙内外保温的一种新型无机保温砂浆材料。具有优异的保温隔热性能和防火耐老化性能，不空鼓开裂、强度高等特性。

图 1-2-21　膨胀蛭石

图 1-2-22　膨胀珍珠岩

图 1-2-23　玻化微珠

3. 有机绝热材料

（1）泡沫塑料。

泡沫塑料是经加热发泡而制成的具有轻质、保温、绝热、吸声和防震性能的材料。

（2）植物纤维类绝热板。

植物纤维类绝热板可用作墙体、地板、顶棚等，也可用于冷藏库、包装箱等。

（三）吸声隔声材料

1. 吸声材料

材料的表观密度、厚度、孔隙特征等是影响多孔性材料吸声性能的主要因素。

（1）薄板振动吸声结构。

薄板振动吸声结构具有低频吸声特性，同时还有助于声波的扩散。

（2）柔性吸声结构。

柔性吸声结构是具有密闭气孔和一定弹性的材料。这种材料的吸声特性是在一定的频率范围内出现一个或多个吸收频率。

（3）悬挂空间吸声结构。

悬挂空间吸声结构增加了有效的吸声面积，产生边缘效应。空间吸声体有平板形、球形、椭圆形和棱锥形等。

（4）帘幕吸声结构。

这种吸声体对中、高频都有一定的吸声效果。

2. 隔声材料

隔声材料是能减弱或隔断声波传递的材料。必须选用密实、质量大的材料作为隔声材料。

（四）防火材料

（1）物体的阻燃和防火：可燃物、助燃物和火源通常被称为燃烧三要素。

（2）阻燃剂：可分为添加型阻燃剂和反应型阻燃剂两类。

（3）防火涂料。

1）防火涂料的特点。

由基料和防火助剂两部分组成。除了应具有普通涂料的装饰作用和对基材提供的物理保护作用外，还需要具有隔热、阻燃和耐火的功能。

2）防火涂料的分类。

按防火涂料的使用目标来分，可分为饰面型防火涂料、钢结构防火涂料、电缆防火涂料、预应力混凝土楼板防火涂料、隧道防火涂料和船用防火涂料等多种类型。其中，钢结构防火涂料的分类见表 1-2-25。

表 1-2-25 钢结构防火涂料的分类

分类依据	分类		
根据使用场合	室内用		
	室外用		
根据涂层厚度和耐火极限	超薄型（CB）	(0，3]	膨胀型
	薄型（B）	(3，7]	
	厚质型（H）	(7，45]	非膨胀型

（4）水性防火阻燃液。

根据水性防火阻燃液的使用对象，可分为木材阻燃处理用的水性防火阻燃液、织物阻燃处理用的水性防火阻燃液及纸板阻燃处理用的水性防火阻燃液三类。

（5）防火堵料。

根据防火封堵材料的组成、形状与性能特点可分为三类：以有机高分子材料为胶黏剂的有机防火堵料；以快干水泥为胶凝材料的无机防火堵料；将阻燃材料用织物包裹形成的防火包。防火堵料分类及应用见表 1-2-26。

表 1-2-26 防火堵料分类及应用

分类	适用性
有机防火堵料	适合需经常更换或增减电缆、管道的场合
无机防火堵料	主要用于封堵后基本不变的场合
防火包	尤其适合需经常更换或增减电缆、管道的场合

·典型例题·

［**例题 1·单选**］常用于寒冷地区和结构变形较为频繁部位，且适宜热熔法施工的聚合物改性沥青防水卷材是（　　）。

A. SBS 改性沥青防水卷材

B. APP 改性沥青防水卷材

C. 沥青复合胎柔性防水卷材

D. 聚氯乙烯防水卷材

[解析] SBS 改性沥青防水卷材属弹性体沥青防水卷材中的一种，该类防水卷材广泛适用于各类建筑防水、防潮工程，尤其适用于寒冷地区和结构变形频繁的建筑物防水，并可采用热熔法施工。

[例题 2 · 单选] APP 改性沥青防水卷材，其突出的优点是（　　）。

A. 用于寒冷地区铺贴

B. 适宜于结构变形频繁部位防水

C. 适宜于强烈太阳辐射部位防水

D. 可用热熔法施工

[解析] APP 改性沥青防水卷材广泛适用于各类建筑防水、防潮工程，尤其适用于高温或有强烈太阳辐射地区的建筑物防水。

[例题 3 · 单选] 高温车间的防潮卷材宜选用（　　）。

A. 氯化聚乙烯−橡胶共混型防水卷材

B. 沥青复合胎柔性防水卷材

C. 三元乙丙橡胶防水卷材

D. APP 改性沥青防水卷材

[解析] APP 改性沥青防水卷材广泛适用于各类建筑防水、防潮工程，尤其适用于高温或有强烈太阳辐射地区的建筑物防水。

[例题 4 · 单选] 民用建筑很少使用的保温隔热材料是（　　）。

A. 岩棉　　B. 矿渣棉

C. 石棉　　D. 玻璃棉

[解析] 由于石棉中的粉尘对人体有害，因而民用建筑很少使用，目前主要用于工业建筑的隔热、保温及防火覆盖等。

[例题 5 · 单选] 膨胀蛭石是一种较好的绝热材料、隔声材料，但使用时应注意（　　）。

A. 防潮

B. 防火

C. 不能松散铺设

D. 不能与胶凝材料配合使用

[解析] 膨胀蛭石作为绝热、隔声材料，其吸水性大、电绝缘性不好。使用时应注意防潮，以免吸水后影响绝热效果。膨胀蛭石可松散铺设，也可与水泥、水玻璃等胶凝材料配合，浇筑成板，用于墙、楼板和屋面板等构件的绝热。

答案：1. A　2. C　3. D　4. C　5. A

第三节　土建工程主要施工工艺与方法

一、土石方工程施工技术

（一）土石方工程分类

土石方工程施工包括土石方的开挖、运输、填筑、平整及压实等，常见的土石方工程分类及要点见表 1-3-1。

表 1-3-1　常见的土石方工程分类及要点

分类	要点
场地平整	确定场地设计标高→确定挖方、填方的平衡调配→选择土方施工机械→拟订施工方案
基坑（槽）开挖	浅基坑（槽）：开挖深度＜5m；深基坑（槽）：开挖深度≥5m
基坑（槽）回填	填土必须具有一定的密实度，填方应分层进行，并尽量采用同类土填筑
地下工程大型土石方开挖	—
路基修筑	—

（二）土石方工程的准备与辅助工作

1. 土方边坡及其稳定

土方边坡坡度以其高度 H 与底宽度 B 之比表示。边坡可做成直线形、折线形或踏步形。边坡坡度见图 1-3-1。

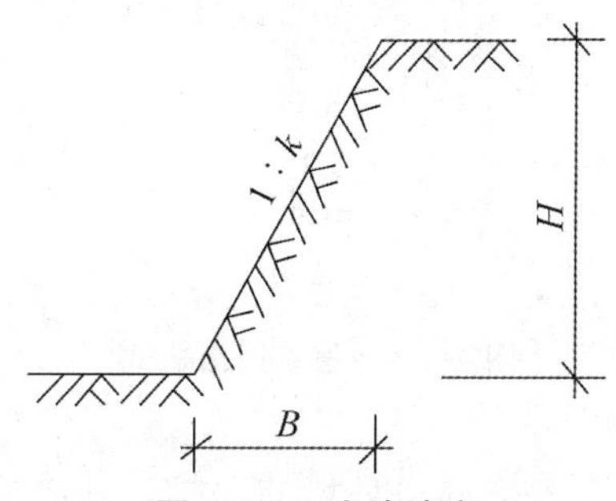

图 1-3-1　边坡坡度

➤ **易混淆点：** 边坡坡度 & 放坡系数：

（1）边坡坡度＝H/B，工程中常用 $1:k$ 表示。

（2）放坡系数＝B/H，即 $k=B/H$。边坡坡度与放坡系数互为倒数。

2. 基坑（槽）支护

开挖基坑（槽）时，如地质条件及周围环境许可，采用放坡开挖是较经济的。但在建筑稠密地区施工，或有地下水渗入基坑（槽）时，需要进行基坑（槽）支护。基坑（槽）支护结构的主要作用是支撑土壁，此外，钢板桩、混凝土板桩及水泥土搅拌桩等围护结构还兼有不同程度的隔水作用。

（1）横撑式支撑。

开挖较窄的沟槽，多用横撑式土壁支撑。详见表 1-3-2。

表 1-3-2　横撑式支撑

横撑式支撑	适用情况	
水平挡土板式（见图 1-3-2）	间断式	湿度小的黏性土挖土深度小于 3m 时
	连续式	松散、湿度大的土，挖土深度可达 5m
垂直挡土板式（见图 1-3-3）	对松散和湿度很高的土可用垂直挡土板式支撑，其挖土深度不限	

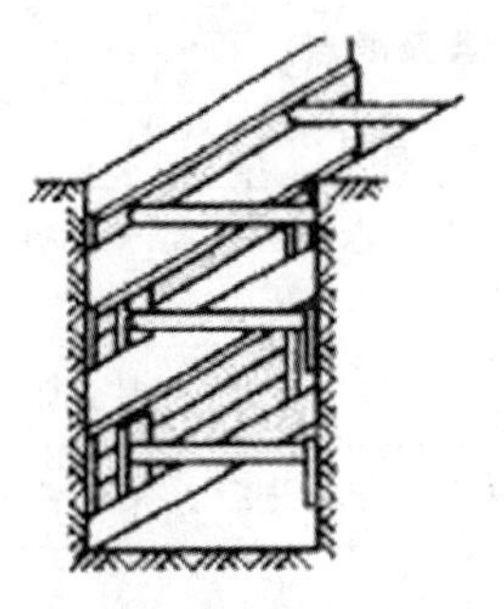

(a) 间断式水平支撑

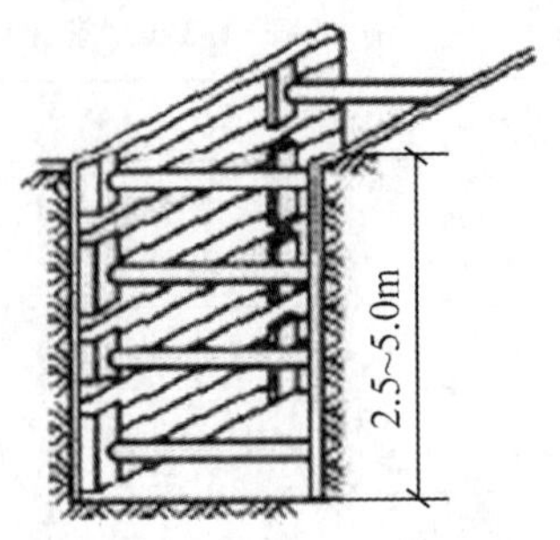

(b) 连续式水平支撑

图 1-3-2　水平挡土板式

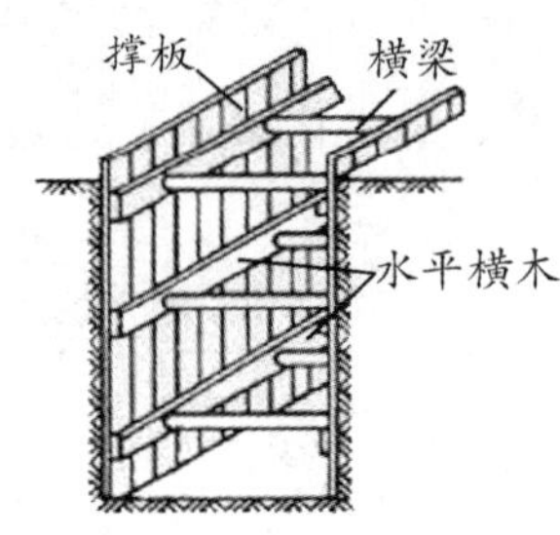

垂直挡土板支撑

图 1-3-3　垂直挡土板式

（2）重力式支护结构。

1）在支护结构设计中首先要考虑周边环境的保护，其次要满足本工程地下结构施工的要求，再则应尽可能降低造价、便于施工。

2）水泥土搅拌桩（或称深层搅拌桩）支护结构是近年来发展起来的一种重力式支护结构。水泥土搅拌桩的布置形式见图 1-3-4。

用搅拌机械将水泥、石灰等和地基土相搅拌，形成相互搭接的格栅状结构形式，也可相互搭接成实体结构形式，具有防渗和挡土的双重功能。由于采用重力式结构，开挖深度不宜大于 7m。

搅拌桩成桩工艺可采用“一次喷浆、二次搅拌”（见图 1-3-5）或“二次喷浆、三次搅拌”工艺，主要依据水泥掺入比及土质情况而定。水泥掺量较小，土质较松时，可用前者；反之，可用后者。

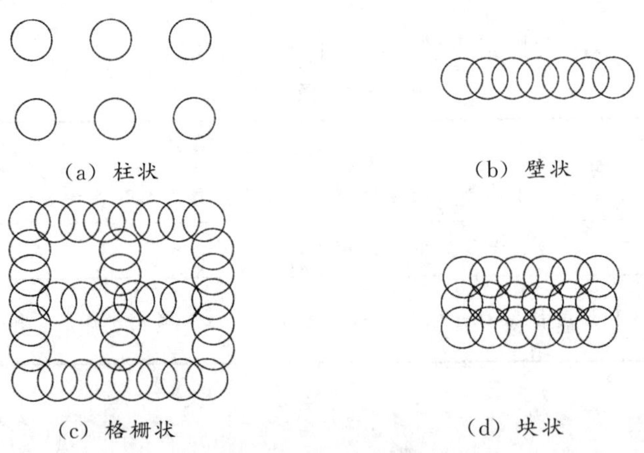

(a) 柱状　(b) 壁状　(c) 格栅状　(d) 块状

图 1-3-4　水泥土搅拌桩的布置形式

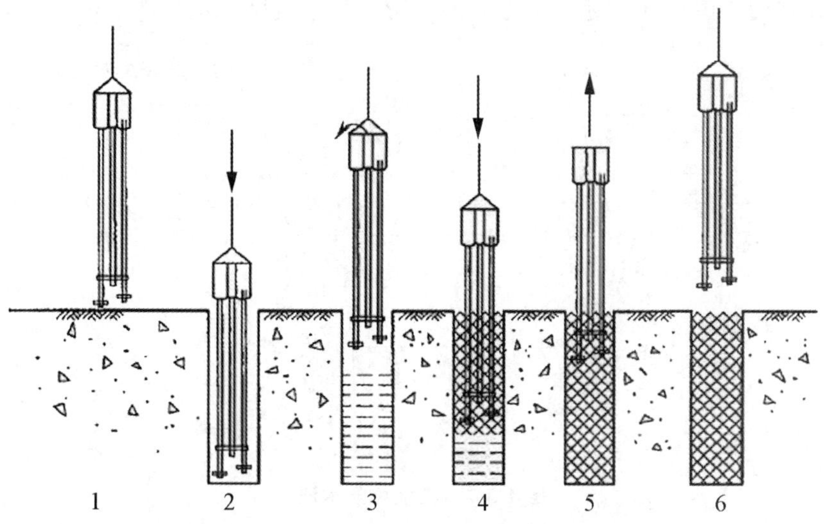

图 1-3-5　“一次喷浆、二次搅拌”施工流程

1—定位；2—预埋下沉；3—提升喷浆搅拌；4—重复下沉搅拌；5—重复提升搅拌；6—成桩结束

(3) 板式支护结构。

板式支护结构由两大系统组成：挡墙系统和支撑（或拉锚）系统，见表 1-3-3。

表 1-3-3　板式支护结构

板式支护	要点
挡墙系统	(1) 常用的材料有槽钢、钢板桩（见图 1-3-6）、钢筋混凝土板桩、灌注桩及地下连续墙等 (2) 钢板桩有平板形和波浪形两种，具有较好的隔水能力；在基础施工完毕后还可拔出重复使用
支撑（或拉锚）系统	(1) 支撑系统一般采用大型钢管、H 型钢或格构式钢支撑，也可采用现浇钢筋混凝土支撑 (2) 拉锚系统材料一般用钢筋、钢索、型钢或土锚杆。基坑较浅，挡墙具有一定刚度时，可采用悬臂式挡墙而不设支撑点

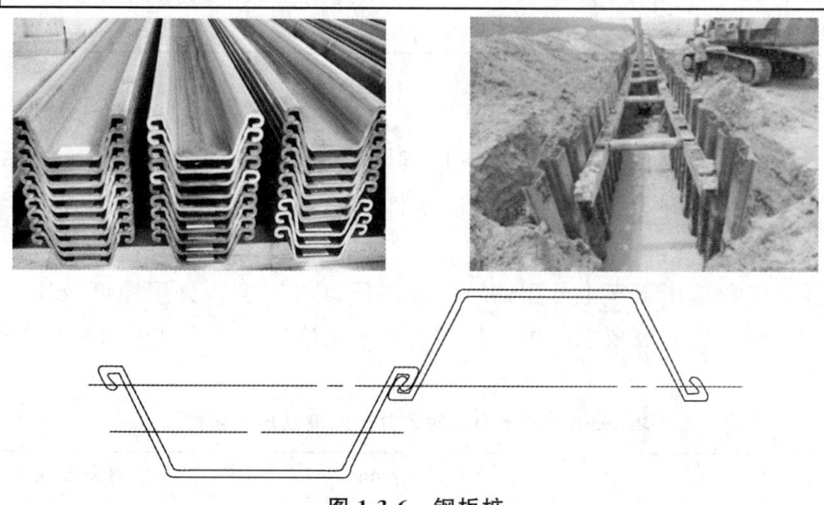

图 1-3-6　钢板桩

3. 降水与排水

(1) 明排水法施工。

明排水法宜用于粗粒土层，也用于渗水量小的黏土层。但当土为细砂和粉砂时，地下水渗出会带走细粒发生流砂现象，导致边坡坍塌、坑底涌砂，难以施工，此时应采用井点降水法。

集水坑应设置在基础范围以外，地下水走向的上游。集水坑降水法见图 1-3-7。

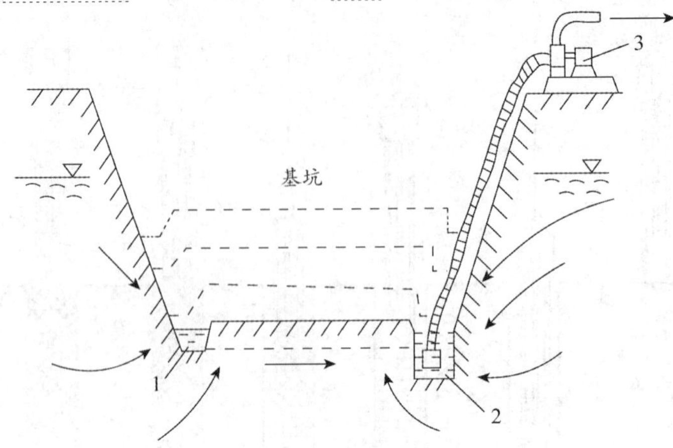

图 1-3-7　集水坑降水法

1—排水沟；2—集水坑；3—水泵

（2）井点降水施工。

井点降水法有：轻型井点、喷射井点、电渗井点、管井井点及深井井点等，井点降水的方法根据土的渗透系数、降低水位的深度、工程特点及设备条件等，按照表 1-3-4 选择。

表 1-3-4　各种井点的适用范围

井点类别	土的渗透系数/（m/d）	降低水位深度/m
单级轻型井点	0.005～20	<6
多级轻型井点	0.005～20	<20
喷射井点	0.005～20	<20
电渗井点	<0.1	根据选用的井点确定
管井井点	0.1～200	不限
深井井点	0.1～200	>15

（三）土石方的填筑与压实

1. 填筑压实的施工要求

（1）填方宜采用同类土填筑，如采用不同透水性的土分层填筑时，下层宜填筑透水性较大、上层宜填筑透水性较小的填料，或将透水性较小的土层表面做成适当坡度，以免形成水囊。

（2）填方压实工程应由下至上分层铺填、分层压（夯）实，分层厚度及压（夯）实遍数，根据压（夯）实机械、密实度要求、填料种类及含水量确定，填土施工时的分层厚度及压实遍数见表 1-3-5。

表 1-3-5　填土施工时的分层厚度及压实遍数

压实机具	分层厚度/mm	每层压实遍数/次
平碾	250～300	6～8
振动压实机	250～350	3～4
柴油打夯机	200～250	3～4
人工打夯	<200	3～4

2. 土料选择与填筑方法

淤泥、冻土、膨胀性土、有机物含量大于8%的土、硫酸盐含量大于5%的土、含水量大的黏土不能做填土。碎石类土、砂土、爆破石渣、含水量符合压实要求的黏性土可作为填方土料。

3. 填土压实方法

填土压实方法有碾压法、夯实法及振动压实法。详见表1-3-6。

表1-3-6　填土压实方法

压实方法	要点
碾压法	(1) 平整场地等大面积填土多采用碾压法 (2) 羊足碾一般用于碾压黏性土，不适于砂性土
夯实法	主要用于小面积填土，可以夯实黏性土或非黏性土
振动压实法	这种方法对于振实填料为爆破石渣、碎石类土、杂填土和粉土等非黏性土效果较好

·典型例题·

[**例题1·单选**] 在松散土体中开挖6m深的沟槽，支护方式应优先采用（　　）。

A. 间断式水平挡土板横撑式支撑

B. 连续式水平挡土板横撑式支撑

C. 垂直挡土板式支撑

D. 重力式支护结构支撑

[**解析**] 湿度小的黏性土挖土深度小于3m时，可用间断式水平挡土板支撑；对松散、湿度大的土可用连续式水平挡土板支撑，挖土深度可达5m。对松散和湿度很高的土可用垂直挡土板式支撑，其挖土深度不限。

[**例题2·单选**] 在松散潮湿的砂土中挖4m深的基槽，其支护方式不宜采用（　　）。

A. 悬臂式板式支护

B. 垂直挡土板式支撑

C. 间断式水平挡土板支撑

D. 连续式水平挡土板支撑

[**解析**] 湿度小的黏性土挖土深度小于3m时，可用间断式水平挡土板支撑；对松散、湿度大的土可用连续式水平挡土板支撑，挖土深度可达5m。对松散和湿度很高的土可用垂直挡土板式支撑，其挖土深度不限。

[**例题3·单选**] 通常情况下，基坑土方开挖的明排水法主要适用于（　　）。

A. 细砂土层　　B. 粉砂土层

C. 粗粒土层　　D. 淤泥土层

[**解析**] 明排水法由于设备简单和排水方便，采用较为普遍，宜用于粗粒土层，也用于渗水量小的黏土层。

[**例题4·单选**] 采用明排水法开挖基坑，在基坑开挖过程中设置的集水坑应（　　）。

A. 布置在基础范围以内

B. 布置在基坑底部中央

C. 布置在地下水走向的上游

D. 经常低于挖土面1.0m以上

［**解析**］明排水法的集水坑应设置在基础范围以外，地下水走向的上游。根据地下水量大小、基坑平面形状及水泵能力，集水坑每隔20～40m设置一个。集水坑的直径或宽度一般为0.6～0.8m，其深度随着挖土的加深而加深，要经常低于挖土面0.7～1.0m，坑壁可用竹、木或钢筋笼等简易加固。

［**例题5·单选**］关于土石方填筑正确的意见是（　　）。

A. 不宜采用同类土填筑

B. 从上至下填筑土层的透水性应从小到大

C. 含水量大的黏土宜填筑在下层

D. 硫酸盐含量小于5%的土不能使用

［**解析**］填方宜采用同类土填筑，如采用不同透水性的土分层填筑时，下层宜填筑透水性较大、上层宜填筑透水性较小的填料，或将透水性较小的土层表面做成适当坡度，以免形成水囊。碎石类土、砂土、爆破石渣及含水量符合压实要求的黏性土可作为填方土料。淤泥、冻土、膨胀性土及有机物含量大于8%的土，以及硫酸盐含量大于5%的土均不能做填土。

［**例题6·单选**］土石方在填筑施工时应（　　）。

A. 先将不同类别的土搅拌均匀

B. 采用同类土填筑

C. 分层填筑时需搅拌

D. 将含水量大的黏土填筑在底层

［**解析**］填方宜采用同类土填筑，填方施工应接近水平地分层填土、分层压实，每层的厚度根据土的种类及选用的压实机械而定。填方土料为黏性土时，填土前应检验其含水量是否在控制范围以内，含水量大的黏土不宜做填土用。

［**例题7·多选**］土方开挖的降水深度约16m，土体渗透系数50m/d，可采用的降水方式有（　　）。

A. 轻型井点降水

B. 喷射井点降水

C. 管井井点降水

D. 深井井点降水

E. 电渗井点降水

［**解析**］根据各种井点的适用范围可知，管井井点和深井井点的渗透系数为0.1～200m/d，满足题目给定的50m/d。

答案：1.C　2.C　3.C　4.C　5.B　6.B　7.CD

二、地基与基础工程施工技术

（一）地基加固处理

1. 换填地基法（计量：体积）

换填地基法是先将基础底面以下一定范围内的软弱土层挖去，然后回填强度较高、压缩性较低，并且没有侵蚀性的材料，如中粗砂、碎石或卵石、灰土、素土、石屑、矿渣等，再分层夯实后作为地基的持力层。

2. 土工合成材料地基（计量：面积）

土工合成材料地基又称土工聚合物地基，是在软弱地基中或边坡上埋设土工织物作为加筋，使其共同作用形成弹性复合土体，达到排水、反滤、隔离、加固和补强等方面的目的，以提高土体承载力，减少沉降和增加地基的稳定。土工合成材料地基见图 1-3-8。

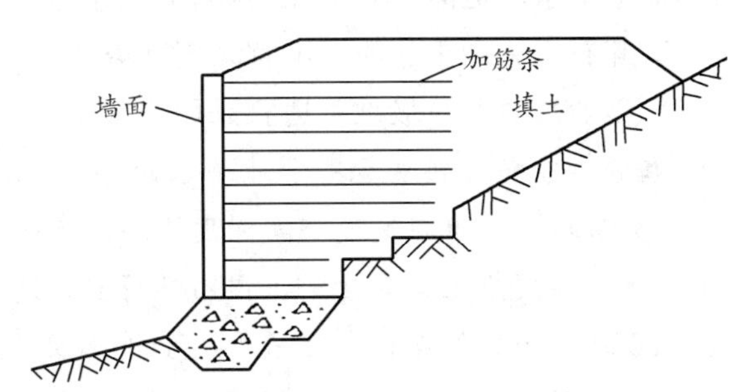

图 1-3-8 土工合成材料地基

3. 夯实地基法（计量：面积）

（1）重锤夯实法。

适用于地下水距地面 0.8m 以上稍湿的黏土、砂土、湿陷性黄土、杂填土和分层填土，但在有效夯实深度内存在软黏土层时不宜采用。

（2）强夯法。

强夯法是我国目前最为常用和最经济的深层地基处理方法之一。

适用于加固碎石土、砂土、低饱和度粉土、黏性土、湿陷性黄土、高填土、杂填土以及“围海造地”地基、工业废渣、垃圾地基等的处理。

4. 预压地基（计量：面积）

预压地基又称排水固结法地基，提前完成土体固结沉降，逐步增加地基强度的一种软土地基加固方法。适用于处理道路、仓库、罐体、飞机跑道、港口等各类大面积淤泥质土、淤泥及冲填土等饱和黏性土地基。预压地基见图 1-3-9。

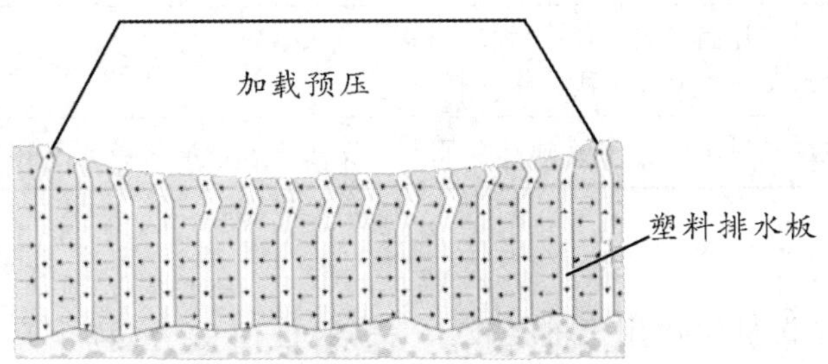

图 1-3-9 预压地基

5. 振冲地基（不填料：面积，填料：桩长/体积）

常用的桩加固法有振冲桩法、砂桩、碎石桩和水泥粉煤灰碎石桩法、土桩和灰土桩法、深层搅拌桩法、柱锤冲扩桩法、高压喷射注浆桩法等。

·典型例题·

［**例题 1 · 单选**］以下土层中不宜采用重锤夯实法夯实地基的是（　　）。

A. 砂土　　B. 湿陷性黄土

C. 杂填土　　D. 软黏土

［**解析**］重锤夯实法适用于地下水距地面 0.8m 以上稍湿的黏土、砂土、湿陷性黄土、杂填土和分层填土，但在有效夯实深度内存在软黏土层时不宜采用。

［**例题 2 · 单选**］关于地基夯实加固处理成功的经验是（　　）。

A. 沙土、杂填土和软黏土层适宜采用重锤夯实

B. 地下水距地面 0.8m 以上的湿陷性黄土不宜采用重锤夯实

C. 碎石土、砂土、粉土不宜采用强夯法

D. 工业废渣、垃圾地基适宜采用强夯法

［**解析**］重锤夯实法适用于地下水距地面 0.8m 以上稍湿的黏土、砂土、湿陷性黄土、杂填土和分层填土，但在有效夯实深度内存在软黏土层时不宜采用。强夯法适用于加固碎石土、砂土、低饱和度粉土、黏性土、湿陷性黄土、高填土、杂填土以及"围海造地"地基、工业废渣、垃圾地基等的处理；也可用于防止粉土及粉砂的液化，消除或降低大孔土的湿陷性等级；对于高饱和度淤泥、软黏土、泥炭、沼泽土，如采取一定技术措施也可采用，还可用于水下夯实。

答案：1.D　2.D

（二）桩基础施工

1. 钢筋混凝土预制桩

（1）桩的制作、起吊运输和堆放，其要点规定见表 1-3-7。

表 1-3-7　桩的制作、起吊运输和堆放

程序	要点
制作	（1）长度在 10m 以下的短桩，一般多在工厂预制 （2）制作预制桩有并列法、间隔法、重叠法、翻模法等。现场预制桩多用重叠法预制，重叠层数不宜超过 4 层 （3）上层桩或邻近桩的灌注，应在下层桩或邻近桩混凝土达到设计强度等级的 30%以后方可进行
起吊运输	（1）混凝土达到设计强度的 70%后方可起吊 （2）达到设计强度的 100%方可运输和打桩
堆放	不同规格的桩应分别堆放，堆放时应在吊点处设置垫木，堆放层数不宜超过 4 层

（2）沉桩。

1）锤击沉桩。

①适用范围：锤击沉桩法适用于桩径较小（一般桩径 0.6m 以下），地基土土质为可塑性黏土、砂性土、粉土、细砂以及松散的碎卵石类土的情况。

②打桩顺序：一般当基坑不大时，打桩应从中间开始分头向两边或四周进行。当基坑较大时，应将基坑分为数段，而后在各段范围内分别进行。

打桩应避免自外向内，或从周边向中间进行。

当桩基的设计标高不同时，打桩顺序易先深后浅；当桩的规格不同时，打桩顺序宜先大后小、先长后短。

➤ **总结：** 由中到边，深浅、大小、长短。打桩顺序见图 1-3-10。

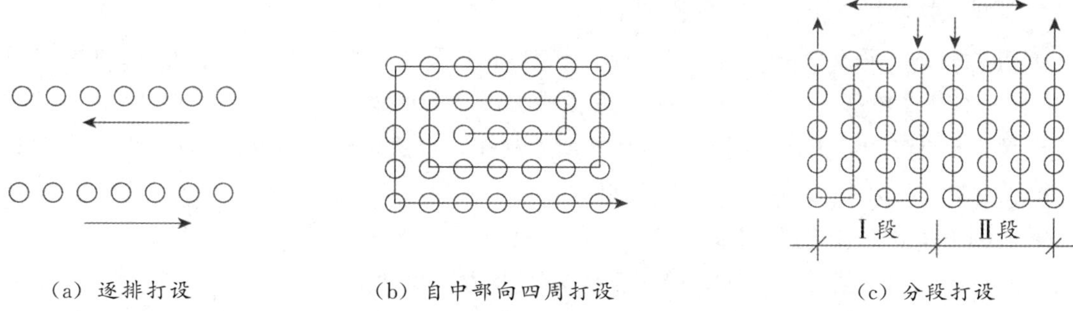

（a）逐排打设 （b）自中部向四周打设 （c）分段打设

图 1-3-10 打桩顺序

2）静力压桩。

①静力压桩施工时无冲击力，噪声和振动较小，桩顶不易损坏，且无污染，对周围环境的干扰小。适用于软土地区、城市中心或建筑物密集处的桩基础工程，以及精密工厂的扩建工程。

②施工工艺顺序为：测量定位→压桩机就位→吊桩、插桩→桩身对中调制→静压沉桩→接桩→再静压沉桩→送桩→终止压桩→切割桩头。

3）射水沉桩。

射水沉桩法适用于砂土和碎石土，有时对于特别长的预制桩，单靠锤击有一定困难时，亦可用射水沉桩法辅助之。

4）振动沉桩。

借助固定于桩头上的振动装置产生的振动力，以减小桩与土壤颗粒之间的摩擦力，使桩体在自重与机械力的作用下沉入土中，主要适用于砂土、砂质黏土和亚黏土层。在含水砂层中的效果更为显著，但在砂砾层中采用此法时，尚需配以水冲法。

（3）接桩。

常用接桩方式有焊接、法兰接及硫黄胶泥锚接等几种形式。其中焊接接桩应用最多，前两种接桩方法适用于各种土层，后者只适用于软弱土层。

（4）桩头处理。

各种预制桩在施工完毕后，按设计要求的桩顶标高将桩头多余的长度截去。截桩头时不能破坏桩身，要保证桩身的主筋伸入承台，伸入长度应符合设计要求。

·典型例题·

［**例题 1·单选**］现场采用重叠法预制钢筋混凝土桩时，上层桩的浇筑应等到下层桩混凝土强度达到设计强度等级的（　　）。

A. 30％　　B. 60％

C. 70％　　D. 100％

［**解析**］制作预制桩有并列法、间隔法、重叠法、翻模法等。现场预制桩多用重叠法预制，重叠层数不宜超过 4 层，层与层之间应涂刷隔离剂，上层桩或邻近桩的灌注，应在下层桩或邻近桩混凝土达到设计强度等级的 30％以后方可进行。

［**例题 2·单选**］钢筋混凝土预制桩的运输和堆放应满足的要求是（　　）。

A. 混凝土强度达到设计强度的 70％方可运输

B. 混凝土强度达到设计强度的 100％方可运输

C. 堆放层数不宜超过 10 层

D. 不同规格的桩按上小下大的原则堆放

［**解析**］钢筋混凝土预制桩应在混凝土达到设计强度的70%方可起吊；达到100%方可运输和打桩。堆放层数不宜超过4层。不同规格的桩应分别堆放。

［**例题3·单选**］关于钢筋混凝土预制桩加工制作，说法正确的是（　　）。

A. 长度在10m以上的桩必须工厂预制

B. 重叠法预制不宜超过5层

C. 重叠法预制下层桩强度达到设计强度70%时方可灌注上层桩

D. 桩的强度达到设计强度的70%方可起吊

［**解析**］长度在10m以下的短桩，一般多在工厂预制，选项A错误。制作预制桩有并列法、间隔法、重叠法、翻模法等。现场预制桩多用重叠法预制，重叠层数不宜超过4层，选项B错误。上层桩或邻近桩的灌注，应在下层桩或邻近桩混凝土达到设计强度等级的30%以后方可进行，选项C错误。

［**例题4·单选**］静力压桩正确的施工工艺流程是（　　）。

A. 定位→吊桩→对中→压桩→接桩→压桩→送桩→切割桩头

B. 吊桩→定位→对中→压桩→送桩→压桩→接桩→切割桩头

C. 对中→吊桩→插桩→送桩→静压→接桩→压桩→切割桩头

D. 吊桩→定位→压桩→送桩→接桩→压桩→切割桩头

［**解析**］静力压桩由于受设备行程的限制，在一般情况下是分段预制、分段压入、逐段压入、逐段接长，其施工工艺顺序为：测量定位→压桩机就位→吊桩、插桩→桩身对中调制→静压沉桩→接桩→再静压沉桩→送桩→终止压桩→切割桩头。

答案：1. A　2. B　3. D　4. A

2. 钢管桩

钢管桩具有重量轻、刚性好，承载力高，桩长易于调节，排土量小，对邻近建筑物影响小，接头连接简单，工程质量可靠，施工速度快的优点。但钢管桩也存在钢材用量大，工程造价较高；打桩机具设备较复杂，振动和噪声较大；桩材保护不善、易腐蚀等缺点。

打桩顺序有先挖土后打桩和先打桩后挖土两种方法。在软土地区，一般采取先打桩后挖土的施工法。

3. 混凝土灌注桩

混凝土灌注桩是直接在桩位上就地成孔，在孔内安放钢筋笼，灌注混凝土而成。对混凝土灌注桩施工，成孔是关键，混凝土灌注桩也是按成孔的方法来划分的。成孔的方法主要包括泥浆护壁成孔、干作业成孔、人工挖孔、套管成孔及爆扩成孔。

（1）泥浆护壁成孔灌注桩。

泥浆护壁成孔灌注桩的施工流程见图1-3-11。

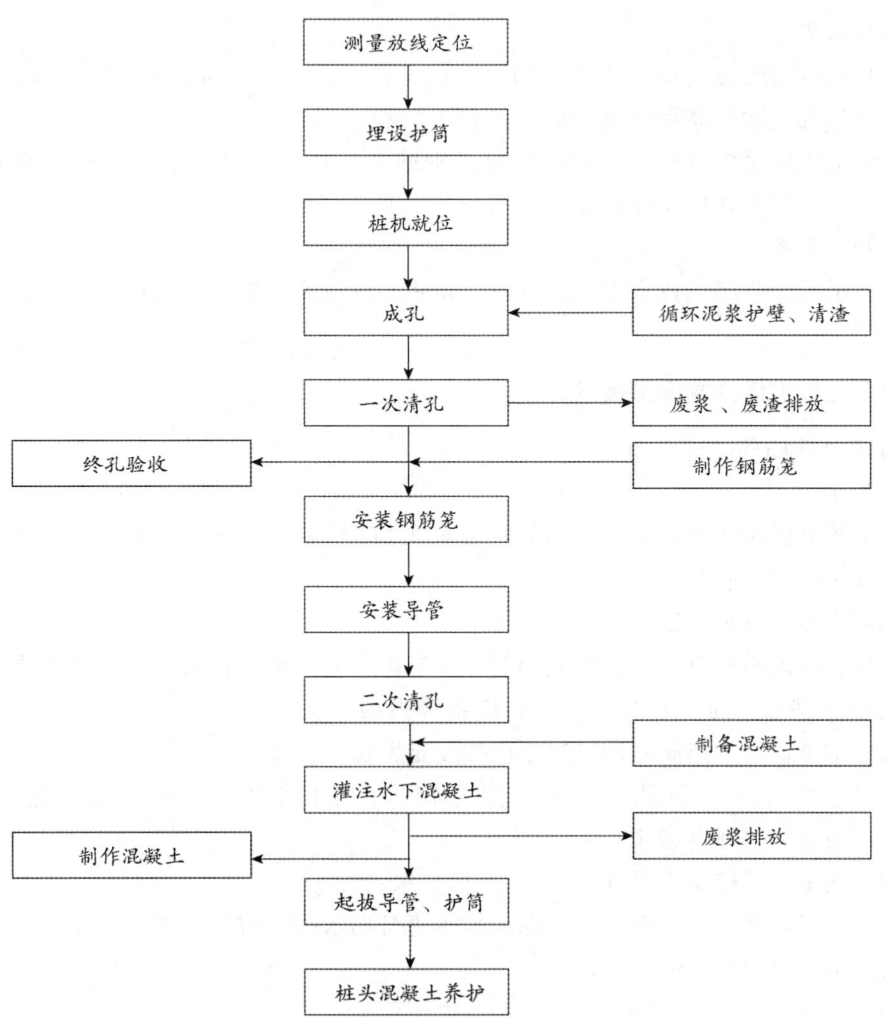

图 1-3-11　泥浆护壁成孔灌注桩的施工流程

（2）干作业成孔。

干作业成孔指在地下水位以上地层采用机械或人工成孔，施工振动小、噪声低、环境污染少。

（3）人工挖孔。

人工挖孔是人工挖土成孔，施工机具、工艺操作简单，占用场地小，施工无振动、无噪声、无环境污染，对周边建筑无影响，便于直接检查桩直径、垂直度和持力层情况。

（4）套管成孔。

套管成孔灌注桩目前采用非常广泛，其基本施工流程为：设备就位→沉套管→开始灌注混凝土→下钢筋骨架继续浇灌混凝土→拔管成型。套管成孔的方法有锤击沉管、振动沉管和套管夯打三种。

（5）爆扩成孔。

爆扩成孔灌注桩是采用简易的麻花钻（手工或机动）在地基上钻出细而长的小孔，在孔内安放适量的炸药，利用爆炸挤土成孔（也可用机钻成孔）；然后在孔底安放炸药，利用爆炸在底部形成扩大空腔；最后灌注混凝土或钢筋混凝土，形成底部扩大的桩。

4. 钻孔压浆桩

提升钻杆的同时通过设在钻头上的喷嘴，向孔内高压灌注制备好的以水泥浆为主剂的浆液，达到没有塌孔危险的高程或地下水位以上0.5～1.0m处。

起钻后形成水泥浆护壁孔，可向孔内放入钢筋笼，并放入至少一根直通孔底的高压注浆管，然后投放粗集料至孔口设计标高以上0.3m。

5. 灌注桩后压浆

钻孔灌注桩后压浆施工技术主要有桩底后压浆、桩侧后压浆、复式压浆（桩底和桩侧同时后压浆）三类。

三、建筑工程主体结构施工技术

（一）砌体结构工程施工

1. 砌筑砂浆

现场拌制的砂浆应随拌随用，拌制的砂浆应在3h内使用完毕；当施工期间最高气温超过30℃时，应在2h内使用完毕。

2. 砌体结构施工基本规定

（1）当基底标高不同时，应从低处砌起，并应由高处向低处搭砌。当设计无要求时，搭接长度 L 不应小于基础底的高差 H，搭接长度范围内的下层基础应扩大砌筑；砌体的转角处和交接处应同时砌筑，当不能同时砌筑时，应按规定留槎、接槎。

（2）宽度超过300mm的洞口上部，应设置钢筋混凝土过梁。不应在截面长边小于500mm的承重墙体、独立柱内埋设管线。

（3）砌体施工质量控制等级分为A、B、C三级。

（4）正常施工条件下，砖砌体、小砌块砌体每日砌筑高度宜控制在1.5m或一步脚手架高度内；石砌体不宜超过1.2m。

3. 砖砌体工程

（1）砌体砌筑时，混凝土多孔砖、混凝土实心砖、蒸压灰砂砖、蒸压粉煤灰砖等块体的产品龄期不应小于28d。

（2）有冻胀环境和条件的地区，地面以下或防潮层以下的砌体，不应采用多孔砖。

（3）采用铺浆法砌筑砌体，铺浆长度不得超过750mm；当施工期间气温超过30℃时，铺浆长度不得超过500mm。

（4）多孔砖的孔洞应垂直于受压面砌筑。半盲孔多孔砖的封底面应朝上砌筑。

（5）砖墙灰缝宽度宜为10mm，且不应小于8mm，也不应大于12mm。（8mm≤砖墙灰缝≤12mm，10mm最佳）

4. 混凝土小型空心砌块砌体工程

（1）小砌块的产品龄期不应小于28d。

（2）底层室内地面以下或防潮层以下的砌体，应采用强度等级不低于C20（或Cb20）的混凝土灌实小砌块的孔洞。

（3）砌筑普通混凝土小型空心砌块砌体，不须对小砌块浇水湿润；对轻骨料混凝土小砌块，应提前浇水湿润。雨天及小砌块表面有浮水时，不得施工。

（4）小砌块墙体应孔对孔、肋对肋错缝搭砌。

（5）小砌块应将生产时的底面朝上反砌于墙上。

5. 配筋砌体工程

构造柱与墙体的连接应符合下列规定：

（1）墙体应砌成马牙槎（见图 1-3-12）。

（2）马牙槎凹凸尺寸不宜小于 60mm，高度不应超过 300mm，马牙槎应先退后进，对称砌筑。

（3）拉结钢筋应沿墙高每隔 500mm 设 2ϕ6，伸入墙内不宜小于 600mm，钢筋的竖向移位不应超过 100mm，且竖向移位每一构造柱不得超过 2 处。施工中不得任意弯折拉结钢筋。

（a）实例图

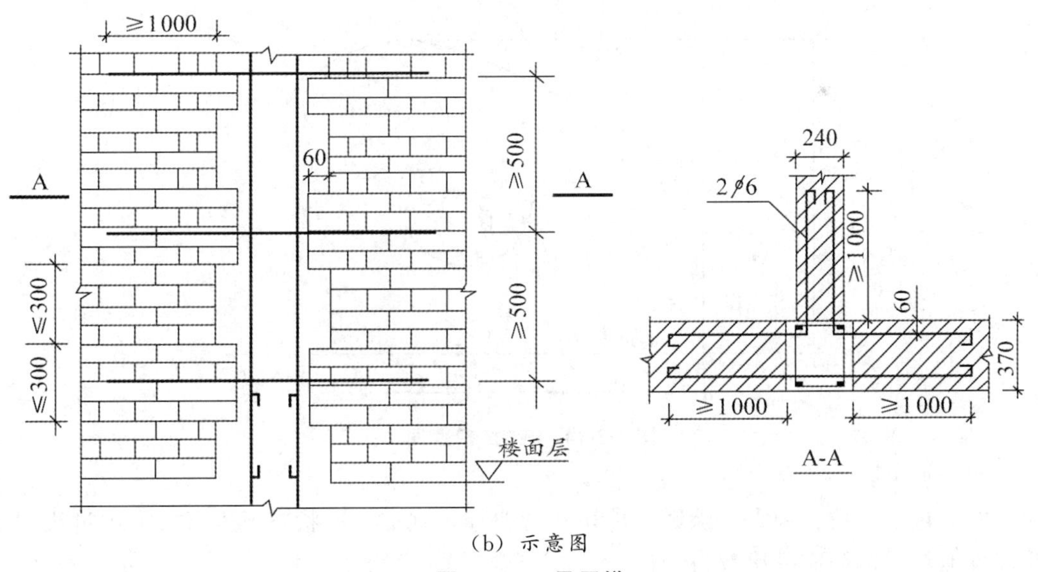

（b）示意图

图 1-3-12　马牙槎

6. 填充墙砌体工程

（1）砌筑填充墙时，轻骨料混凝土小型空心砌块和蒸压加气混凝土砌块的产品龄期不应小于 28d。

（2）在厨房、卫生间、浴室等处采用轻骨料混凝土小型空心砌块、蒸压加气混凝土砌块砌筑墙体时，墙底部宜现浇混凝土坎台，其高度宜为 150mm。

（3）填充墙与承重主体结构间的空（缝）隙部位施工（见图 1-3-13），应在填充墙砌筑 14d 后进行。

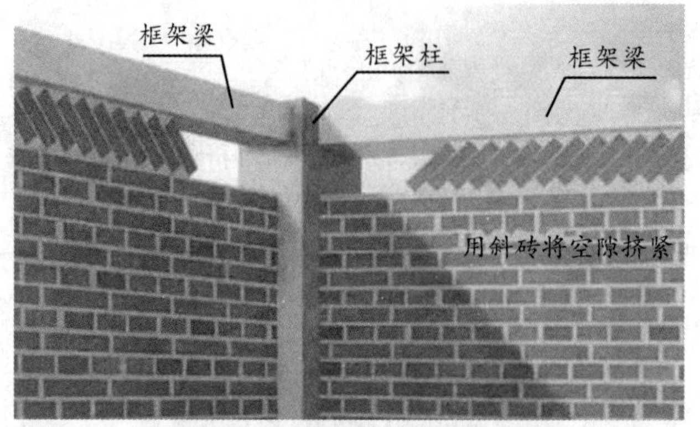

图 1-3-13　填充墙与承重主体结构间的空（缝）隙部位施工

（二）混凝土结构工程施工

1. 钢筋工程

（1）钢筋验收。

1）钢筋进场时，应按国家现行相关标准的规定抽取试件做力学性能和重量偏差检验。

2）抗震结构适用钢筋的要求：①抗拉强度实测值/屈服强度实测值（强屈比）≥1.25；②屈服强度实测值/屈服强度标准值（超屈比）≤1.30；③钢筋的最大力下总伸长率≥9%。应力-应变图见图 1-3-14。

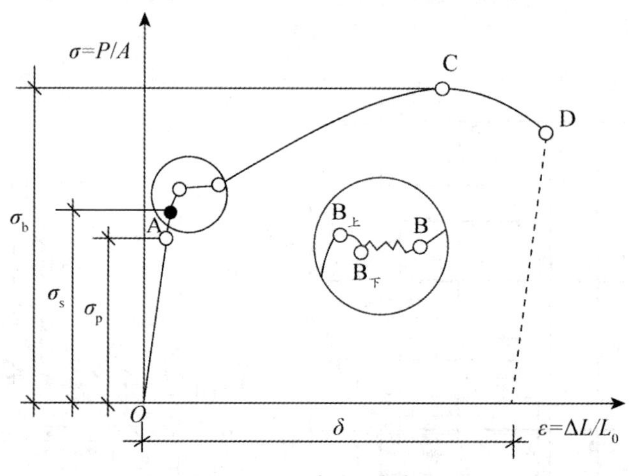

图 1-3-14　应力–应变图

（2）钢筋加工。

钢筋加工包括冷拉、调直、除锈、剪切和弯曲等，宜在常温状态下进行，加工过程中不应对钢筋进行加热。钢筋应一次弯折到位。

（3）钢筋连接。

钢筋的连接方法有焊接连接、绑扎搭接连接和机械连接。

1）焊接连接。

常用的焊接方法有闪光对焊、电弧焊、电阻点焊、电渣压力焊、埋弧压力焊及气压焊等。直接承受动力荷载的结构构件中，纵向钢筋不宜采用焊接接头。螺丝端杆锚具见图1-3-15。

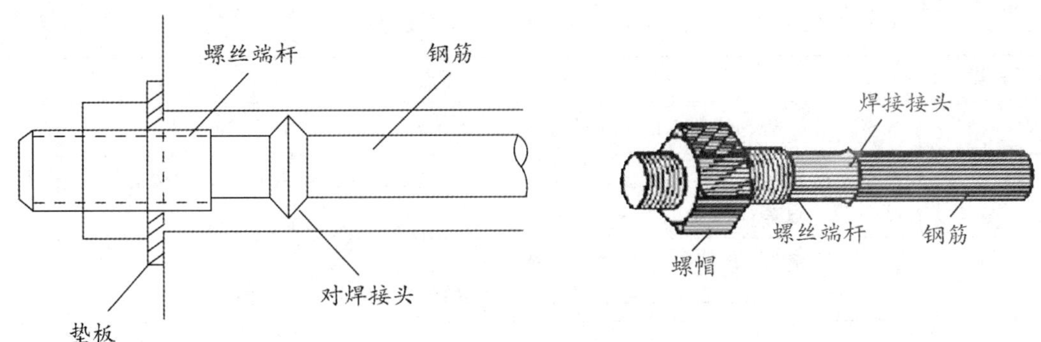

图 1-3-15　螺丝端杆锚具

2）绑扎搭接连接。

①同一构件中相邻纵向受力钢筋的绑扎搭接接头宜相互错开。绑扎搭接接头中钢筋的横向净距不应小于钢筋直径，且不应小于 25mm。

②钢筋绑扎搭接接头连接区段的长度为 $1.3l_1$（l_1为搭接长度），凡搭接接头中点位于该连接区段长度内的搭接接头均属于同一连接区段。钢筋绑扎搭接接头连接区段及接头面积百分率见图 1-3-16。

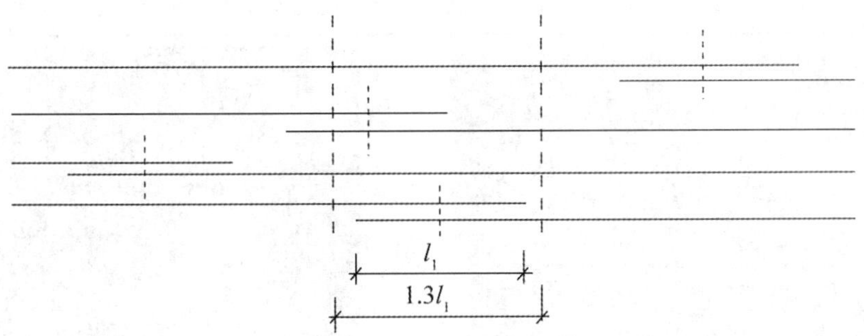

图 1-3-16　钢筋绑扎搭接接头连接区段及接头面积百分率

注： 图中所示搭接接头同一连接区段内的搭接钢筋为两根，当各钢筋直径相同时，接头面积百分率为 50%。

（4）机械连接。

钢筋机械连接包括套筒挤压连接（见图 1-3-17）和螺纹套管连接（见图 1-3-18）。

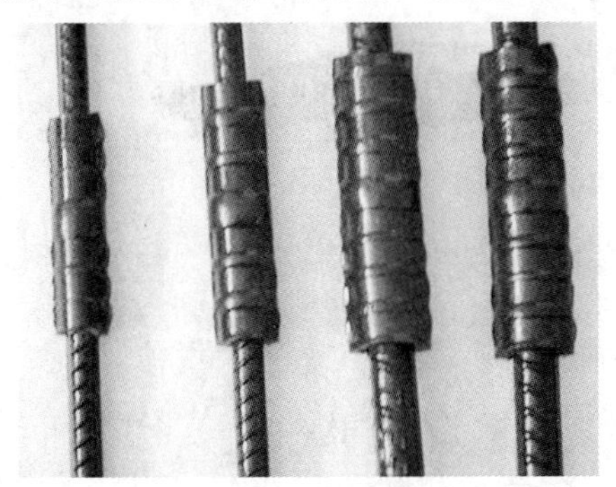

图 1-3-17　套筒挤压连接

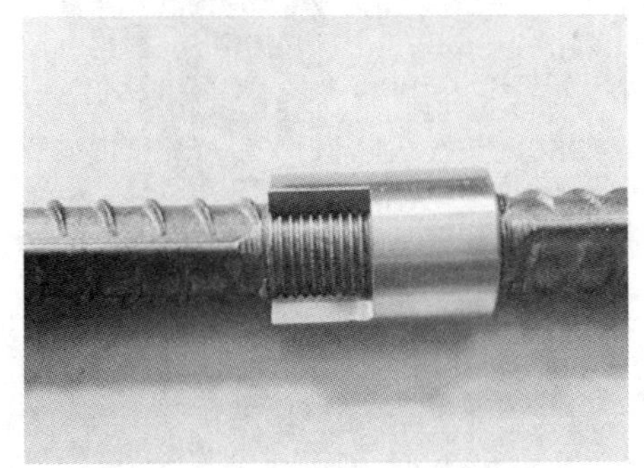

图 1-3-18　螺纹套管连接

2. 模板工程

（1）模板类型与基本要求。

模板是保证混凝土浇筑成型的模型，钢筋混凝土结构的模板系统是由模板、支撑及紧固件等组成。模板类型与基本要求见表 1-3-8。

表 1-3-8　模板类型与基本要求

模板分类	要点
木模板	木模板是由板条与拼条钉成的模板系统
组合模板	组合模板是一种工具式模板，是工程施工中用得最多的一种模板，有组合钢模板（见图 1-3-19）、钢框竹（木）胶合板模板等
大模板	(1) 大模板是一种大尺寸的工具式模板 (2) 一块大模板由面板、主肋、次肋、支撑桁架、稳定机构及附件组成
滑升模板（见图 1-3-20）	滑升模板是一种工具式模板，由模板系统、操作平台系统和液压系统三部分组成
爬升模板（见图 1-3-21）	是施工剪力墙体系和筒体体系的钢筋混凝土结构高层建筑的一种有效的模板体系
台模（见图 1-3-22）	台模是一种大型工具式模板，主要用于浇筑平板式或带边梁的楼板，一般是一个房间一块台模，有时甚至更大
隧道模板	同时整体浇筑墙体和楼板的大型工具式模板
永久式模板	指一些施工时起模板作用而浇筑混凝土后又是结构本身组成部分之一的预制板材

图 1-3-19　组合钢模板

图 1-3-20　滑升模板

图 1-3-21　爬升模板

图 1-3-22　台模

(2) 模板安装。

对跨度不小于 4m 的钢筋混凝土梁、板，其模板应按设计要求起拱；当设计无具体要求时，起拱高度宜为跨度的 1/1 000～3/1 000。

(3) 模板拆除。

1）模板拆除要求。

①底模及其支架拆除时的混凝土强度应符合设计要求，详见表 1-3-9。

表 1-3-9　底模及其支架拆除时的混凝土强度要求

构件类型	构件跨度/m	达到设计的混凝土立方体抗压强度标准值的百分率/%
板	≤2	≥50
	>2，≤8	≥75
	>8	≥100
梁、拱、壳	≤8	≥75
	>8	≥100
悬臂构件	—	≥100

②对后张法预应力混凝土结构构件，侧模宜在预应力张拉前拆除；底模支架的拆除当无具体要求时，不应在结构构件建立预应力前拆除。(侧前底后)

③侧模拆除时的混凝土强度应能保证其表面及棱角不受损伤。

2）模板拆除顺序。

先拆非承重模板，后拆承重模板；先拆侧模板，后拆底模板。

框架结构模板的拆除顺序一般是柱、楼板、梁侧模、梁底模。

3. 混凝土工程

混凝土工程涉及的内容主要有：原材料、搅拌、运输、浇筑、养护。

(1) 混凝土浇筑的一般规定。

在混凝土运输、输送、浇筑过程中严禁加水；混凝土运输、浇筑及间歇的全部时间不应超过混凝土的初凝时间。同一施工段的混凝土应连续浇筑，并应在底层混凝土初凝之前将上一层混凝土浇筑完毕。

(2) 大体积混凝土结构浇筑（最小几何尺寸不小于 1m)。

大体积混凝土结构的浇筑方案一般分为全面分层、分段分层和斜面分层。全面分层方案要求的混凝土浇筑强度较大，斜面分层方案要求的混凝土浇筑强度较小。目前应用较多的是斜面分层方案。大体积混凝土浇筑方案见图 1-3-23。

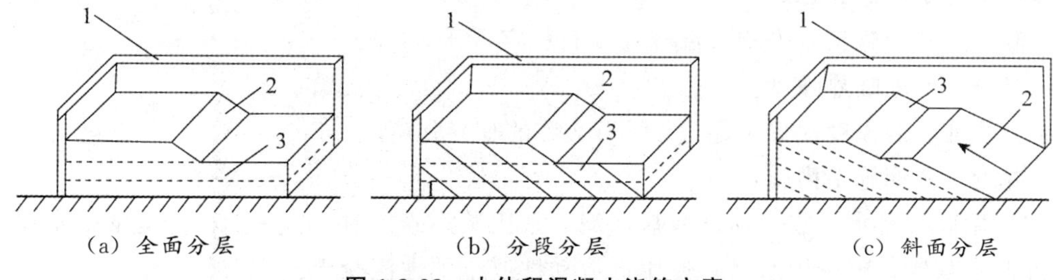

图 1-3-23　大体积混凝土浇筑方案

1—模板；2—新浇筑的混凝土；3—已浇筑的混凝土

(3) 混凝土密实成型。

入模后的混凝土拌合物应用振动器振动捣实，振动器按工作方式可分为内部振动器、外部振动器、表面振动器和振动台四种，振动器见图 1-3-24。

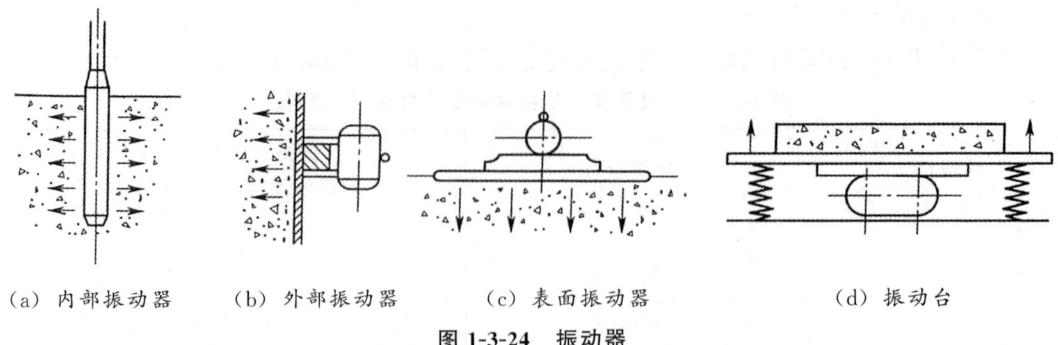

图 1-3-24 振动器

（4）后浇带（见图 1-3-25）。

后浇带通常根据设计要求留设，并在主体结构保留一段时间（若设计无要求，则至少保留28d）后再浇筑，将结构连成整体。填充后浇带，可采用微膨胀混凝土、强度等级比原结构强度提高一级，并保持至少 14d 湿润养护。

图 1-3-25 后浇带

（5）混凝土的养护。

混凝土的养护是为了防止混凝土表面干缩或冻缩裂缝，一般可分为标准养护、加热养护和自然养护。选择养护方式应考虑现场条件、环境温湿度、构件特点、技术要求及施工操作等因素。应在浇筑完毕后的 12h 以内对混凝土加以覆盖并保湿养护。

4. 混凝土冬期与高温施工

（1）混凝土冬期施工（平均气温连续 5 日稳定低于 5℃）。

1）混凝土受冻临界强度。

混凝土受冻后的强度损失不超过 5%而必需的临界强度。

2）混凝土冬期施工措施：

①宜采用硅酸盐水泥或普通硅酸盐水泥；采用蒸汽养护时，宜采用矿渣硅酸盐水泥。

②降低水灰比，减少用水量，使用低流动性或干硬性混凝土。

③浇筑前将混凝土或其组成材料加温，提高混凝土的入模温度。

④对已经浇筑的混凝土采取保温或加温措施。

⑤搅拌时，加入一定的外加剂，加速混凝土硬化、尽快达到临界强度，或降低水的冰点，使混凝土在负温下不致冻结。

3）混凝土冬期养护方法：

①混凝土养护期间不加热的方法，如蓄热法、掺外加剂法等。

②混凝土养护期间加热的方法，如电热法、蒸汽加热法和暖棚法等。

③综合方法，即把上述两种方法综合应用，如目前常用的综合蓄热法。

(2) 高温施工（当日平均气温达到30℃及以上）。

高温期施工宜采用低水化热水泥，或者采用粉煤灰取代部分水泥，降低水泥用量，混凝土坍落度不宜小于70mm，混凝土浇筑入模温度不应高于35℃。

5. 装配式混凝土施工

装配式混凝土施工见图1-3-26。

图1-3-26 装配式混凝土施工

(1) 材料要求。

1) 装配整体式结构中，预制构件的混凝土强度等级不宜低于C30；预应力混凝土预制构件的混凝土强度等级不宜低于C40，且不应低于C30；现浇混凝土的强度等级不应低于C25。

2) 预制构件吊环应采用未经冷加工的HPB300钢筋制作。

(2) 构件预制。

脱模起吊时，预制构件的混凝土立方体抗压强度应满足设计要求且不应小于$15N/mm^2$。

(3) 连接构造要求。

1) 装配整体式结构中，节点及接缝处的纵向钢筋连接宜根据接头受力、施工工艺等要求选用机械连接、套筒灌浆连接、浆锚搭接连接、焊接连接、绑扎搭接连接等连接方式。

2) 预制楼梯与支承构件之间宜采用简支连接。预制楼梯宜一端设置固定铰，另一端设置滑动铰，其转动及滑动变形能力应满足结构间位移的要求，且预制楼梯端部在支承构件上的最小搁置长度，在6、7度抗震设防时为75mm，8度抗震设防时为100mm。

(4) 构件储运。

采用靠放架堆放或运输构件时，靠放架应具有足够的承载力和刚度，与地面倾斜角度宜大于80°。

(5) 后浇混凝土施工。

后浇混凝土施工时，对预制构件结合面疏松部分的混凝土应剔除并清理干净；模板应保证后浇混凝土的形状、尺寸和位置准确，并应防止漏浆；在浇筑混凝土前，应洒水润湿结合面，混凝土应振捣密实；浇筑用的材料强度等级应符合设计要求，当设计无要求时，浇筑用材料的强度等级不应低于连接处构件混凝土强度设计等级的较大值；对同一配合比的混凝土，每工作班且建筑面积不超过1 000m²应制作一组标准养护试件，同一楼层应制作不少于3组标准养护试件。待构件连接部位的后浇混凝土及灌浆料的强度达到设计要求后，方可拆除临时固定措施。

(三) 预应力混凝土工程施工

1. 对混凝土的要求

在预应力混凝土结构中，混凝土的强度等级不应低于C30；当采用钢绞线、钢丝、热处理钢筋作预应力钢筋时，混凝土强度等级不宜低于C40。在预应力混凝土构件的施工中，不能掺用对钢筋有侵蚀作用的氯盐、氯化钠。

2. 预应力施加方法

（1）先张法（先张拉钢筋后浇筑混凝土）。

先张法是通过预应力筋与混凝土的黏结力，使混凝土产生预压应力。多用于预制构件厂生产定型的中小型构件，也常用于生产预应力桥跨结构等。先张法施工要点见表1-3-10。先张法施工图示见图1-3-27。其施工工艺流程见图1-3-28。

表1-3-10　先张法施工要点

工艺	要点
预应力筋的张拉	（1）预应力筋的张拉一般采用1.03或1.05倍设计张拉应力进行超张拉，维持2min后回复到设计张拉应力，以超张拉抵消预应力松弛损失 （2）预应力筋长度不大于20m时可一端张拉，大于20m时宜两端张拉
混凝土的浇筑与养护	（1）混凝土可采用自然养护或湿热养护 （2）采用重叠法生产构件时，应待下层构件的混凝土强度达到5.0MPa后，方可浇筑上层构件的混凝土
预应力筋的放张	（1）预应力筋放张时，混凝土强度不应低于设计的混凝土立方体抗压强度标准值的75% （2）先张法预应力筋放张时不应低于30MPa

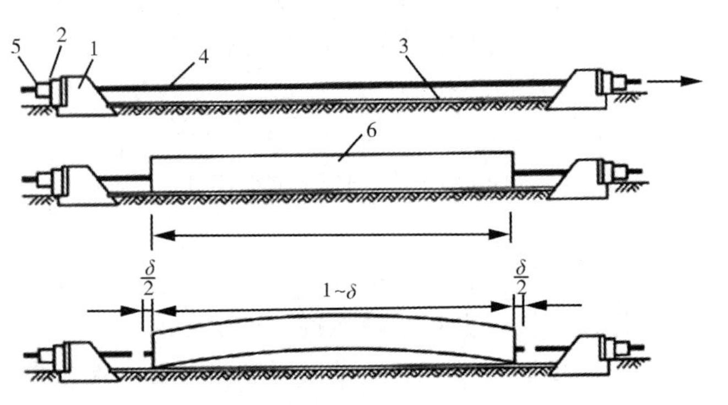

（a）示意图

（b）实例图

图1-3-27　先张法施工图示

1—台座承力结构；2—横梁；3—台面；4—预应力筋；5—锚固夹具；6—混凝土构件

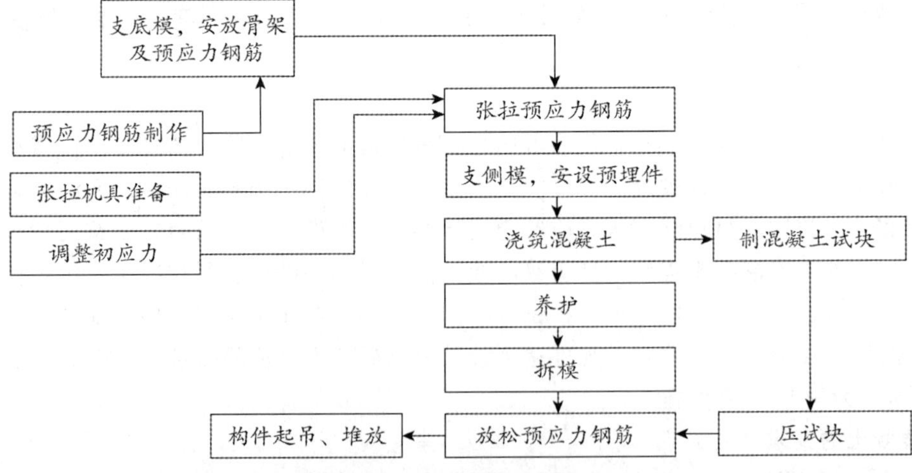

图1-3-28　先张法施工工艺流程

(2) 后张法（先浇筑混凝土后张拉钢筋）。

后张法施工图示见图 1-3-29，其施工工艺流程见图 1-3-30。

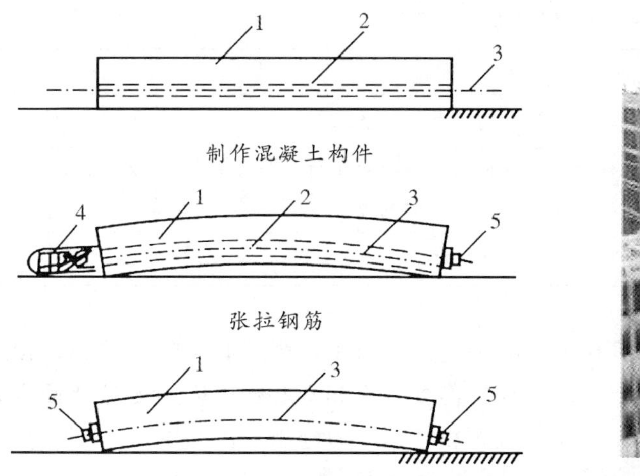

(a) 示意图

(b) 实例图

图 1-3-29 后张法施工图示

1—混凝土构件；2—预留孔道；3—预应力筋；4—千斤顶；5—锚具

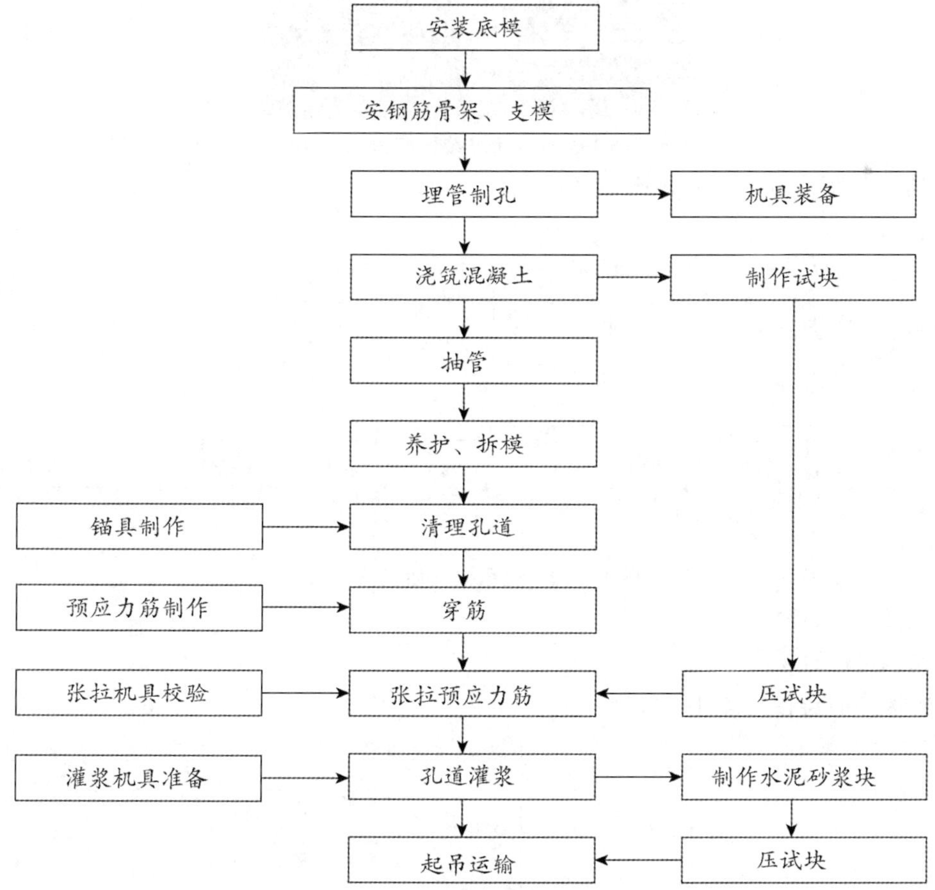

图 1-3-30 后张法施工工艺流程

后张法是用锚具将预应力钢筋永久固定于构件。宜用于现场生产大型预应力构件、特种结构和构筑物，可作为一种预应力预制构件的拼装手段。后张法施工要点见表 1-3-11。

表 1-3-11　后张法施工要点

工艺	要点
孔道的留设	孔道留置的方法有钢管抽芯法、胶管抽芯法和预埋波纹管法
预应力筋张拉	(1) 张拉预应力筋时，构件混凝土的强度不低于混凝土设计抗压强度的 75% (2) 后张法预应力梁和板，现浇结构混凝土的龄期分别不宜小于 7d 和 5d
孔道灌浆	预应力钢筋张拉后应随即进行孔道灌浆

3. 无黏结预应力混凝土

这种预应力工艺的优点是不需要预留孔道和灌浆，施工简单，张拉时摩阻力较小，预应力筋易弯成曲线形状，适用于曲线配筋的结构。在双向连续平板和密肋板中应用无黏结预应力束比较经济合理，在多跨连续梁中也很有发展前途。无黏结预应力施工见图 1-3-31。

图 1-3-31　无黏结预应力施工

➤ **总结：**先张法与后张法对比，见图 1-3-32。

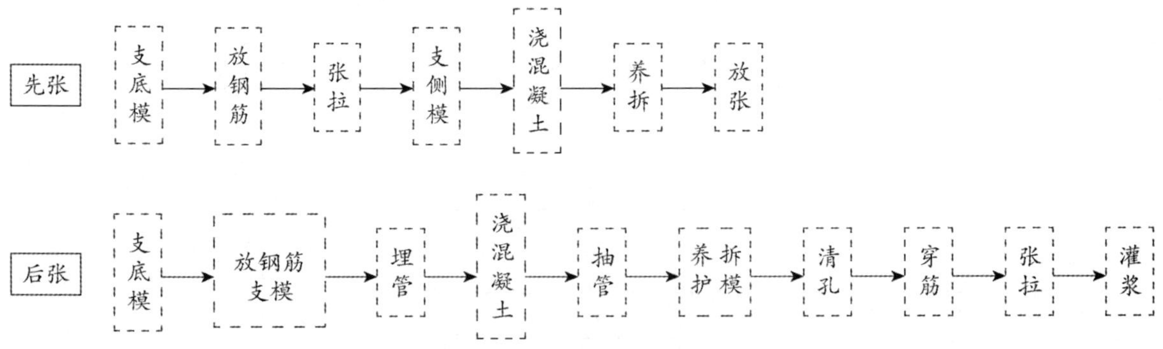

图 1-3-32　先张法与后张法对比

（四）钢结构工程施工

1. 钢结构构件的连接

钢结构构件的连接见图 1-3-33。

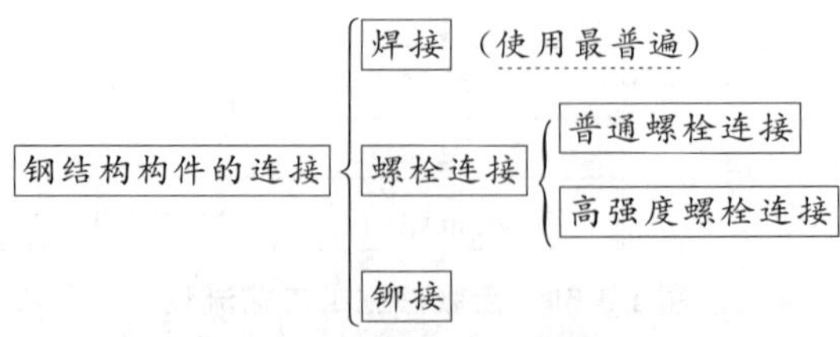

图 1-3-33　钢结构构件的连接

2. 钢构件组装与预拼装

（1）钢构件组装方法：较常采用的是地样组装法和胎膜组装法。

（2）钢构件预拼装。

钢构件拼装方法有平装法、立拼法和利用模具拼装法三种，见表 1-3-12。

表 1-3-12　钢构件拼装方法

拼装方法	适用性
平装法	适用于拼装跨度较小、构件相对刚度较大的钢结构
立拼法	适用于跨度较大、侧向刚度较差的钢结构
模具拼装法	利用模具拼装法的模具是符合工件几何形状或轮廓的模型

3. 钢结构单层厂房安装

单跨结构宜从跨端一侧向另一侧、中间向两端或两端向中间的顺序进行吊装。多跨结构，宜先吊主跨、后吊副跨；当有多台起重设备共同作业时，也可多跨同时吊装。钢结构单层厂房安装要点见表 1-3-13。

表 1-3-13　钢结构单层厂房安装要点

钢结构安装	要点
钢柱安装	（1）一般钢柱的刚性较好，吊装时通常采用一点起吊 （2）常用的吊装方法有旋转法、滑行法和递送法，对于重型钢柱也可采用双机抬吊
钢屋架安装	钢屋架侧向刚度较差，安装前需进行吊装稳定性验算，稳定性不足时应进行吊装临时加固，通常可在钢屋架上下弦处绑扎杉木杆加固
吊车梁安装	吊车梁吊装常采用自行杆式起重机，以履带式起重机应用最多
钢桁架安装	钢桁架可采用自行杆式起重机（尤其是履带式起重机）、塔式起重机和桅杆式起重机等进行吊装
高层钢结构安装	高层钢结构的安装是在分片的基础上，采用综合吊装法

4. 轻型钢结构施工

轻型钢结构常采用彩色涂层钢板、H 型钢和冷弯薄壁型钢等。

以热轧 H 型钢为主的钢结构，塑性和韧性良好，结构稳定性高，抗自然灾害能力强，特别适用于地震多发地带的建筑结构；与混凝土结构相比，可增加结构使用面积；与焊接 H 型钢相比，能明显地省工省料，残余应力低，外观和表面质量好。

5. 钢结构涂装施工

（1）涂装施工顺序：一般应按先上后下、先左后右、先里后外、先难后易的原则施涂。

（2）金属热喷涂。钢结构表面处理与热喷涂施工的间隔时间，晴天或湿度不大的气候条件下应在 12h 以内进行，雨天、潮湿及有盐雾的气候条件下不应超过 2h。

（五）结构吊装工程施工

1. 混凝土结构吊装

（1）预制构件吊装工艺。

1）预制构件的制作和运输。

①预制时尽可能采用叠浇法，重叠层数一般不超过 4 层，上层构件的浇筑应等到下层构

件混凝土达到设计强度的30%以后才可进行。

②对构件运输时的混凝土强度要求是：如设计无规定时，不应低于设计的混凝土强度标准值的75%。

2）预制构件的吊装。

预制构件吊装过程一般包括绑扎、吊升、就位、临时固定、校正和最后固定等工序。

①柱的吊装要点见表1-3-14。

表1-3-14 柱的吊装要点

吊装过程		要点
柱的绑扎		（1）一般中、小型柱绑扎一点；重型柱或配筋少而细长的柱常绑扎两点甚至两点以上以减少柱的吊装弯矩 （2）绑扎方法有斜吊绑扎法和直吊绑扎法
柱的起吊	旋转法	柱吊升中所受震动较小，但对起重机的机动性要求高
	滑行法	起重机只需转动吊杆，即可将柱子吊装就位，较安全，但滑行过程中柱子受震动，故只有起重机、场地受限时才采用此法
柱的就位和临时固定		当柱脚插入杯口后，应使柱的安装中心线对准杯口的安装中心线（吊装准线），然后用8个楔块从柱的四周插入杯口，打紧，将柱临时固定
柱的校正		柱的校正包括平面定位轴线、标高和垂直度的校正
最后固定		在柱的底部四周与基础杯口的空隙之间，浇筑细石混凝土，捣固密实，使柱的底脚完全嵌固在基础内，完成柱的最后固定

②吊车梁的吊装。

吊车梁的吊装必须在柱子最后固定好、接头混凝土达到70%设计强度后进行。

③屋顶的吊装。

屋顶的吊装一般都按节间逐一依次采用综合吊装法。

（2）单层工业厂房结构吊装。

1）起重机械选择与布置。

履带式起重机适于安装4层以下结构，塔式起重机适于4～10层结构，自升式塔式起重机适于10层以上结构。

①起重量。起重机的起重量必须大于所安装构件的质量与索具重量之和，见下式：

$$Q \geqslant Q_1 + Q_2$$

②起重高度。对于吊装单层厂房应满足下式：

$$H \geqslant h_1 + h_2 + h_3 + h_4$$

式中，H——起重机的起重高度（m），从停机面算起至吊钩中心；h_1——安装支座表面高度（m），从停机面算起；h_2——安装空隙，一般不小于0.3m（当作隐含已知条件）；h_3——绑扎点至所吊构件底面的距离（m）；h_4——索具高度（m），自绑扎点至吊钩中心，视具体情况而定。

③起重幅度。一般根据所需要最小起重量和最小起重高度，初步确定起重机型号，再对最小起重幅度进行验算。起重机的起重高度见图1-3-34。

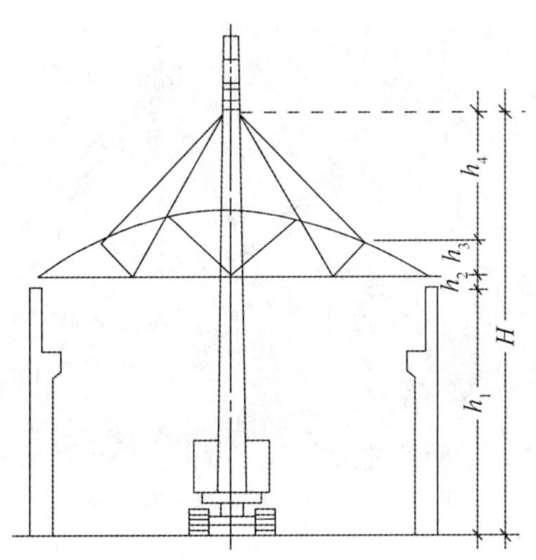

图 1-3-34　起重机的起重高度

2）结构吊装方法与吊装顺序。

①分件吊装法（采用较多）。

起重机在车间内或沿着车间外每开行一次，仅吊装一种或两种构件。通常分三次开行，吊装完全部构件。分件吊装时的构件吊装顺序见图 1-3-35。

②综合吊装法（较少采用）。

起重机在车间内每开行一次（移动一次），以节间为单位吊装完节间内所有各种类型的构件。综合吊装时的构件吊装顺序见图 1-3-36。

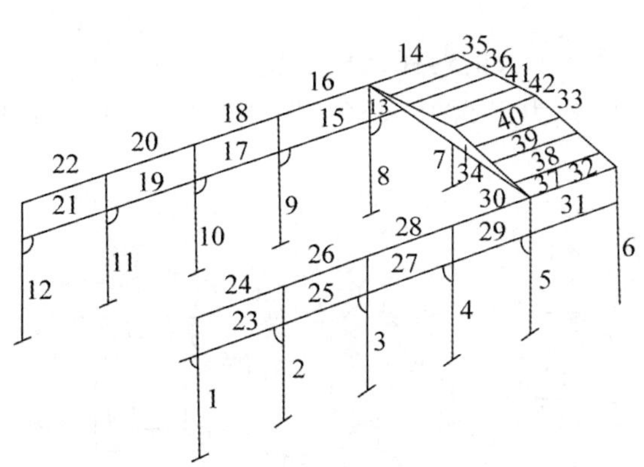

图 1-3-35　分件吊装时的构件吊装顺序

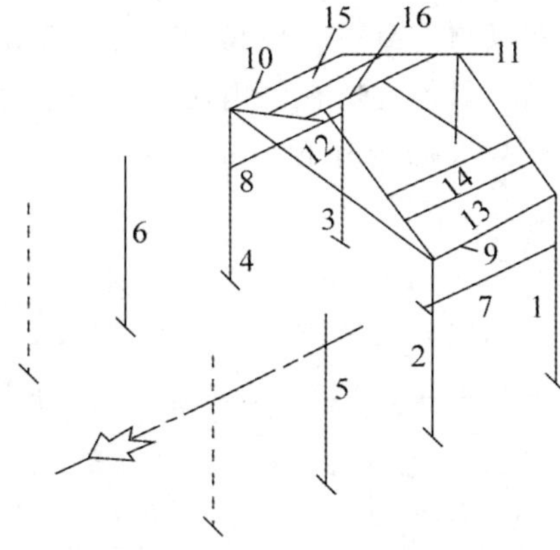

图 1-3-36　综合吊装时的构件吊装顺序

2. 大跨度结构吊装

（1）大跨度结构整体吊装法施工。

此法不需高大的拼装支架，高空作业少，易保证整体焊接质量，但需要大起重量的起重设备，技术较复杂。适合焊接球节点钢管网架。整体吊升法可分为多机抬吊法、桅杆吊升法。焊接球节点钢管网架见图 1-3-37。

图 1-3-37 焊接球节点钢管网架

（2）大跨度结构滑移法施工。

滑移法可采用一般土建单位常用的施工机械，同时还有利于室内土建施工平行作业，特别是场地狭窄，起重机械无法出入时更为有效。故这种新工艺在大跨度桁架结构和网架结构安装中常常采用。

（3）大跨度结构高空拼装法施工。

高空拼装法用于螺栓连接（包括螺栓球、高强螺栓）的非焊接节点的各种类型网架较为适宜。此方法目前多用于钢网架结构的吊装。

（4）大跨度结构整体顶升法施工。

整体顶升法是将网架结构在地面上就位拼装或现浇后，利用千斤顶的顶升及柱块的轮番填塞，将其顶升到设计标高的一种垂直吊装方法。

1）目前此法在国内还只适用于净空不高和尺寸不大的薄壳结构吊装中。

2）根据千斤顶安放位置的不同，顶升法可分为上顶升法（见图 1-3-38）和下顶升法两种。

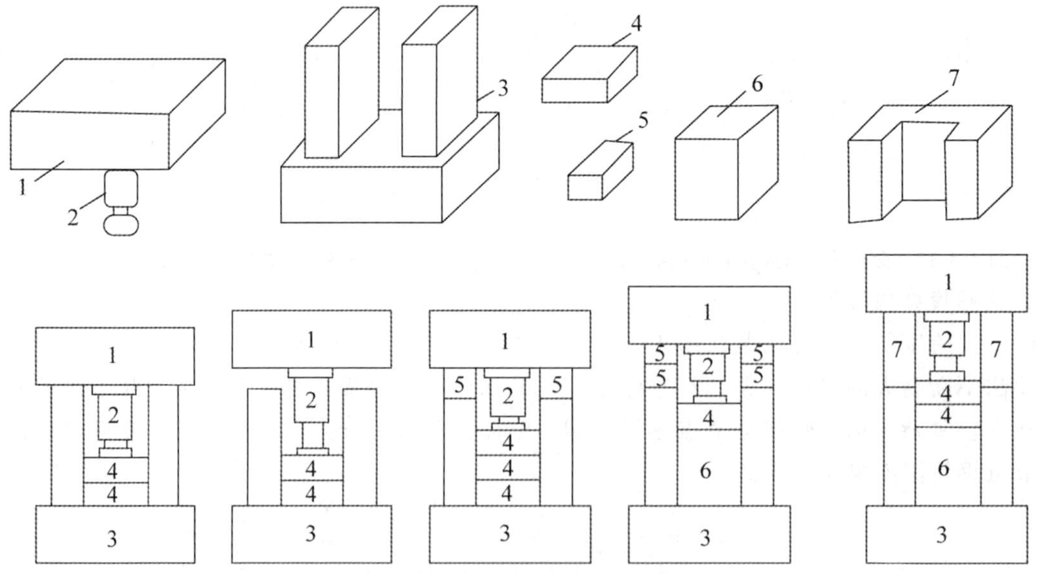

图 1-3-38 上顶升法顶升过程示意及柱块图

1—柱帽；2—千斤顶；3—桩基；4、5—临时垫块；6—方形柱块；7—门形柱块

·典型例题·

[**例题1·单选**] 墙体为构造柱砌成的马牙槎，其凹凸尺寸和高度可约为（　　）。

A. 60mm 和 345mm　　B. 60mm 和 260mm

C. 70mm 和 385mm　　D. 90mm 和 385mm

[**解析**] 构造柱与墙体的连接时，墙体应砌成马牙槎，马牙槎凹凸尺寸不宜小于 60mm，高度不应超过 300mm。

[**例题2·单选**] 在直接承受动力荷载的钢筋混凝土构件中，纵向受力钢筋的连接方式不宜采用（　　）。

A. 钢筋套筒挤压连接　　B. 钢筋锥螺纹套管连接

C. 钢筋直螺纹套管连接　　D. 闪光对焊连接

[**解析**] 直接承受动力荷载的结构构件中，不宜采用焊接接头。

[**例题3·单选**] 主要用于浇筑平板式楼板或带边梁楼板的工具式模板为（　　）。

A. 大模板　　B. 台模

C. 隧道模板　　D. 永久式模板

[**解析**] 台模是一种大型工具式模板，主要用于浇筑平板式或带边梁的楼板，一般是一个房间一块台模，有时甚至更大。利用台模施工楼板可省去模板的装拆时间，能降低劳动消耗和加速施工，但一次性投资较大。

[**例题4·单选**] 先张法预应力混凝土构件施工，其工艺流程为（　　）。

A. 支底模—支侧模—张拉钢筋—浇筑混凝土—养护、拆模—放张钢筋

B. 支底模—张拉钢筋—支侧模—浇筑混凝土—放张钢筋—养护、拆模

C. 支底模—预应力钢筋安放—张拉钢筋—支侧模—浇混凝土—拆模—放张钢筋

D. 支底模—钢筋安放—支侧模—张拉钢筋—浇筑混凝土—放张钢筋—拆模

[**解析**] 先张拉预应力钢筋再支侧模，故选项 A 错误。拆模后放张预应力钢筋，故选项 B、D 错误。

[**例题5·单选**] 单层钢结构厂房在安装前需要进行吊装稳定性验算的钢结构构件是（　　）。

A. 钢柱　　B. 钢屋架

C. 吊车梁　　D. 钢桁架

[**解析**] 钢屋架侧向刚度较差，安装前需进行吊装稳定性验算，稳定性不足时应进行吊装临时加固，通常可在钢屋架上下弦处绑扎杉木杆加固。

[**例题6·多选**] 关于先张法预应力混凝土施工，说法正确的有（　　）。

A. 先支设底模再安放骨架，张拉钢筋后再支设侧模

B. 先安装骨架再张拉钢筋然后支设底模和侧模

C. 先支设侧模和骨架，再安装底模后张拉钢筋

D. 混凝土宜采用自然养护和湿热养护

E. 预应力钢筋需待混凝土达到一定强度值后方可放张

[**解析**] 先支设底模再安放骨架及预应力钢筋，然后支侧模，故选项 B、C 错误。

答案：1. B　2. D　3. B　4. C　5. B　6. ADE

四、建筑工程防水和保温工程施工技术

（一）屋面防水工程施工

1. 屋面防水的基本要求

（1）混凝土结构层宜采用结构找坡，坡度不应小于3%；当采用材料找坡时，宜采用质量轻、吸水率低和有一定强度的材料，坡度宜为2%。

（2）保温层上的找平层应在水泥初凝前压实抹平，并应留设分格缝，缝宽宜为5～20mm，纵横缝的间距不宜大于6m。水泥终凝前完成收水后应二次压光，并应及时取出分格条。养护时间不得少于7d。

（3）找平层设置的分格缝可兼作排气道，排气道的宽度宜为40mm，排气道应纵横贯通，并应与大气连通的排气孔相通。排气道纵横间距宜为6m，屋面面积每36m²宜设置一个排气孔。

2. 卷材防水屋面施工

卷材防水屋面施工见图1-3-39。

图1-3-39　卷材防水屋面施工

（1）铺贴方法。

当卷材防水层上有重物覆盖或基层变形较大时，应优先采用空铺法、点粘法、条粘法或机械固定法，但距屋面周边800mm内以及叠层铺贴的各层之间应满粘。

当防水层采取满粘法施工时，找平层的分隔缝处宜空铺，空铺的宽度宜为100mm。

立面或大坡面铺贴卷材时，应采用满粘法，并宜减少卷材短边搭接。

（2）铺贴顺序与卷材接缝。

卷材防水层施工时，应先进行细部构造处理，然后由屋面最低标高向上铺贴；檐沟、天沟卷材施工时，宜顺檐沟、天沟方向铺贴，搭接缝应顺流水方向；卷材宜平行屋脊铺贴，上下层卷材不得相互垂直铺贴。

1）平行屋脊的搭接缝应顺流水方向。

2）同一层相邻两幅卷材短边搭接缝错开不应小于500mm。

3）上下层卷材长边搭接缝应错开，且不应小于幅宽的1/3。

4）叠层铺贴的各层卷材，在天沟与屋面的交接处，应采用叉接法搭接，搭接缝应错开；搭接缝宜留在屋面与天沟侧面，不宜留在沟底。

（3）卷材防水层的施工环境温度。

热熔法和焊接法不宜低于－10℃；冷粘法和热粘法不宜低于5℃；自粘法不宜低于10℃。

（4）卷材防水屋面施工的注意事项。

对容易渗漏的薄弱部位用附加卷材或防水材料、密封材料做附加增强处理，然后才能铺贴

防水层，防水层施工至末尾还应做收头处理。

3. 涂膜防水屋面施工

（1）涂膜工艺流程：清理、修理基层表面→喷涂基层处理剂（底涂料）→特殊部位附加增强处理→涂布防水涂料及铺贴胎体增强材料→清理与检查修整→保护层施工。

（2）应按“先高后低，先远后近”的原则进行。先涂高跨屋面，后涂低跨屋面；先涂布距离上料点的远处，后涂布近处；先涂布水落口、天沟、檐沟及檐口等节点部位，后再大面积涂布。

（3）前后两遍涂料的涂布方向应相互垂直。

（4）需铺贴胎体增强材料时，屋面坡度小于15%时，可平行屋脊铺设，屋面坡度大于15%时应垂直于屋脊铺设。采用二层胎体增强材料时，上下层不得相互垂直铺设，搭接缝应错开，其间距不应小于幅宽的1/3。

（5）涂料涂布时应先涂立面，后涂平面。

（二）地下防水工程施工

1. 防水混凝土

常用的防水混凝土有普通防水混凝土、外加剂或掺合料防水混凝土和膨胀水泥防水混凝土。

（1）防水混凝土在施工中应注意的事项：

1）保持施工环境干燥，避免带水施工。

2）防水混凝土采用预拌混凝土时，入泵坍落度宜控制在120～140mm，坍落度每小时损失不应大于20mm，坍落度总损失值不应大于40mm。

3）防水混凝土浇筑时的自落高度不得大于1.5m；防水混凝土应采用机械振捣。

4）防水混凝土应自然养护，养护时间不少于14d。

5）喷射混凝土终凝2h后应采取喷水养护，养护时间不得少于14d；当气温低于5℃时，不得喷水养护。

（2）防水构造处理。

1）墙体水平施工缝不应留在剪力与弯矩最大处或底板与侧墙的交接处，应留在高出底板表面不小于300mm的墙体上。

2）拱（板）墙结合的水平施工缝，宜留在拱（板）墙接缝线以下150～300mm处。墙体有预留孔洞时，施工缝距孔洞边缘不应小于300mm。

2. 表面防水层防水

（1）水泥砂浆防水层（刚性防水层）。

刚性多层法防水层：素灰和水泥砂浆分层交叉抹面而构成的防水层，具有较高的抗渗能力。

刚性外加剂法防水层：常用的外加剂有氯化铁防水剂、铝粉膨胀剂、减水剂。

（2）涂膜防水施工。

（3）卷材防水层。

按其与地下防水结构施工的先后顺序分为外贴法和内贴法两种。

1）外贴法（见图1-3-40）指在地下建筑墙体做好后，直接将卷材防水层铺贴在墙体上，然后砌筑保护墙。

2）内贴法（见图1-3-41）指在地下建筑墙体施工前，先砌筑保护墙，然后将卷材防水层铺贴在保护墙上，最后进行地下建筑墙体浇筑。

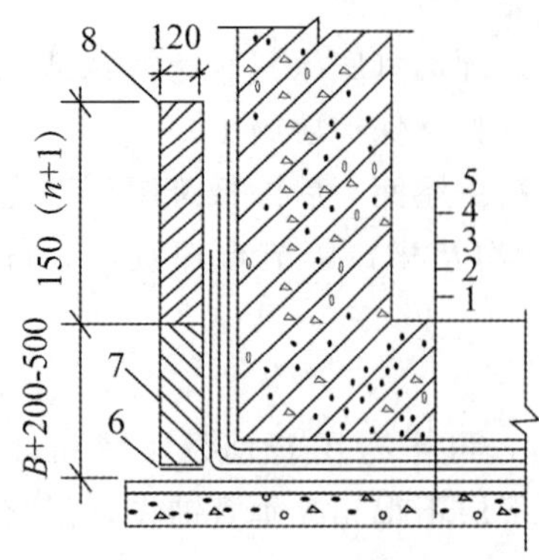

图 1-3-40　外贴法

1—垫层；2—找平层；3—卷材防水层；4—保护层；5—构筑物；6—油毡；7—永久保护墙；8—临时性保护墙

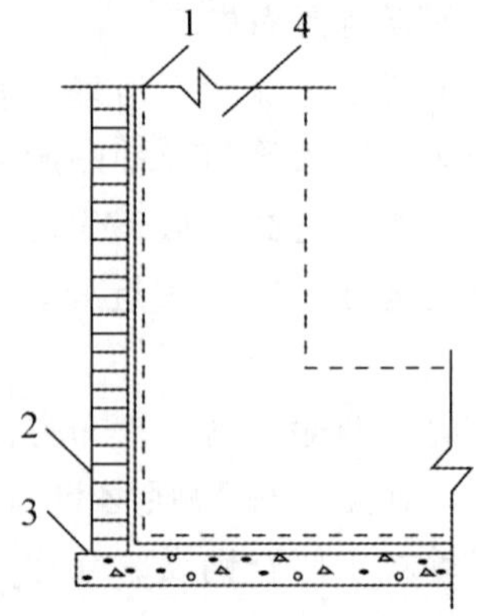

图 1-3-41　内贴法

1—卷材防水层；2—保护墙；3—垫层；4—尚未施工的构筑物

（三）楼层、厕浴间、厨房间防水

防水层必须翻至墙面并做到离地面 150mm 处。

（四）保温工程

1. 外墙外保温工程

（1）外保温工程施工期间以及完工后 24h 内，基层及环境空气温度应不低于 5℃。夏季应避免阳光暴晒。在 5 级以上大风天气和雨天不得施工。

（2）粘贴饰面砖的建筑物高度，严寒、寒冷地区不宜超过 20m，夏热冬冷、夏热冬暖地区不宜超过 40m。

2. 屋面保温工程

防水混凝土初凝后应覆盖养护，终凝后浇水养护不得少于 14d；蓄水后不得断水。

· 典型例题 ·

［**例题 1 · 单选**］屋面防水工程应满足的要求是（　　）。

A. 结构找坡不应小于 3%

B. 找平层应留设间距不小于 6m 的分格缝

C. 分格缝不宜与排气道贯通

D. 涂膜防水层的无纺布，上下层胎体搭接缝不应错开

［**解析**］混凝土结构层宜采用结构找坡，坡度不应小于 3%，选项 A 正确。保温层上的找平层应在水泥初凝前压实抹平，并应留设分格缝，缝宽宜为 5～20mm，纵横缝的间距不宜大于 6m，选项 B 错误。找平层设置的分格缝可兼作排气道，选项 C 错误。上下层胎体增强材料的长边搭接缝应错开，且不得小于幅宽的 1/3，选项 D 错误。

［**例题 2 · 多选**］当卷材防水层上有重物覆盖或基层变形较大时，优先采用的施工铺贴方法有（　　）。

A. 空铺法　　　　B. 点粘法

C. 满粘法　　　　D. 条粘法

E. 机械固定法

［**解析**］当卷材防水层上有重物覆盖或基层变形较大时，应优先采用空铺法、点粘法、条

粘法或机械固定法，但距屋面周边800mm内以及叠层铺贴的各层之间应满粘。

［**例题3·多选**］关于屋面卷材防水施工要求的说法，正确的有（　　）。

A. 先施工细部，再施工大面

B. 平行屋脊搭接缝应顺流水方向

C. 大坡面铺贴应采用满粘法

D. 上下两层卷材垂直铺贴

E. 上下两层卷材长边搭接缝错开

［**解析**］卷材防水层施工时，应先进行细部构造处理，然后由屋面最低标高向上铺贴。平行屋脊的搭接缝应顺流水方向。立面或大坡面铺贴卷材时，应采用满粘法，并宜减少卷材短边搭接。卷材宜平行屋脊铺贴，上下层卷材不得相互垂直铺贴。上下层卷材长边搭接缝应错开，且不应小于幅宽的1/3。

［**例题4·多选**］防水混凝土施工时应注意的事项有（　　）。

A. 应尽量采用人工振捣，不宜用机械振捣

B. 浇筑时自落高度不得大于1.5m

C. 应采用自然养护，养护时间不少于7d

D. 墙体水平施工缝应留在高出底板表面300mm以上的墙体中

E. 施工缝距墙体预留孔洞边缘不小于300mm

［**解析**］应采用机械振捣，并保证振捣密实。养护时间不少于14d。

答案：1. A　2. ABDE　3. ABCE　4. BDE

五、建筑装饰装修工程施工技术

（一）抹灰工程

（1）抹灰用的水泥宜为硅酸盐水泥、普通硅酸盐水泥，不同品种、不同强度等级的水泥不得混合使用。

（2）大面积抹灰前应设置标筋。抹灰应分层进行，每遍厚度宜为5～7mm。抹石灰砂浆和水泥混合砂浆每遍厚度宜为7～9mm。当抹灰总厚度超出35mm时，应采取加强措施。用水泥砂浆和水泥混合砂浆抹灰时，应待前一抹灰层凝结后方可抹后一层。

（二）吊顶工程

（1）吊顶准备。

重型灯具、电扇及其他重型设备严禁安装在吊顶龙骨上。吊顶工程见图1-3-42。

（2）龙骨安装要求。

1）应根据吊顶的设计标高在四周墙上弹线。

2）主龙骨吊点间距、起拱高度应符合设计要求，应按房间短向跨度适当起拱。

3）吊杆应通直，当吊杆与设备相遇时，应调整吊点构造或增设吊杆。

（3）纸面石膏板和纤维水泥加压板安装要求。

1）板材应在自由状态下进行安装，固定时应从板的中间向板的四周固定。

2）当安装双层石膏板时，上、下层板的接缝应错开，不得在同一根龙骨上接缝。

3）螺钉头宜略埋入板面，但不得使板面破损。钉眼应做防锈处理并用腻子抹平。

图 1-3-42　吊顶工程

（三）轻质隔墙工程

轻质隔墙工程见图 1-3-43。

1. 轻钢龙骨安装要求

（1）应按弹线固定沿地、沿顶龙骨及边框龙骨的位置。

（2）竖向龙骨应垂直安装，龙骨间距应符合设计要求。

（3）安装支撑龙骨时，应先将支撑卡安装在竖向龙骨的开口处。

（4）安装贯通系列龙骨时，低于 3m 的隔墙只安装一道，3～5m 的隔墙可安装两道。

（5）饰面板横向接缝不处在沿地、沿顶龙骨上的，应加横撑龙骨固定。

2. 木龙骨安装要求

（1）木龙骨的横截面面积及纵、横向间距应符合设计要求。

（2）骨架横、竖龙骨宜采用开半榫、加胶、加钉连接。

（3）安装饰面板前应对龙骨进行防火处理。

3. 纸面石膏板安装要求

（1）纸面石膏板宜竖向铺设，长边接缝应安装在竖向龙骨上。

（2）龙骨两侧的石膏板及龙骨一侧双层板的接缝应错开，不得在同一根龙骨上接缝。

（3）轻钢龙骨应用自攻螺钉固定，木龙骨应用木螺钉固定。

（4）安装石膏板时，应从板的中部向板的四边固定。螺钉头宜略埋入板内，但不得损坏板面，钉眼应进行防锈处理。

（5）石膏板的接缝应按设计要求进行板缝处理。石膏板与周围的墙或柱应留有 3mm 的槽口，以便进行防开裂处理。

图 1-3-43　轻质隔墙工程

（四）墙面铺装工程

（1）墙面砖铺贴前应进行挑选，并应浸水 2h 以上，晾干表面水分。

（2）结合砂浆宜采用 1∶2 水泥砂浆。

（五）涂饰工程

（1）混凝土或抹灰基层涂刷溶剂型涂料时，含水率不得大于 8%；涂刷水性涂料时，含水率不得大于 10%；木质基层含水率不得大于 12%。

（2）施工现场环境温度宜在 5℃～35℃之间，并应注意通风换气和防尘。

（六）幕墙工程

常用建筑幕墙预埋件有平板型预埋件和槽型预埋件两种，其中平板型预埋件应用最为广泛。

第四节　土建工程常用施工机械的类型及应用

一、土石方工程施工机械

（一）推土机

推土机的经济运距在 100m 以内，以 30～60m 为最佳运距。推土机见图 1-4-1。推土机的几种施工方法见表 1-4-1。

图 1-4-1　推土机

表 1-4-1　推土机的几种施工方法

方法	内容
下坡推土法	可增大推土机铲土深度和运土数量，提高生产效率，在推土丘、回填管沟时，均可采用
分批集中一次推送法	在较硬的土中，推土机的切土深度较小，一次铲土不多，可分批集中，再整批地推送到卸土区，使铲刀的推送数量增大，缩短运输时间，提高生产效率 12%～18%
并列推土法	（1）并列推土时，铲刀间距 15～30cm （2）并列台数不宜超过 4 台
沟槽推土法	沿第一次推过的原槽推土，前次推土所形成的土埂能阻止土的散失，从而增加推运量
斜角推土法	（1）铲刀与推土机横轴在水平方向形成一定角度进行推土 （2）一般在管沟回填且无倒车余地时，可采用这种方法

（二）铲运机施工

铲运机见图 1-4-2。

图 1-4-2　铲运机

（1）特点：能独立完成铲土、运土、卸土、填筑、压实等工作，对行驶道路要求较低。

（2）适用性：①常用于坡度在 20°以内的大面积场地平整，开挖大型基坑、沟槽，以及填筑路基等土方工程。②铲运机可在Ⅰ～Ⅲ类土中直接挖土、运土，适宜运距为 600～1 500m，当运距为 200～350m 时效率最高。

（3）铲运机的开行路线内容见表 1-4-2。铲运机开行路线图示见图 1-4-3。

表 1-4-2　铲运机的开行路线内容

路线	内容
环形路线	施工地段较短、地形起伏不大的挖、填工程，适宜采用环形路线。当挖土和填土交替，而挖填之间距离又较短时，则可采用大环形路线
8 字形路线	对于挖、填相邻、地形起伏较大，且工作地段较长的情况，可采用 8 字形路线；比环形路线可缩短运行时间，提高生产效率，机械磨损较均匀

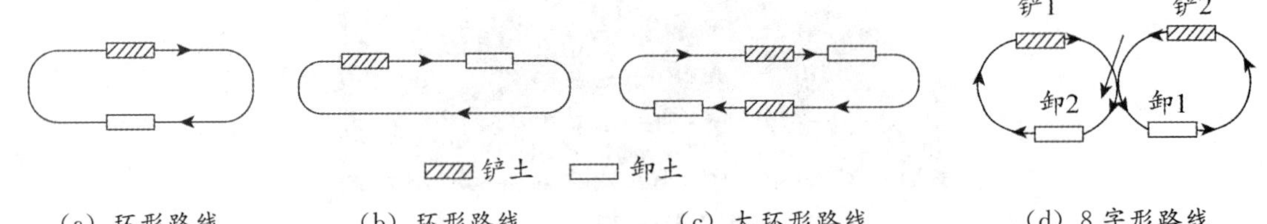

图 1-4-3　铲运机开行路线图示

（4）铲运机铲土的施工方法。

为了提高铲运机的生产率，除规划合理的开行路线外，还可根据不同的施工条件，采用的施工方法见表 1-4-3。

表 1-4-3　铲运机铲土的施工方法

方法	内容
下坡铲土法	应尽量利用有利地形进行下坡铲土
跨铲法	（1）预留土埂，间隔铲土的方法 （2）土埂高度应不大于 300mm，宽度以不大于拖拉机两履带间净距为宜
助铲法	一般每 3～4 台铲运机配 1 台推土机助铲

（三）单斗挖掘机施工

单斗挖掘机种类、挖土特点及适用性见表 1-4-4。单斗挖掘机种类见图 1-4-4。

表 1-4-4　单斗挖掘机种类、挖土特点及适用性

种类	挖土特点	适用性
正铲	前进向上、强制切土	(1) 开挖停机面以内的Ⅰ～Ⅳ级土 (2) 适宜在土质较好、无地下水的地区工作
反铲	后退向下、强制切土	(1) 开挖停机面以下的Ⅰ～Ⅲ级的砂土或黏土 (2) 适宜开挖深度 4m 以内的基坑，对地下水位较高处也适用
拉铲	后退向下、自重切土	(1) 开挖停机面以下的Ⅰ～Ⅱ级土 (2) 适宜开挖大型基坑及水下挖土
抓铲	直上直下、自重切土	(1) 只能开挖Ⅰ～Ⅱ级土 (2) 可以挖掘独立基坑、沉井，特别适于水下挖土

(a) 正铲

(b) 反铲

(c) 拉铲

(d) 抓铲

图 1-4-4　单斗挖掘机种类

·典型例题·

[**例题 1·单选**] 用推土机回填管沟，当无倒车余地时一般采用（　　）。

A. 沟槽推土法　　B. 斜角推土法

C. 下坡推土法　　D. 分批集中，一次推土法

[**解析**] 斜角推土法是将铲刀斜装在支架上，与推土机横轴在水平方向形成一定角度进行推土。一般在管沟回填且无倒车余地时可采用这种方法。

[**例题 2·单选**] 关于推土机施工作业，说法正确的是（　　）。

A. 土质较软、切土深度较大时可采用分批集中后一次推送

B. 并列推土的推土机数量不宜超过 4 台

C. 沟槽推土法是先用小型推土机推出两侧沟槽后再用大型推土机推土

D. 斜角推土法是指推土机行走路线沿斜向交叉推进

[**解析**] 土质较硬，切土深度较小时可采用分批集中后一次推送，选项 A 错误。沟槽推土法应是沿第一次推过的原槽推土，前次推土所形成的土埂能阻止土的散失，从而增加推运量。

这种方法可以和分批集中、一次推送法联合运用，选项C错误。斜角推土法指的应是将铲刀斜装在支架上，与推土机横轴在水平方向形成一定角度进行推土。一般在管沟回填且无倒车余地时可采用这种方法，选项D错误。

［**例题3·单选**］为了提高铲运机铲土效率，适宜采用的铲运方法为（　　）。

A. 上坡铲土　　B. 并列铲土

C. 斜向铲土　　D. 间隔铲土

［**解析**］为了提高铲运机的生产率，除规划合理的开行路线外，还可根据不同的施工条件，采用下列施工方法：①下坡铲土；②跨铲法；③助铲法。

［**例题4·单选**］单斗抓铲挖掘机的作业特点是（　　）。

A. 前进向下，自重切土

B. 后退向下，自重切土

C. 后退向下，强制切土

D. 直上直下，自重切土

［**解析**］抓铲挖掘机的挖土特点是直上直下，自重切土。

答案：1.B　2.B　3.D　4.D

二、起重机具

起重机具主要包括索具设备和起重机械。

（一）自行杆式起重机

1. 履带式起重机

（1）对地面压力大为减小，装在底盘上的回转机构使机身可回转360°。缺点是稳定性较差，未经验算不宜超负荷吊装。

（2）履带式起重机的主要参数有三个：起重量Q、起重高度H和起重半径R。

履带式起重机见图1-4-5。

图1-4-5　履带式起重机

2. 汽车起重机

作业时，必须先打开支腿，以增大机械的支承面积，保证必要的稳定性。因此，汽车起重机不能负荷行驶。汽车起重机机动灵活性好，能够迅速转移场地。

汽车起重机见图1-4-6。

图 1-4-6　汽车起重机

3. 轮胎起重机

行驶速度较高，能迅速地转移工作地点或工地，对路面破坏小。但不适合在松软或泥泞的地面上工作。

轮胎起重机见图 1-4-7。

图 1-4-7　轮胎起重机

（二）塔式起重机

1. 轨道式塔式起重机

轨道式塔式起重机可带重行走，作业范围大，非生产时间少，生产效率高。

（1）轨道式塔式起重机的主要性能有：吊臂长度、起重幅度、起重量、起升速度及行走速度等。

（2）轨道式塔式起重机见图 1-4-8。

图 1-4-8　轨道式塔式起重机

2. 爬升式塔式起重机（内爬式塔式起重机）

（1）优点：起重机以建筑物作支承，塔身短，起重高度大，而且不占建筑物外围空间。

（2）缺点：司机作业往往不能看到起吊全过程，需靠信号指挥，施工结束后拆卸复杂，一般需设辅助起重机拆卸。

爬升式塔式起重机见图 1-4-9。

图 1-4-9　爬升式塔式起重机

3. 附着式塔式起重机（自升式塔式起重机）

随着结构的升高，不断自行接高塔身，使起重高度不断增大。为了塔身稳定，塔身每隔 20m 高度左右用系杆与结构锚固。司机能看到吊装的全过程，自身的安装与拆卸不妨碍施工过程。

附着式塔式起重机见图 1-4-10。

图 1-4-10　附着式塔式起重机

（三）桅杆式起重机

1. 优缺点

（1）优点：构造简单、装拆方便、起重能力较大，受施工场地限制小。

（2）缺点：设较多的缆风绳，移动困难。另外，其起重半径小，灵活性差。

2. 适用性

一般多用于构件较重、吊装工程比较集中、施工场地狭窄，而又缺乏其他合适的大型起重机械时。

桅杆式起重机见图 1-4-11。

图 1-4-11 桅杆式起重机

第五节 土建工程施工组织设计的编制原理、内容及方法

一、施工组织设计概述

（一）施工组织设计的概念

施工组织设计是指以施工项目为对象编制的，用以指导施工的技术、经济和管理的综合性文件。

（二）施工组织设计的分类

按编制对象不同，施工组织设计包括三个层次，即施工组织总设计、单位工程施工组织设计和施工方案。施工组织设计的分类、编制及审批见表 1-5-1。

表 1-5-1 施工组织设计的分类、编制及审批

层次	编制对象	主持编制	审批
施工组织总设计	若干单位工程组成的群体工程或特大型工程项目	施工项目负责人	总承包单位技术负责人
单位工程施工组织设计	单位（子单位）工程	施工项目负责人	施工单位技术负责人
施工方案	分部（分项）或专项工程	—	项目技术负责人

（三）施工组织设计编制依据

（1）工程建设有关法律法规及政策。

（2）工程建设标准和技术经济指标。

（3）工程设计文件。

（4）工程施工合同文件。

（5）工程现场条件，工程地质与水文地质、气象等条件。

（6）与工程有关的资源供应条件。

（7）施工单位的生产能力、机具设备状况及技术水平等。

二、施工组织总设计

施工组织总设计的主要内容：工程概况、总体施工部署、施工总进度计划、总体施工准备与主要资源配置计划、主要施工方法、施工总平面布置。

其中，施工总进度计划的编制步骤和方法如下（注意先后次序）：

（1）计算工程量。

（2）确定各单位工程的施工期限。

（3）确定各单位工程的开竣工时间和相互搭接关系。

（4）编制初步施工总进度计划。

（5）编制正式的施工总进度计划。

三、单位工程施工组织设计

单位工程施工组织设计的主要内容：工程概况、施工部署、施工进度计划、施工准备与资源配置计划、主要施工方案、施工现场平面布置。

其中，单位工程施工进度计划的编制程序和方法如下（注意先后次序）：

（1）划分工作项目。

（2）确定施工顺序。

（3）计算工程量。

（4）计算劳动量和机械台班数。

（5）确定工作项目的持续时间。最小工作面限定了每班安排人数的上限。

（6）绘制施工进度计划图。

（7）施工进度计划的检查与调整。

四、施工方案

施工方案包括：工程概况、施工安排、施工进度计划、施工准备与资源配置计划、施工方法及工艺要求。

·典型例题·

［**例题1·单选**］根据《建筑施工组织设计规范》，施工组织设计的三个层次是指（　　）。

A. 施工组织总设计、单位工程施工组织设计和施工方案

B. 施工组织总设计、单项工程施工组织设计和施工进度计划

C. 施工组织设计、施工进度计划和施工方案

D. 指导性施工组织设计、实施性施工组织设计和施工方案

［**解析**］本题考查的是工程项目施工组织设计。按编制对象不同，施工组织设计包括三个层次，即施工组织总设计、单位工程施工组织设计和施工方案。

［**例题2·单选**］根据《建筑施工组织设计规范》，施工组织总设计应由（　　）主持编制。

A. 总承包单位技术负责人

B. 施工项目负责人

C. 总承包单位法定代表人

D. 施工项目技术负责人

［**解析**］施工组织总设计应由施工项目负责人主持编制，应由总承包单位技术负责人负责审批。

答案：1. A　2. B

同步强化训练

一、单项选择题（每题的备选项中，只有1个最符合题意）

1. 高层建筑抵抗水平荷载最有效的结构是（　　）。

A. 剪力墙结构　　B. 框架结构

C. 筒体结构　　D. 混合结构

2. 建筑物的伸缩缝、沉降缝、防震缝的根本区别在于（　　）。

A. 伸缩缝和沉降缝比防震缝宽度小

B. 伸缩缝和沉降缝比防震缝宽度大

C. 伸缩缝不断开基础，沉降缝和防震缝断开基础

D. 伸缩缝和防震缝不断开基础，沉降缝断开基础

3. 房屋中跨度较小的房间常采用现浇钢筋混凝土（　　）。

A. 板式楼板　　B. 梁板式肋形楼板

C. 井字形肋楼板　　D. 无梁式楼板

4. 某宾馆门厅9m×9m，为了提高净空高度，宜优先选用（　　）。

A. 普通板式楼板

B. 梁板式肋形楼板

C. 井字形密肋楼板

D. 普通无梁楼板

5. 普通民用建筑楼梯的踏步数一般（　　）。

A. 不宜超过15级，不少于2级

B. 不宜超过15级，不少于3级

C. 不宜超过18级，不少于2级

D. 不宜超过18级，不少于3级

6. 受反复冻融的结构混凝土应选用（　　）。

A. 普通硅酸盐水泥

B. 矿渣硅酸盐水泥

C. 火山灰质硅酸盐水泥

D. 粉煤灰硅酸盐水泥

7. 下列水泥品种中，不适宜用于大体积混凝土工程的是（　　）。

A. 普通硅酸盐水泥

B. 矿渣硅酸盐水泥

C. 火山灰质硅酸盐水泥

D. 粉煤灰硅酸盐水泥

8. 可用于有高温要求的工业车间大体积混凝土构件的水泥是（　　）。

A. 硅酸盐水泥

B. 普通硅酸盐水泥

C. 矿渣硅酸盐水泥

D. 火山灰质硅酸盐水泥

9. 隧道开挖后，喷锚支护施工采用的混凝土，宜优先选用（　　）。

A. 火山灰质硅酸盐水泥

B. 粉煤灰硅酸盐水泥

C. 硅酸盐水泥

D. 矿渣硅酸盐水泥

10. 场地填筑的填料为爆破石渣、碎石类土、杂填土时，宜采用的压实机械为（　　）。

A. 平碾　　B. 羊足碾

C. 振动碾　　D. 气胎碾

11. 拌制外墙保温砂浆多用（　　）。

A. 玻化微珠　　B. 石棉

C. 膨胀蛭石　　D. 玻璃棉

12. 薄型和超薄型防火涂料的耐火极限一般与涂层厚度无关，与之有关的是（　　）。

A. 物体可燃性

B. 物体耐火极限

C. 膨胀后的发泡层厚度

D. 基材的厚度

13. 使木材物理力学性质变化发生转折的指标为（　　）。

A. 平衡含水率　　B. 顺纹强度

C. 纤维饱和点　　D. 横纹强度

14. 根据《建筑施工组织设计规范》，单位工程施工组织设计应由（　　）主持编制。

A. 建设单位项目负责人　　B. 施工项目负责人

C. 施工单位技术负责人　　D. 施工项目技术负责人

15. 单位工程施工进度计划的编制工作包括：①计算工程量；②划分工作项目；③确定施工顺序；④计算劳动量和机械台班数，正确的程序是（　　）。

A. ①②③④　　B. ②③①④

C. ①③②④　　D. ①④③②

16. 关于单斗挖掘机作业特点，说法正确的是（　　）。

A. 正铲挖掘机：前进向下，自重切土

B. 反铲挖掘机：后退向上，强制切土

C. 拉铲挖掘机：后退向下，自重切土

D. 抓铲挖掘机：前进向上，强制切土

17. 在单层工业厂房结构吊装中，如安支座表面高度为15.0m（从停机面算起），绑扎点至所吊构件底面距离0.8m，索具高度为3.0m，则起重机高度至少为（　　）。

A. 18.2m　　B. 18.5m

C. 18.8m　　D. 19.1m

18. 对于大跨度的焊接球节点钢管网架的吊装，出于防火等考虑，一般选用（　　）。

A. 大跨度结构高空拼装法施工

B. 大跨度结构整体吊装法施工

C. 大跨度结构整体顶升法施工

D. 大跨度结构滑移法施工

二、多项选择题（每题的备选项中，有 2 个或 2 个以上符合题意，至少有 1 个错项）

1. 按照楼梯的形式，楼梯可以分为（　　）。

A. 双跑式楼梯　　B. 双分式楼梯

C. 室外楼梯　　D. 圆弧形楼梯

E. 消防楼梯

2. 坡屋顶的承重屋架，常见的形式有（　　）。

A. 三角形　　B. 梯形

C. 矩形　　D. 多边形

E. 弧形

3. 预应力混凝土结构构件中，可使用的钢材包括（　　）。

A. 冷轧带肋钢筋　　B. 冷拔低碳钢丝

C. 热处理钢筋　　D. 冷拉钢丝

E. 消除应力钢丝

4. 坡屋顶的承重结构划分有（　　）。

A. 硬山搁檩　　B. 屋架承重

C. 刚架结构　　D. 梁架结构

E. 钢筋混凝土梁板承重

5. 防水混凝土施工应满足的工艺要求有（　　）。

A. 混凝土中不宜掺和膨胀水泥

B. 入泵坍落度宜控制在 120～140mm

C. 浇筑时混凝土自落高度不得大于 1.5m

D. 后浇带应按施工方案设置

E. 当气温低于 5℃时喷射混凝土不得喷水养护

6. 可用于预应力钢筋混凝土的钢筋有（　　）。

A. HPB235　　B. HRB500

C. HRB335　　D. CRB550

E. CRB650

参考答案及解析

一、单项选择题

1. ［答案］C

［解析］在高层建筑中，特别是超高层建筑中，水平荷载愈来愈大，筒体结构是抵抗水平荷载最有效的结构体系。

2. ［答案］D

［解析］伸缩缝（温度缝）将建造物从屋顶、墙体、楼层等地面以上构件全部断开，基础因受温度变化影响较小，不必断开。沉降缝基础部分也要断开。防震缝一般从基础顶面开始，沿房屋全高设置。

3. ［答案］A

［解析］房屋中跨度较小的房间（如厨房、厕所、贮藏室、走廊）及雨篷、遮阳等常采用现浇钢筋混凝土板式楼板。

4. ［答案］C

［解析］井字形密肋楼板具有天棚整齐美观，有利于提高房屋的净空高度等优点，常用于门厅、会议厅等处。

5. ［答案］D

［解析］楼梯梯段的踏步数一般不宜超过 18 级，且一般不宜少于 3 级。（根据一级造价

工程师考试教材，此内容已修改为“18级”和“2级”。由于二级造价工程师考试属于地方性考试，备考可以当地教材内容为准。）

6. [答案] A

[解析] 普通硅酸盐水泥适用于制造地上、地下及水中的混凝土、钢筋混凝土及预应力钢筋混凝土结构，包括受反复冰冻的结构；也可配制高强度等级混凝土及早期强度要求高的工程。

7. [答案] A

[解析] 硅酸盐水泥和普通硅酸盐水泥水化热较大，不适宜用于大体积混凝土工程。

8. [答案] C

[解析] 矿渣硅酸盐水泥耐热性较好，适用于高温车间和有耐热、耐火要求的混凝土结构。

9. [答案] C

[解析] 喷锚支护需要混凝土具有快硬早强的特点，从而保证支护结构的强度与稳定性，因此需采用硅酸盐混凝土。

10. [答案] C

[解析] 振动碾对于振实填料为爆破石渣、碎石类土、杂填土和粉土等非黏性土效果较好。

11. [答案] A

[解析] 玻化微珠是一种酸性玻璃质熔岩矿物质（松脂岩矿砂），内部多孔、表面玻化封闭，呈球状体细径颗粒。玻化微珠吸水率低，易分散，可提高砂浆流动性，还具有防火、吸音隔热等性能，是一种具有高性能的无机轻质绝热材料，广泛应用于外墙内外保温砂浆、装饰板、保温板的轻质骨料。

12. [答案] C

[解析] 薄型和超薄型防火涂料的耐火极限一般与涂层厚度无关，而与膨胀后的发泡层厚度有关。

13. [答案] C

[解析] 当木材细胞和细胞间隙中的自由水完全脱去为零，而细胞壁吸附水处于饱和时，木材的含水率称为木材的纤维饱和点，纤维饱和点是木材物理力学性质发生变化的转折点。

14. [答案] B

[解析] 单位工程施工组织设计应由施工项目负责人主持编制，应由施工单位技术负责人或其授权的技术人员负责审批。

15. [答案] B

[解析] 单位工程施工进度计划的编制程序：①划分工作项目；②确定施工顺序；③计算工程量；④计算劳动量和机械台班数；⑤确定工作项目的持续时间。

16. [答案] C

[解析] 正铲挖掘机：前进向上，强制切土。反铲挖掘机：后退向下，强制切土。抓铲挖掘机：直上直下，自重切土。

17. [答案] D

[解析] $H \geqslant h_1 + h_2 + h_3 + h_4 = 15 + 0.8 + 3 + 0.3 = 19.1$（m）。

18. [答案] B

[解析] 大跨度结构整体吊装法施工不需高大的拼装支架，高空作业少，易保证整体焊接质量，但需要大起重量的起重设备，技术较复杂。因此，此法较适合焊接球节点钢管网架。

二、多项选择题

1. [答案] ABD

[解析] 按形式，楼梯可分为直跑式、双跑式、双分式、双合式、三跑式、四跑式、螺旋式及圆弧形等。

2. [答案] ABCD

[解析] 屋顶上搁置屋架，用来搁置檩条以支承屋面荷载。通常屋架搁置在房屋的纵向外墙或柱上，使房屋有一个较大的使用空间。屋架的形式较多，有三角形、梯形、矩形、多边形等。

3. [答案] CDE

[解析] 热处理钢筋是钢厂将热轧的带肋钢筋（中碳低合金钢）经淬火和高温回火调质处理而成的，即以热处理状态交货，成盘供应，每盘长约200m。热处理钢筋强度高，用材省，锚固性好，预应力稳定，主要用作

预应力钢筋混凝土轨枕，也可以用于预应力混凝土板、吊车梁等构件。预应力混凝土钢丝是用优质碳素结构钢经冷加工及时效处理或热处理等工艺过程制得，具有很高的强度，安全可靠，且便于施工。预应力混凝土用钢丝按照加工状态分为冷拉钢丝和消除应力钢丝两类。

4. [答案] ABDE

[解析] 坡屋顶的承重结构：①砖墙承重；砖墙承重又叫硬山搁檩；②屋架承重；③梁架结构；④钢筋混凝土梁板承重。

5. [答案] BCE

[解析] 目前，常用的防水混凝土有普通防水混凝土、外加剂或掺和料防水混凝土和膨胀水泥防水混凝土。防水混凝土采用预拌混凝土时，入泵坍落度宜控制在 120～140mm。防水混凝土浇筑时的自落高度不得大于 1.5m。防水混凝土结构的变形缝、施工缝、后浇带、穿墙管、埋设件等设置和构造必须符合设计要求。喷射混凝土终凝 2h 后应采取喷水养护，养护时间不得少于 14d；当气温低于 5℃时，不得喷水养护。

6. [答案] BCE

[解析] 非预应力钢筋混凝土可选用 HPB300、HRB335 和 HRB400 钢筋，而预应力钢筋混凝土则宜选用 HRB500、HRB400 和 HRB335 钢筋。冷轧带肋钢筋分为 CRB550、CRB650、CRB800、CRB970 四个牌号。CRB550 用于非预应力钢筋混凝土，其他牌号用于预应力钢筋混凝土。

第二章
工程计量

本章包括5节，分别介绍了工程识图、建筑面积、工程量计算规则、清单编制、计算机辅助工程量的计算。工程计量是工程计价的基础，是二级造价工程师应该掌握的核心内容。要求考生掌握识图原理、建筑面积计算规则（26条计算+10条不计算）、土建工程量计算规则以及清单编制。应该具备工程计量和清单编制的能力，运用造价理论知识解决工程造价实际问题的能力。

知识脉络

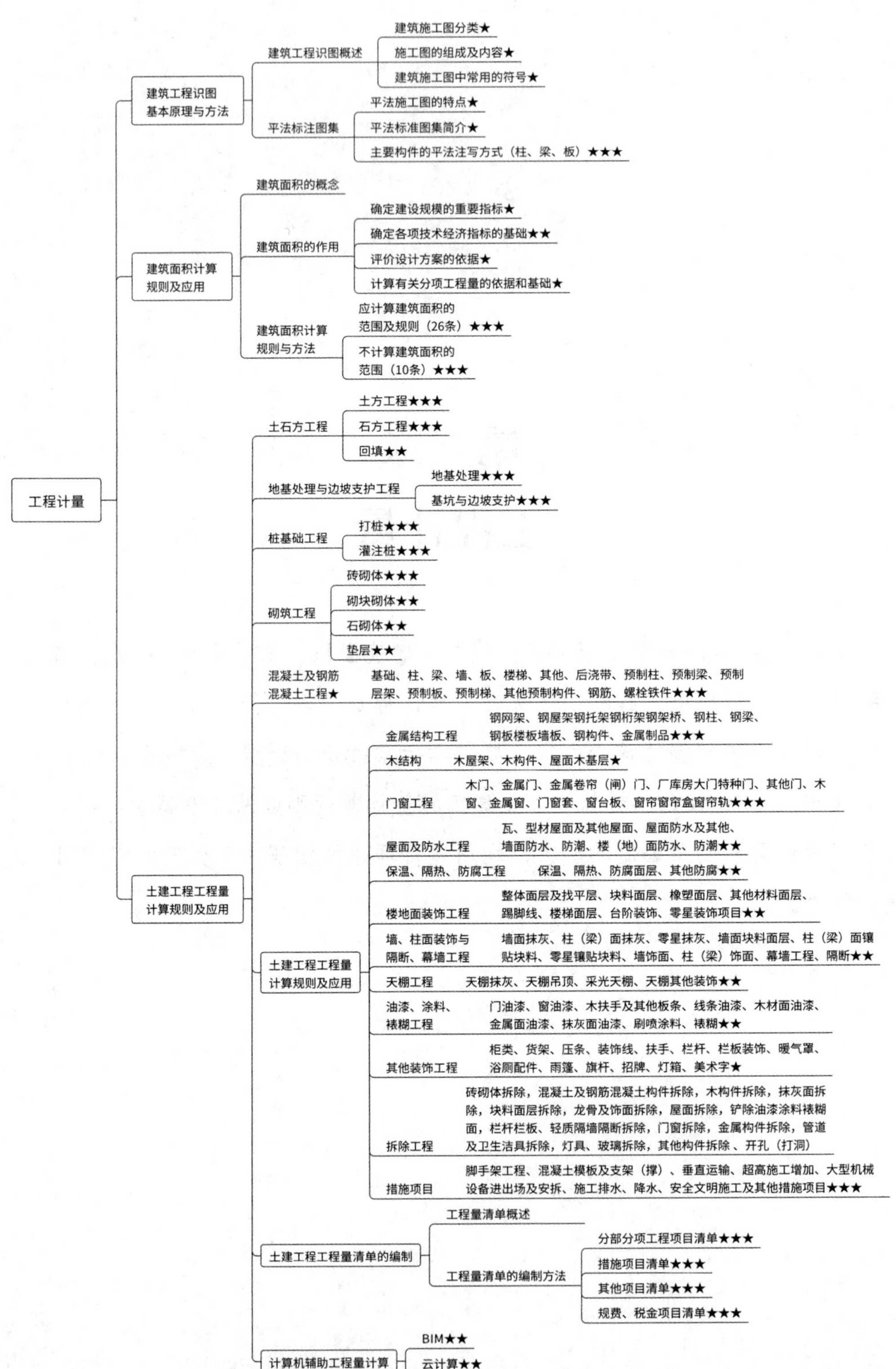

工程计量
建筑工程识图基本原理与方法
建筑工程识图概述
建筑施工图分类★
施工图的组成及内容★
建筑施工图中常用的符号★
平法标注图集
平法施工图的特点★
平法标准图集简介★
主要构件的平法注写方式（柱、梁、板）★★★
建筑面积计算规则及应用
建筑面积的概念
建筑面积的作用
确定建设规模的重要指标★
确定各项技术经济指标的基础★★
评价设计方案的依据★
计算有关分项工程量的依据和基础★
建筑面积计算规则与方法
应计算建筑面积的范围及规则（26条）★★★
不计算建筑面积的范围（10条）★★★
土建工程工程量计算规则及应用
土石方工程
土方工程★★★
石方工程★★★
回填★★
地基处理与边坡支护工程
地基处理★★★
基坑与边坡支护★★★
桩基础工程
打桩★★★
灌注桩★★★
砌筑工程
砖砌体★★★
砌块砌体★★
石砌体★★
垫层★★
混凝土及钢筋混凝土工程★
基础、柱、梁、墙、板、楼梯、其他、后浇带、预制柱、预制梁、预制层架、预制板、预制梯、其他预制构件、钢筋、螺栓铁件★★★
土建工程工程量计算规则及应用
金属结构工程
钢网架、钢屋架钢托架钢桁架钢架桥、钢柱、钢梁、钢板楼板墙板、钢构件、金属制品★★★
木结构
木屋架、木构件、屋面木基层★
门窗工程
木门、金属门、金属卷帘（闸）门、厂库房大门特种门、其他门、木窗、金属窗、门窗套、窗台板、窗帘窗帘盒窗帘轨★★★
屋面及防水工程
瓦、型材屋面及其他屋面、屋面防水及其他、墙面防水、防潮、楼（地）面防水、防潮★★
保温、隔热、防腐工程
保温、隔热、防腐面层、其他防腐★★
楼地面装饰工程
整体面层及找平层、块料面层、橡塑面层、其他材料面层、踢脚线、楼梯面层、台阶装饰、零星装饰项目★★
墙、柱面装饰与隔断、幕墙工程
墙面抹灰、柱（梁）面抹灰、零星抹灰、墙面块料面层、柱（梁）面镶贴块料、零星镶贴块料、墙饰面、柱（梁）饰面、幕墙工程、隔断★★
天棚工程
天棚抹灰、天棚吊顶、采光天棚、天棚其他装饰★★
油漆、涂料、裱糊工程
门油漆、窗油漆、木扶手及其他板条、线条油漆、木材面油漆、金属面油漆、抹灰面油漆、刷喷涂料、裱糊★★
其他装饰工程
柜类、货架、压条、装饰线、扶手、栏杆、栏板装饰、暖气罩、浴厕配件、雨篷、旗杆、招牌、灯箱、美术字★
拆除工程
砖砌体拆除，混凝土及钢筋混凝土构件拆除，木构件拆除，抹灰面拆除，块料面层拆除，龙骨及饰面拆除，屋面拆除，铲除油漆涂料裱糊面，栏杆栏板、轻质隔墙隔断拆除，门窗拆除，金属构件拆除，管道及卫生洁具拆除，灯具、玻璃拆除，其他构件拆除、开孔（打洞）
措施项目
脚手架工程、混凝土模板及支架（撑）、垂直运输、超高施工增加、大型机械设备进出场及安拆、施工排水、降水、安全文明施工及其他措施项目★★★
土建工程工程量清单的编制
工程量清单概述
工程量清单的编制方法
分部分项工程项目清单★★★
措施项目清单★★★
其他项目清单★★★
规费、税金项目清单★★★
计算机辅助工程量计算
BIM★★
云计算★★

第一节 建筑工程识图基本原理与方法

一、建筑工程识图概述

（一）建筑施工图分类

建筑施工图是用以指导施工的一套图纸，按内容和作用不同可分为建筑施工图、结构施工图和设备施工图三个主要部分。

（1）建筑施工图，简称建施，主要表示建筑物的平面形状、内部布置、外部构造、构造做法、装修做法的图纸，包括施工图首页、总平面图、各层平面图、不同方位的立面图、必要的剖面图和建筑施工详图。

（2）结构施工图，简称结施，主要表示建筑的结构类型，结构构件的布置、连接、形状、大小及详细做法的图纸，包括基础平面图、基础详图、结构平面图、楼梯平面图、楼梯结构图和结构构件详图、吊装与安装图及其说明书。

（3）设备施工图，简称设施，主要表示给水、排水、采暖通风、电气照明等设备的布置及安装要求，包括平面布置图、系统图和安装图等。

（二）施工图的组成及内容

整套房屋施工图的编排顺序是首页图（包括图纸目录、设计总说明、汇总表等）、建筑施工图、结构施工图、设备施工图。

1. 首页图

首页图是建筑施工图的第一页，它的内容一般包括图纸目录、设计总说明、建筑装修及工程做法、门窗表等。

2. 总平面图

总平面图亦称“总体布置图”，按一般规定比例绘制，表示建筑物、构筑物的方位、间距以及道路网、绿化等。

3. 建筑施工图

（1）平面图。

建筑平面图比较直观，主要反映房屋的平面形状、大小和房间布置。

（2）立面图。

建筑立面图是对建筑立面的描述，主要是外观上的效果。以平行于外墙面的投影面，用正投影的原理绘制出的房屋投影图，称为立面图。

（3）剖面图。

建筑剖面图，简称剖面图，指的是假想用一个或多个垂直于外墙轴线的铅垂剖切面，将房屋剖开，所得的投影图。剖面图用以表示房屋内部的结构或构造形式、分层情况和各部位的联系、材料及其高度等，是与平、立面图相互配合的不可缺少的重要图样之一。

（三）建筑施工图中常用的符号

1. 定位轴线及编号

（1）施工图中的定位轴线是确定建筑物墙、柱等承重构件位置的基准线，也是施工放线、定位的依据。对于一些与主要承重构件相联系的次要构件，可用附加轴线表示其位置。

（2）附加轴线的编号用分数表示，分母表示前一轴线的编号，分子表示附加轴线的编号。

2. 标高

标高表示建筑物某一部位相对于基准面（标高的零点）的竖向高度，是竖向定位的依据。

用直角等腰三角形表示，按图 2-1-1（a）所示形式用细实线绘制，如标注位置不够，也可按图 2-1-1（b）所示形式绘制。标高有绝对标高和相对标高两种不同的表示方法。

（1）绝对标高是以我国青岛黄海的平均海平面为绝对标高的零点，全国各地标高均以此为基准测出，符号是黑色三角形。

（2）相对标高是以该建筑物的首层（即底层）室内地面高度作为 0 点（写作±0.000）来计算的。比 0 点高的部位称为正标高；反之，比 0 点低的地方称为负标高。标高符号见图 2-1-1。

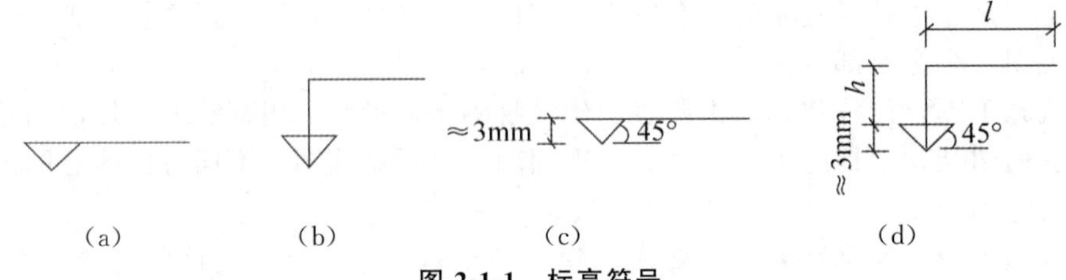

图 2-1-1　标高符号

3. 索引符号与详图符号

在建筑平、立、剖面图中，由于绘图比例较小，建筑物的一些节点及局部构造无法表达清楚，因此需采用较大的比例画出建筑详图。

（1）当详图与被索引的图在同一张图纸上时，在上半圆中用阿拉伯数字标出该详图的编号，在下半圆中间画一段水平实线。详见图 2-1-2。

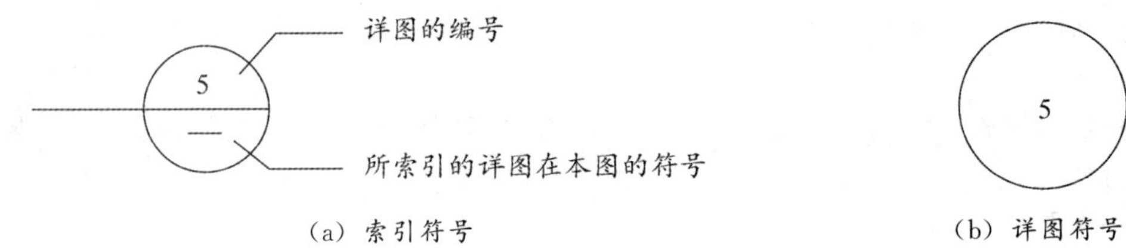

图 2-1-2　索引符号和详图符号（在同一张图纸上时）

（2）当详图与被索引的图不在同一张图纸上时，在下半圆中用阿拉伯数字标注出该详图在图纸的编号。详见图 2-1-3。

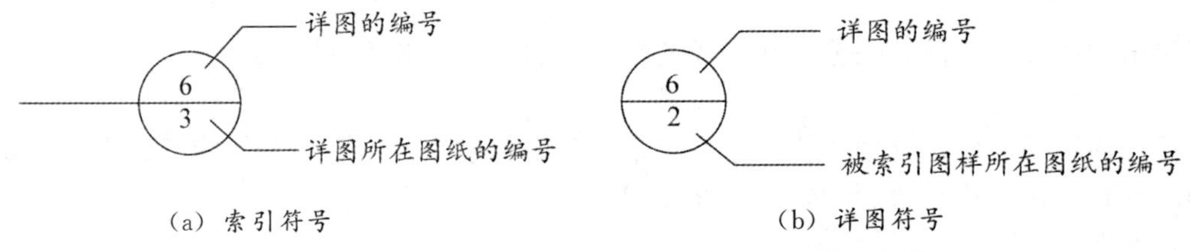

图 2-1-3　索引符号和详图符号（不在同一张图纸上时）

4. 引出线

施工图中标注各种符号、编号、尺寸及文字说明时，常用到引出线。引出线应以细实线绘制。

二、平法标注图集

（一）平法施工图的特点

（1）改变了传统的将构件从结构平面布置图中索引出来，再逐个绘制配筋详图、画出配筋表的做法。

（2）实施平法的优点主要表现在：

1）大大减少图纸数量。

2）实现平面表示，整体标注。

（二）平法标准图集简介

（1）平法标准图集内容包括两个主要部分：一是平法制图规则，二是标准构造详图。

（2）适用于抗震设防烈度为 6～9 度地区的现浇混凝土结构施工图的设计，不适用于非抗震结构和砌体结构。

（三）主要构件的平法注写方式（柱、梁、板）

1. 柱平法施工图的注写方式

（1）柱编号由柱类型代号和序号组成，柱的类型代号有框架柱（KZ）、转换柱（ZHZ）、芯柱（XZ）、梁上柱（LZ）、剪力墙上柱（QZ）。

（2）柱平法施工图有列表注写方式、截面注写方式。

1）列表注写方式，示例见表 2-1-1。

表 2-1-1　某矩形柱列表注写方式示例

柱号	标高	$b\times h$	b_1	b_2	h_1	h_2	全部纵筋	角筋	b 边一侧中部筋	h 边一侧中部筋	箍筋类型号	箍筋
KZ1	−0.030～19.470	750×700	375	375	150	550	24Φ25	—	—	—	1（5×4）	ϕ10@100/200
	19.470～37.470	650×600	325	325	150	450	—	4Φ22	5Φ22	4Φ20	1（4×4）	ϕ10@100/200
	37.470～59.070	550×500	275	275	150	350	—	4Φ22	5Φ22	4Φ20	1（4×4）	ϕ8@100/200

2）截面注写方式，见图 2-1-4。

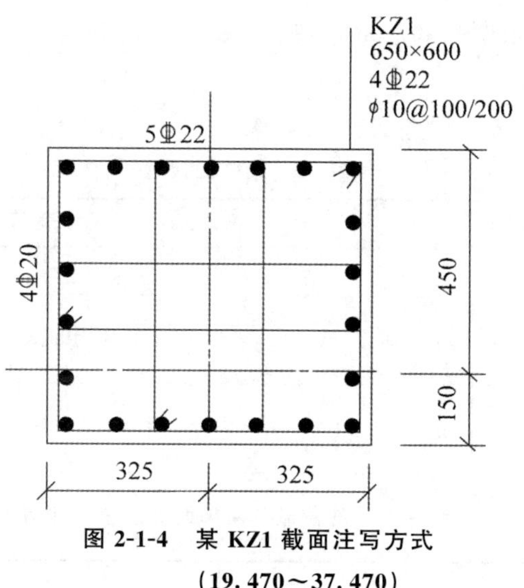

图 2-1-4　某 KZ1 截面注写方式
（19.470～37.470）

2. 梁平法施工图的注写方式

梁平法施工图的注写方式见图 2-1-5。

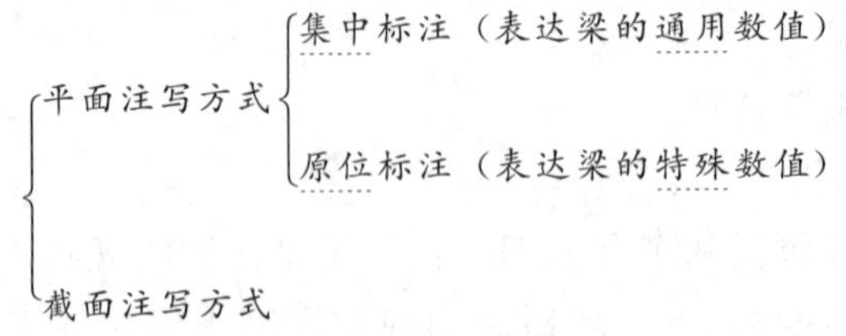

图 2-1-5　梁平法施工图的注写方式

当集中标注中的某项数值不适用于梁的某部位时，则将该项数值原位标注。施工时，原位标注优先于集中标注。

（1）集中标注。

集中标注的内容包括梁编号、梁截面尺寸，箍筋的钢筋级别、直径、加密区及非加密区、肢数，梁上下通长筋和架立筋，梁侧面纵筋，构造腰筋及抗扭腰筋，梁顶面标高高差。

1）梁编号。

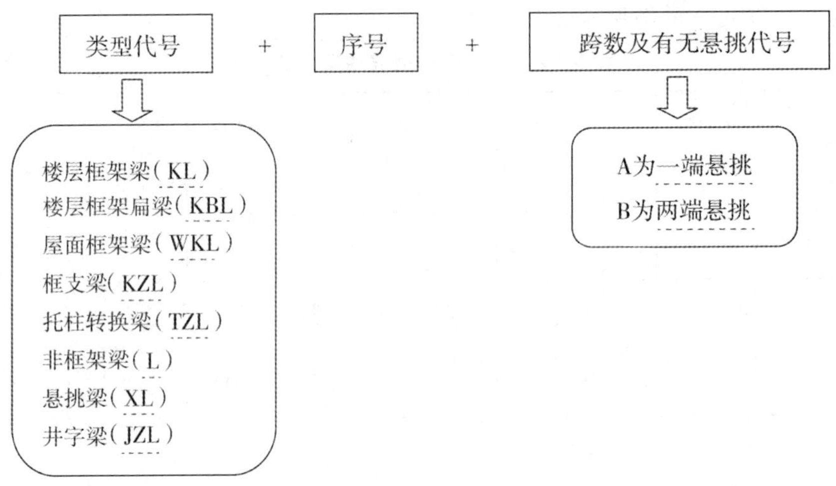

［例题］KL7（5A）表示 7 号楼层框架梁，5 跨，一端悬挑。

2）梁截面尺寸。

梁截面尺寸见表 2-1-2。

表 2-1-2　梁截面尺寸

梁截面	尺寸表示
等截面梁	用 $b\times h$ 表示
竖向加腋梁（见图 2-1-6）	用 $b\times h$、Y$c_1\times c_2$表示，其中 c_1 为腋长，c_2 为腋高
水平加腋梁（见图 2-1-7）	用 $b\times h$、PY$c_1\times c_2$表示，其中 c_1 为腋长，c_2 为腋宽
悬挑梁（根部和端部的高度不同）（见图 2-1-8）	用斜线分隔根部与端部的高度值，即为 $b\times h_1/h_2$

第二章

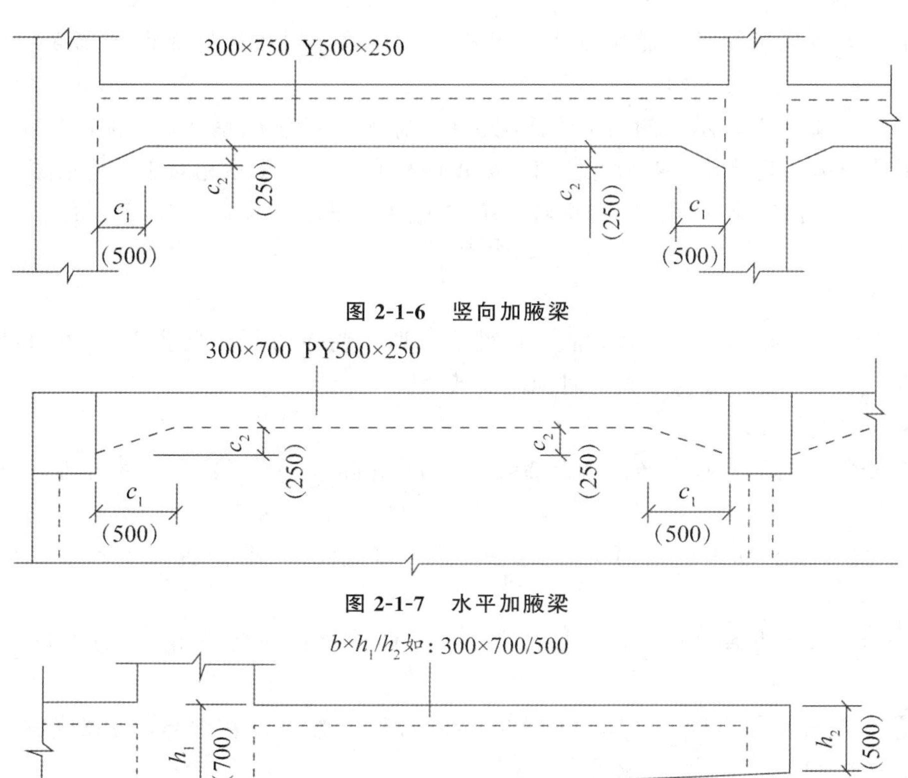

图 2-1-6　竖向加腋梁

图 2-1-7　水平加腋梁

图 2-1-8　悬挑梁（根部和端部的高度不同）

3）梁箍筋。

①包括钢筋级别、直径、加密区与非加密区间距及肢数，该项为必注值。

②箍筋加密区与非加密区的不同间距及肢数需用斜线“/”分隔。

③当加密区与非加密区的箍筋肢数相同时，则将肢数注写一次；箍筋肢数应写在括号内。

［例题］“φ8@100（4）/150（2）”表示箍筋为 HPB300 钢筋，直径为 8mm，加密区间距为 100mm，四肢箍；非加密区间距为 150mm，两肢箍。

4）梁上部通长筋或架立筋配置。

①通长筋可为相同或不同直径采用搭接连接、机械连接或焊接的钢筋，该项为必注值。

②当同排纵筋中既有通长筋又有架立筋时，应用加号“+”将通长筋和架立筋相连。注写时须将角部纵筋写在加号的前面，架立筋写在加号后面的括号内。

③当梁的上部纵筋和下部纵筋为全跨相同，且多数跨配筋相同时，此项可加注下部纵筋的配筋值，用分号“;”将上部与下部纵筋的配筋值分隔开来，少数跨不同者，按原位标注处理。

［例题］“2Φ22+（4φ12）”表示 2Φ22 为通长钢筋，4φ12 为架立筋，用于六肢箍。

“3Φ22；3Φ22”表示梁的上部配置 3Φ22 的通长钢筋，梁的下部配置 3Φ22 的通长钢筋。

5）梁侧面纵向构造钢筋或受扭钢筋配置，该项为必注值。

①当梁腹板高度 $h_w \geq 450$mm 时，需配置纵向构造钢筋，以大写字母 G 打头，接续注写配置在梁两个侧面的总配筋值，且对称配置。梁侧面构造钢筋，其搭接与锚固长度可取 $15d$。

［例题］“G4φ12”表示梁的两个侧面配置 4φ12 的纵向构造钢筋，每侧面各配置 2φ12。

②配置受扭纵向钢筋时，以大写字母 N 打头，接续注写配置在梁两个侧面的总配筋值，且对称配置。

［例题］“N6Φ22”表示梁的两个侧面配置 6Φ22 的受扭纵向钢筋，每侧面各配置 3Φ22。

6）梁顶面标高高差，该项为选注值。梁顶面标高高差，系指相对于结构层楼面标高的高差值，对于位于结构夹层的梁，则指相对于结构夹层楼面标高有高差时，须将其写入括号内，无高差时不注。

（2）原位标注。

原位标注内容包括梁支座上部纵筋（该部位含通长筋在内所有纵筋）、梁下部纵筋、附加箍筋或吊筋、集中标注不适合于某跨时标注的数值。

1）梁支座上部纵筋。

①含通长筋在内的所有纵筋，当上部纵筋多于一排时，用斜线“/”将各排纵筋自上而下分开。

［例题］梁支座上部纵筋注写为“6Φ25 4/2”表示上一排纵筋为 4Φ25，下一排纵筋为2Φ25。

②当同排纵筋有两种直径时，用加号“＋”将两种直径的纵筋相连，注写时将角部纵筋写在前面。

［例题］梁支座上部有四根纵筋，2Φ25 放在角部，2Φ22 放在中部，在梁支座上部应注写为“2Φ25＋2Φ22”。

③当梁中间支座两边的上部纵筋不同时，须在支座两边分别标注；当梁中间支座两边的上部纵筋相同时，可仅在支座的一边标注配筋值，另一边省去不注。

2）梁下部纵筋。

①当下部纵筋多于一排时，用斜线“/”将各排纵筋自上而下分开。

②当同排纵筋有两种直径时，用加号“＋”将两种直径的纵筋相连，注写时角筋写在前面。

③当梁下部纵筋不全部伸入支座时，将梁支座下部纵筋减少的数量写在括号内，用“－”表示。

［例题］梁下部纵筋注写为“2Φ25＋3Φ22（－3）/5Φ25”表示上排纵筋为 2Φ25 和 3Φ22，其中 3Φ22 的不伸入支座，下排纵筋为 5Φ25，全部伸入支座。

3）当在梁上集中标注的内容不适用于某跨或某悬挑部分时，则将其不同数值原位标注在该跨或该悬挑部位，施工时应按原位标注数值取用。

4）附加箍筋或吊筋，将其直接画在平面图中的主梁上，用线引注总配筋值（附加箍筋肢数注在括号内）。当多数附加箍筋或吊筋相同时，可在梁平法施工图上统一注明，少数与统一注明不同时，在原位引注。

梁支座上部纵筋的长度规定为：第一排非通长筋从柱（梁）边起延伸至 $l_n/3$，第二排非通长筋从柱（梁）边起延伸至 $l_n/4$，其中 l_n 对端支座为本跨的净跨值、对中间支座为支座两边较大一跨的净跨值。

3. 有梁楼盖平法施工图的注写方式

板平面注写主要包括板块集中标注和板支座原位标注两种方式。为方便设计表达和施工识图，规定结构平面的坐标方向为：当两向轴网正交布置时，图面从左至右为 X 向，从下至上为 Y 向；当轴网向心布置时，切向为 X 向，径向为 Y 向。

（1）板块集中标注。

板类型及代号为楼面板（LB）、屋面板（WB）、悬挑板（XB）。贯通钢筋按板块的下部和上部分部注写，B代表下部，T代表上部。

［例题］“LB5 h＝110　B：X⌀12@120；Y⌀10@100”表示5号楼面板、板厚110mm、板下部X向贯通纵筋为⌀12@120、板下部Y向贯通纵筋为⌀10@100、板上部未配置贯通纵筋。

［例题］“LB5 h＝110　B：X⌀10/12@100；Y⌀10@110”表示5号楼面板、板厚110mm，板下部配置的贯通纵筋X向为⌀10和⌀12隔一布一、间距100mm，Y向贯通纵筋为⌀10@110。

［例题］“XB2 h＝150/100　B：Xc&Yc⌀8@200”表示2号悬挑板、板根部厚150mm、端部厚100mm、板下部配置构造钢筋双向均为⌀8@200、上部受力钢筋见板支座原位标注。

（2）板支座原位标注。

板支座原位标注的内容为板支座上部非贯通纵筋和悬挑板上部受力钢筋。板支座上部非贯通筋自支座中线向跨内的伸入长度，注写在线段的下方位置。图2-1-9为板支座原位标注示例，图2-1-9（a）为两侧对称，图2-1-9（b）为两侧不对称。

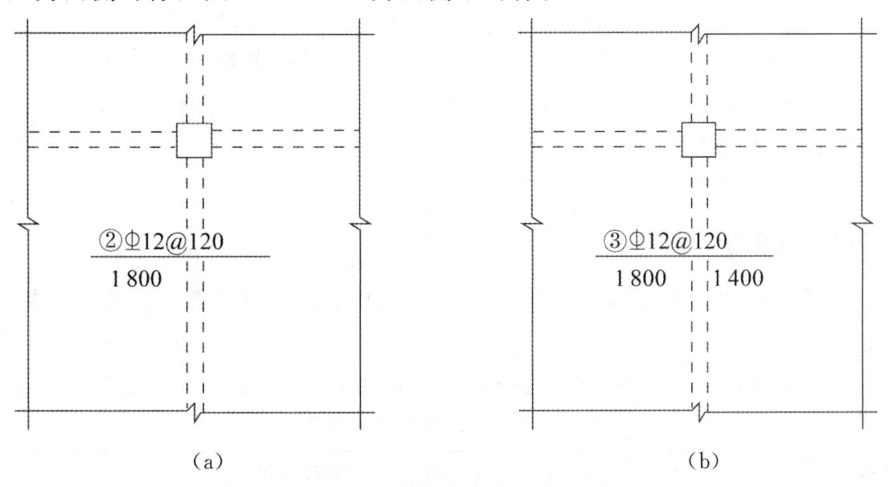

图2-1-9　板支座原位标注示例

第二节　建筑面积计算规则及应用

一、建筑面积的概念

建筑面积主要是墙体围合的楼地面面积（包括墙体的面积），以外墙结构外围水平面积计算。建筑面积见图2-2-1。

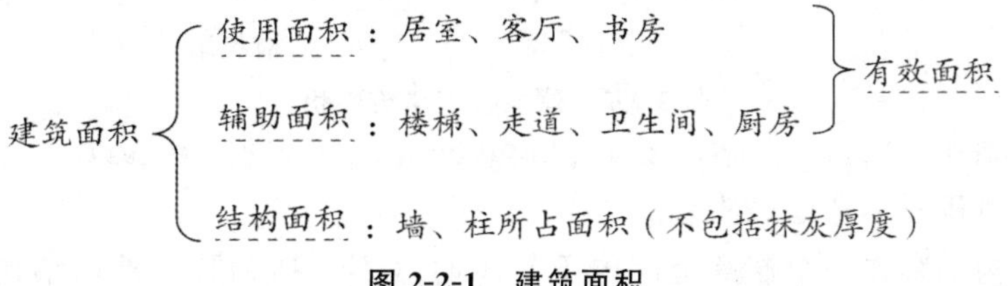

图2-2-1　建筑面积

·典型例题·

［例题·单选］在建筑面积计算中，有效面积包括（　　）。

A. 使用面积和结构面积　　B. 居住面积和结构面积

C. 使用面积和辅助面积　　D. 居住面积和辅助面积

［解析］使用面积与辅助面积的总和称为“有效面积”。

答案：C

二、建筑面积的作用

（1）确定建设规模的重要指标。

建筑面积的多少可以用来控制建设规模，如根据项目立项批准文件所核准的建筑面积，来控制施工图设计的规模。建设面积的多少也可以用来衡量一定时期国家或企业工程建设的发展状况和完成生产情况等。

（2）确定各项技术经济指标的基础。各项指标的计算见下式。

单位面积工程造价＝工程造价/建筑面积

单位建筑面积的材料消耗指标＝工程材料耗用量/建筑面积

单位建筑面积的人工用量＝工程人工工日耗用量/建筑面积

（3）评价设计方案的依据。

（4）计算有关分项工程量的依据和基础。

三、建筑面积计算规则与方法

（1）建筑面积计算的一般原则是：凡在结构上、使用上形成具有一定使用功能的建筑物和构筑物，并能单独计算出其水平面积的，应计算建筑面积；反之，不应计算建筑面积。

（2）取定建筑面积的顺序：围护结构→底板→顶盖。建筑面积计算规则见表 2-2-1。

表 2-2-1　建筑面积计算规则

类型	计算规则
有围护结构的	按围护结构计算面积
无围护结构、有底板的	按底板计算面积（如室外走廊、架空走廊）
底板也不利于计算的	取顶盖（如车棚、货棚等）

（一）应计算建筑面积的范围及规则

（1）建筑物的建筑面积应按自然层外墙结构外围水平面积之和计算。结构层高在 2.20m 及以上的，应计算全面积；结构层高在 2.20m 以下的，应计算 1/2 面积，见图 2-2-2。

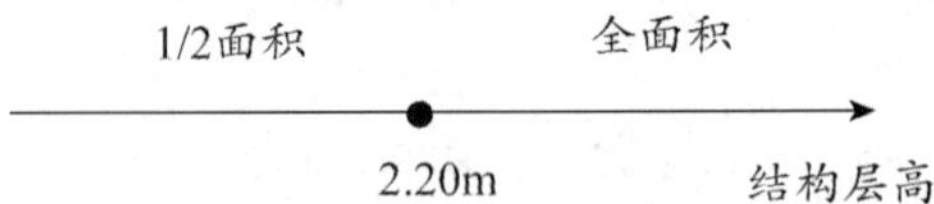

图 2-2-2　建筑物的建筑面积

注： 结构层高是指楼面或地面结构层上表面至上部结构层上表面之间的垂直距离。

1）计算建筑面积时不考虑勒脚。

2）当外墙结构本身在一个层高范围内不等厚时（不包括勒脚，外墙结构在该层高范围内材质不变），以楼地面结构标高处的外围水平面积计算，见图 2-2-3。

3）当围护结构下部为砌体，上部为彩钢板围护的建筑物（见图 2-2-4），其建筑面积的计算：当 $h<0.45$m 时，建筑面积按彩钢板外围水平面积计算；当 $h\geq 0.45$m 时，建筑面积按下部砌体外围水平面积计算。(谁占主导听谁的)

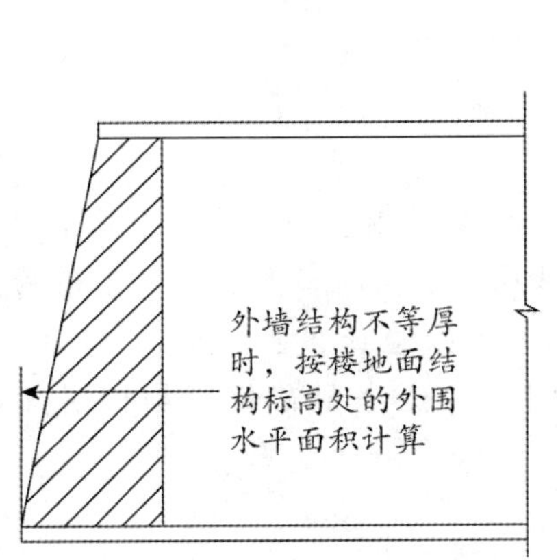

图 2-2-3　外墙结构不等厚建筑面积计算示意图

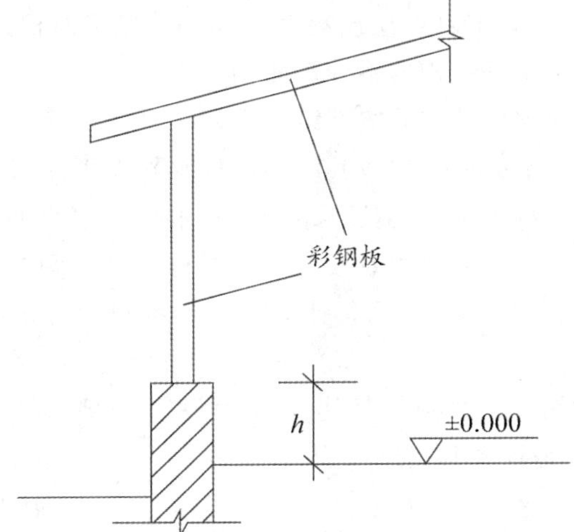

图 2-2-4　下部为砌体，上部为彩钢板围护的建筑物示意图

·典型例题·

［例题·单选］根据《建筑工程建筑面积计算规范》(GB/T 50353—2013) 规定，建筑物的建筑面积应按自然层外墙结构外围水平面积之和计算。以下说法正确的是（　　）。

A. 建筑物高度为 2.00m 部分应计算全面积

B. 建筑物高度为 1.80m 部分不计算面积

C. 建筑物高度为 1.20m 部分不计算面积

D. 建筑物高度为 2.10m 部分应计算 1/2 面积

［解析］建筑物的建筑面积应按自然层外墙结构外围水平面积之和计算。结构层高在 2.20m 及以上的，应计算全面积，结构层高在 2.20m 以下的，应计算 1/2 面积。

答案：D

(2) 建筑物内设有局部楼层时，对于局部楼层的二层及以上楼层，有围护结构的应按其围护结构外围水平面积计算，无围护结构的应按其结构底板水平面积计算，且结构层高在 2.20m 及以上的，应计算全面积，结构层高在 2.20m 以下的，应计算 1/2 面积。建筑物内的局部楼层见图 2-2-5。

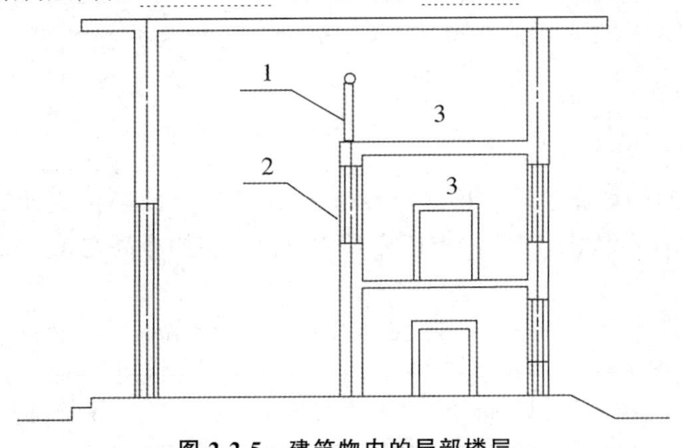

图 2-2-5　建筑物内的局部楼层

1—围护设施；2—围护结构；3—局部楼层

·典型例题·

［**例题 1 · 单选**］《建筑工程建筑面积计算规范》（GB/T 50353—2013）规定，建筑物内设有局部楼层，局部二层层高 2.15m，其建筑面积计算正确的是（　　）。

A. 无围护结构的不计算面积

B. 无围护结构的按其结构底板水平面积计算

C. 有围护结构的按其结构底板水平面积计算

D. 无围护结构的按其结构底板水平面积的 1/2 计算

［**解析**］建筑物内设有局部楼层时，对于局部楼层的二层及以上楼层，有围护结构的应按其围护结构外围水平面积计算，无围护结构的应按其结构底板水平面积计算，且结构层高在 2.20m 及以上的，应计算全面积，结构层高在 2.20m 以下的，应计算 1/2 面积。

［**例题 2 · 案例**］某建筑物内设有局部楼层，见图 2-2-6，若局部楼层结构层高均超过 2.20m，请计算其建筑面积。

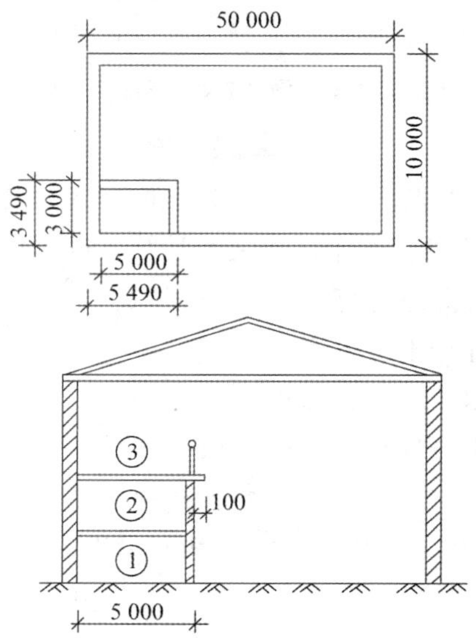

图 2-2-6　某建筑物内设有局部楼层示例

答案：

1. D

2. 该建筑的建筑面积为：

首层建筑面积=50×10=500（m^2）；

局部二层建筑面积（按围护结构计算）=5.49×3.49=19.16（m^2）；

局部三层建筑面积（按底板计算）=（5+0.1）×（3+0.1）=15.81（m^2）。

（3）形成建筑空间的坡屋顶，结构净高在 2.10m 及以上的部位应计算全面积；结构净高在 1.20m 及以上至 2.10m 以下的部位应计算 1/2 面积；结构净高在 1.20m 以下的部位不应计算建筑面积，见图 2-2-7。

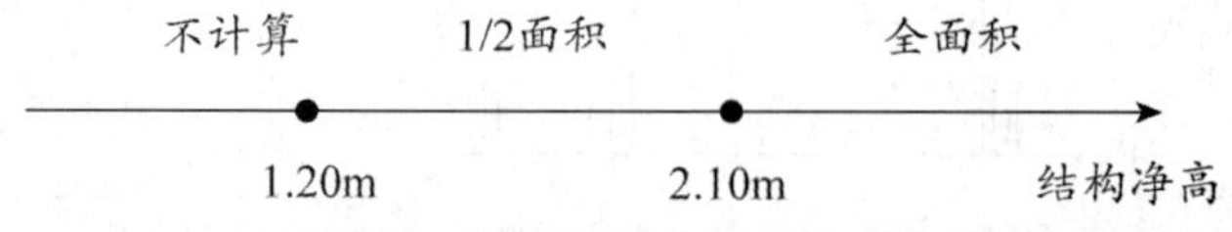

图 2-2-7　坡屋顶建筑物的建筑面积

注：结构净高是指楼面或地面结构层上表面至上部结构层下表面之间的垂直距离。

第二章

·典型例题·

［**例题 1 · 单选**］根据《建筑工程建筑面积计算规范》(GB/T 50353—2013)，形成建筑空间，结构净高 2.18m 部位的坡屋顶，其建筑面积（　　）。

A. 不予计算　　　　B. 按 1/2 面积计算

C. 按全面积计算　　　　D. 视使用性质确定

［**解析**］形成建筑空间的坡屋顶，结构净高在 2.10m 及以上的部位应计算全面积；结构净高在 1.20m 及以上至 2.10m 以下的部位应计算 1/2 面积；结构净高在 1.20m 以下的部位不应计算建筑面积。

［**例题 2 · 案例**］计算图 2-2-8 中坡屋顶下建筑空间建筑面积。

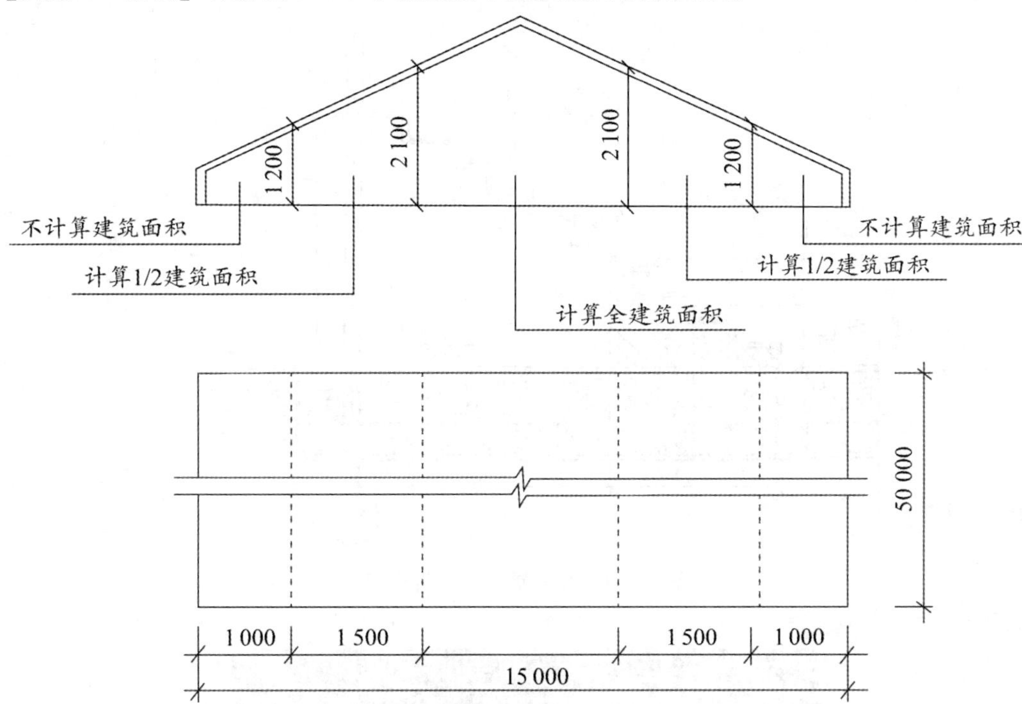

图 2-2-8　坡屋顶下建筑空间尺寸示意图

答案：

1. C

2. 坡屋顶下建筑面积：

全面积部分：50×（15－1.5×2－1.0×2）＝500（m^2）。

1/2 面积部分：50×1.5×2×1/2＝75（m^2）。

合计建筑面积：500＋75＝575（m^2）。

（4）场馆看台下的建筑空间，结构净高在 2.10m 及以上的部位应计算全面积；结构净高在 1.20m 及以上至 2.10m 以下的部位应计算 1/2 面积；结构净高在 1.20m 以下的部位不应计算建筑面积。室内单独设置的有围护设施的悬挑看台，应按看台结构底板水平投影面积计算建筑面积。有顶盖无围护结构的场馆看台应按其顶盖水平投影面积的 1/2 计算面积。

场馆区分三种不同的情况：

1）看台下的建筑空间，对“场”（顶盖不闭合）和“馆”（顶盖闭合）均适用。场馆看台下的建筑空间因其上部结构多为斜板，所以采用净高的尺寸划定建筑面积的计算范围，见图 2-2-9。

2）室内单独悬挑看台，仅对“馆”适用。室内单独设置的有围护设施的悬挑看台，因其看台上部设有顶盖且可供人使用，所以按看台板的结构底板水平投影计算建筑面积，见图2-2-10。

3）有顶盖无围护结构的看台，仅对“场”适用。场馆看台上部空间建筑面积计算，取决于看台上部有无顶盖。按顶盖计算建筑面积的范围应是看台与顶盖重叠部分的水平投影面积。对有双层看台的，各层分别计算建筑面积，顶盖及上层看台均视为下层看台的盖。无顶盖的看台不计算建筑面积。场馆看台（剖面）示意图见图 2-2-11。

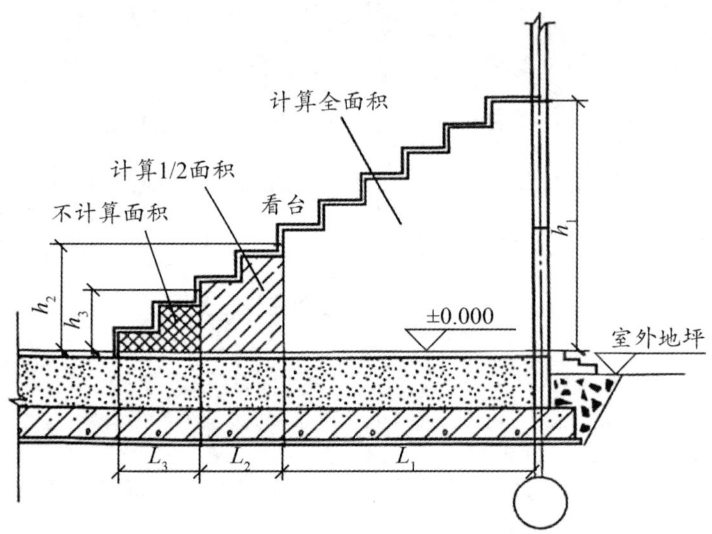

图 2-2-9　场馆看台下建筑空间

注： 图中 h_2＝2.1m，h_3＝1.2m。

图 2-2-10　室内单独悬挑看台

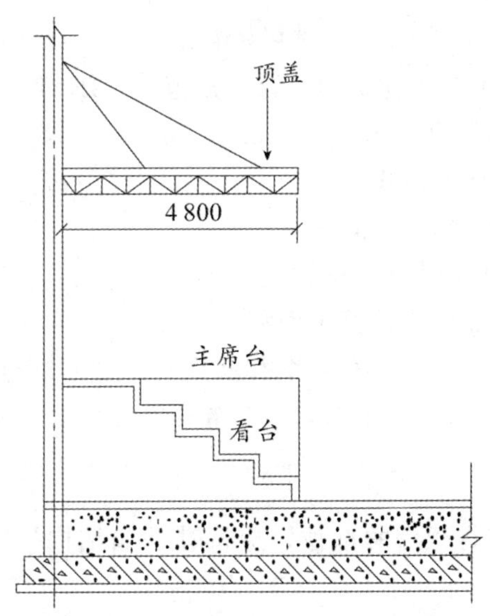

图 2-2-11　场馆看台（剖面）示意图

·典型例题·

[**例题 1·单选**] 根据《建筑工程建筑面积计算规范》(GB/T 50353—2013)，关于大型体育场看台下部设计利用部位建筑面积计算，说法正确的是（　　）。

A. 层高<2.10m，不计算建筑面积

B. 层高>2.10m，且设计加以利用计算 1/2 面积

C. 1.20m≤净高<2.10m 时，计算 1/2 面积

D. 层高≥1.20m 计算全面积

[**解析**] 对于场馆看台下的建筑空间，结构净高在 2.10m 及以上的部位应计算全面积；结构净高在 1.20m 及以上至 2.10m 以下的部位应计算 1/2 面积；结构净高在 1.20m 以下的部位不应计算建筑面积。室内单独设置的有围护设施的悬挑看台，应按看台结构底板水平投影面积计算建筑面积。有顶盖无围护结构的场馆看台应按其顶盖水平投影面积的 1/2 计算面积。

[**例题 2·单选**] 有永久性顶盖且顶高 4.2m 无围护结构的场馆看台，其建筑面积计算正确的是（　　）。

A. 按看台底板结构外围水平面积计算

B. 按顶盖水平投影面积计算

C. 按看台底板结构外围水平面积的 1/2 计算

D. 按顶盖水平投影面积的 1/2 计算

[**解析**] 有顶盖无围护结构的场馆看台应按其顶盖水平投影面积的 1/2 计算面积。

答案：1.C　2.D

(5) 地下室、半地下室应按其结构外围水平面积计算。结构层高在 2.20m 及以上的，应计算全面积；结构层高在 2.20m 以下的，应计算 1/2 面积。

1) 当外墙为变截面时，按地下室、半地下室楼地面结构标高处的外围水平面积计算。

2) 地下室的外墙结构不包括找平层、防水（潮）层、保护墙等。地下空间未形成建筑空间的，不属于地下室或半地下室，不计算建筑面积。

·典型例题·

［例题·单选］根据《建筑工程建筑面积计算规范》（GB/T 50353—2013）规定，地下室、半地下室建筑面积计算正确的是（　　）。

A. 层高不足 1.80m 者不计算面积

B. 层高为 2.10m 的部位计算 1/2 面积

C. 层高为 2.10m 的部位应计算全面积

D. 层高为 2.10m 以上的部位应计算全面积

［解析］地下室、半地下室应按其结构外围水平面积计算。结构层高在 2.20m 及以上的，应计算全面积；结构层高在 2.20m 以下的，应计算 1/2 面积。

答案：B

（6）出入口外墙外侧坡道有顶盖的部位，应按其外墙结构外围水平面积的 1/2 计算面积。地下室出入口见图 2-2-12。

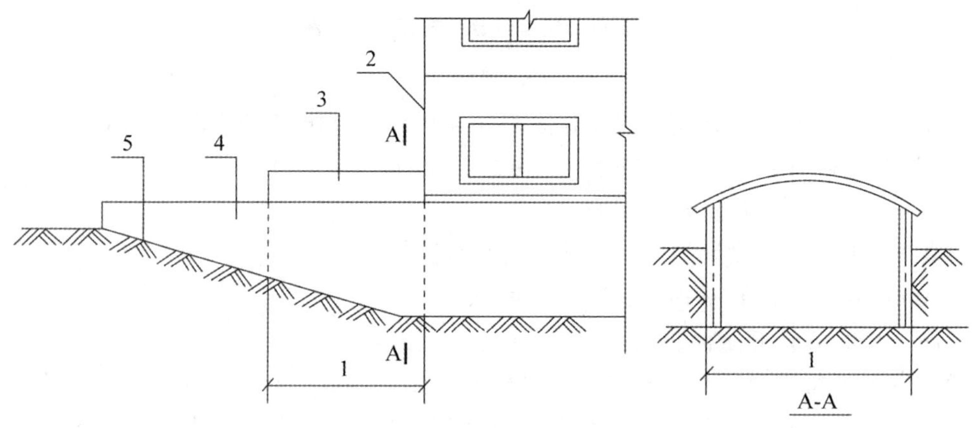

图 2-2-12　地下室出入口

1—计算 1/2 投影面积部位；2—主体建筑；3—出入口顶盖；4—封闭出入口侧墙；5—出入口坡道

1）出入口坡道分有顶盖出入口坡道和无顶盖出入口坡道，顶盖以设计图纸为准，对后增加及建设单位自行增加的顶盖等，不计算建筑面积。顶盖不分材料种类。

2）坡道是从建筑物内部一直延伸到建筑物外部的，建筑物内的部分随建筑物正常计算建筑面积，建筑物外的部分按本条执行。建筑物内、外的划分以建筑物外墙结构外边线为界。所以，出入口坡道顶盖的挑出长度，为顶盖结构外边线至外墙结构外边线的长度。外墙外侧坡道与建筑物内部坡道的划分见图 2-2-13。

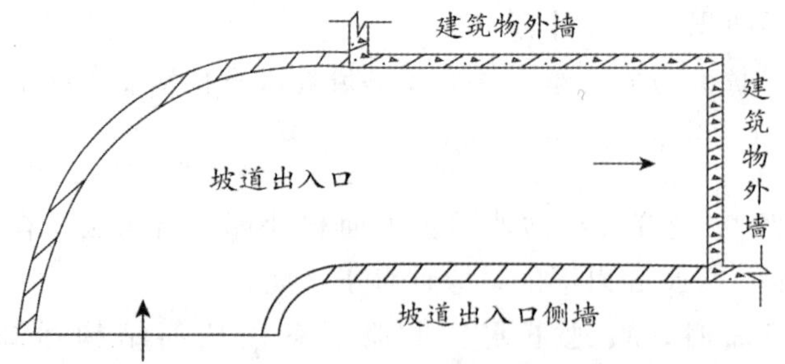

图 2-2-13　外墙外侧坡道与建筑物内部坡道的划分

（7）建筑物架空层（见图 2-2-14）及坡地建筑物吊脚架空层（见图 2-2-15），应按其顶板水平投影计算建筑面积。结构层高在 2.20m 及以上的，应计算全面积；结构层高在 2.20m 以下的，应计算 1/2 面积。

图 2-2-14　建筑物架空层

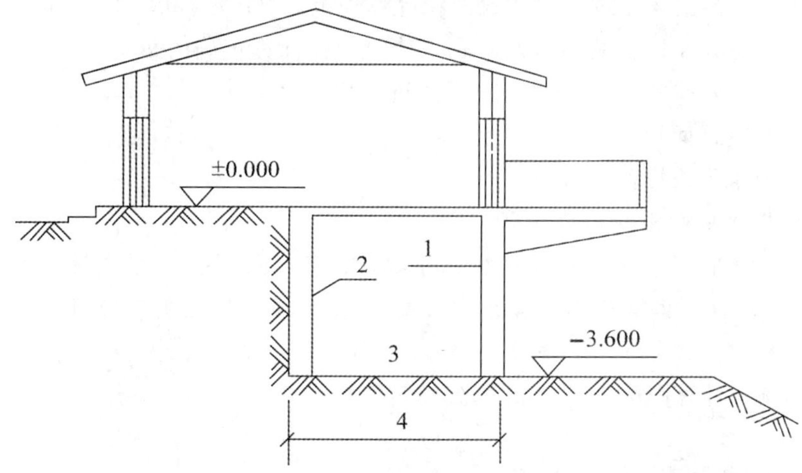

图 2-2-15　坡地建筑物吊脚架空层

1—柱；2—墙；3—吊脚架空层；4—计算建筑面积部位

1）架空层建筑面积的计算方法适用于建筑物吊脚架空层、深基础架空层，也适用于目前部分住宅、学校教学楼等工程在底层架空或在二楼或以上某个甚至多个楼层架空，作为公共活动、停车、绿化等空间的情况。

2）顶板水平投影面积是指架空层结构顶板的水平投影面积，不包括架空层主体结构外的阳台、空调板、通长水平挑板等外挑部分。

·典型例题·

［**例题·案例**］计算图 2-2-16 各部分建筑面积（结构层高均满足 2.20m）。

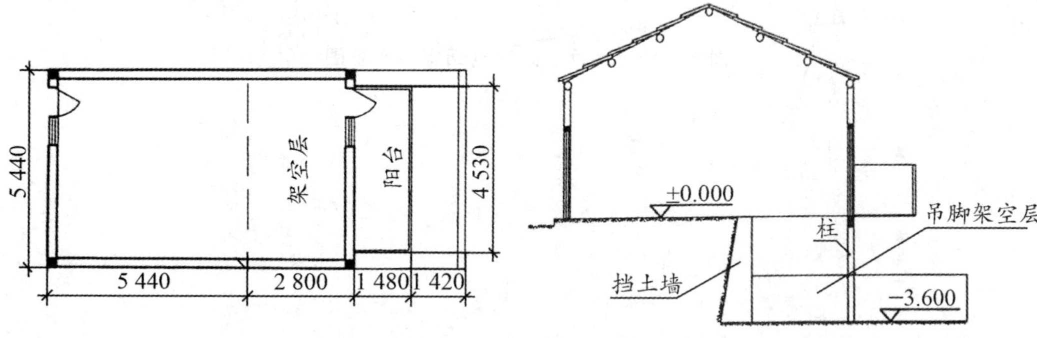

图 2-2-16　吊脚架空层示意图

答案：

单层建筑的建筑面积＝5.44×（5.44＋2.80）＝44.83（m^2）。

阳台建筑面积＝1.48×4.53/2＝3.35（m^2）。

吊脚架空层建筑面积＝5.44×2.8＝15.23（m^2）。

建筑面积合计＝44.83＋3.35＋15.23＝63.41（m^2）。

（8）建筑物的门厅、大厅应按一层计算建筑面积，门厅、大厅内设置的走廊应按走廊结构底板水平投影面积计算建筑面积。结构层高在 2.20m 及以上的，应计算全面积；结构层高在 2.20m 以下的，应计算 1/2 面积。

·典型例题·

［**例题 1 · 单选**］根据《建筑工程建筑面积计算规范》（GB/T 50353—2013）规定，建筑物大厅内的层高在 2.20m 及以上的回（走）廊，建筑面积计算正确的是（　　）。

A. 按回（走）廊水平投影面积并入大厅建筑面积

B. 不单独计算建筑面积

C. 按结构底板水平投影面积计算

D. 按结构底板水平面积的 1/2 计算

［**解析**］建筑物的门厅、大厅应按一层计算建筑面积，门厅、大厅内设置的走廊应按走廊结构底板水平投影面积计算建筑面积。结构层高在 2.20m 及以上的，应计算全面积；结构层高在 2.20m 以下的，应计算 1/2 面积。

［**例题 2 · 案例**］计算图 2-2-17 走廊部分建筑面积。

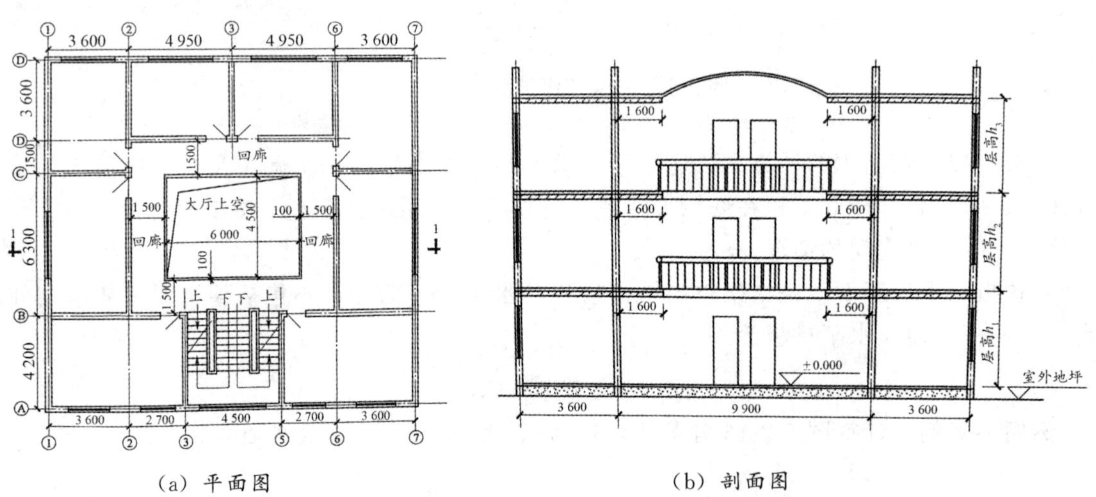

（a）平面图　　（b）剖面图

图 2-2-17　大厅、走廊（回廊）示意图

答案：

1. C

2.（1）当结构层高 h_1（或 h_2 或 h_3）≥2.20m 时，按结构底板计算全面积，图中某层走廊建筑面积 S＝（2.7＋4.5＋2.7－0.12×2）×（6.3＋1.5－0.12×2）－6×4.5＝46.03（m^2）。

（2）当结构层高 h_1（或 h_2 或 h_3）＜2.20m 时，按底板计算 1/2 面积，图中某层走廊建筑面积 S＝［（2.7＋4.5＋2.7－0.12×2）×（6.3＋1.5－0.12×2）－6×4.5］×0.5＝23.01（m^2）。

(9) 建筑物间的架空走廊，有顶盖和围护结构的（见图 2-2-18），应按其围护结构外围水平面积计算全面积；无围护结构、有围护设施的（见图 2-2-19），应按其结构底板水平投影面积计算 1/2 面积。走廊计算规则见表 2-2-2。

表 2-2-2 走廊计算规则

类型	计算规则
有围护结构且有顶盖	计算全面积
无围护结构、有围护设施	无论是否有顶盖，均计算 1/2 面积

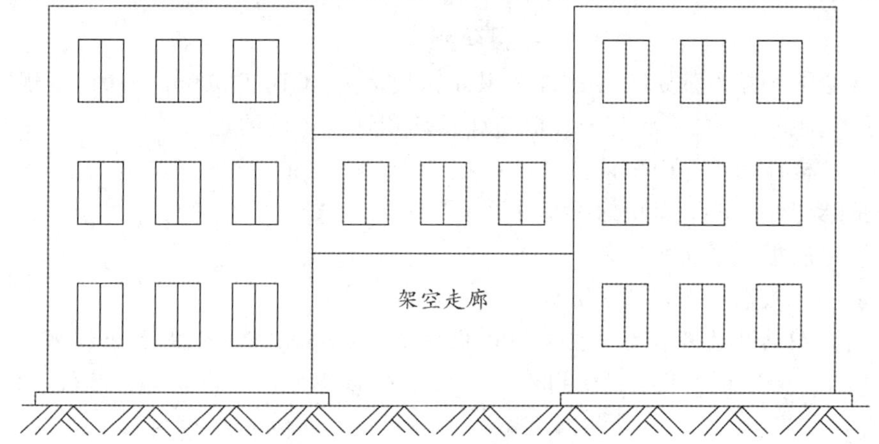

图 2-2-18 有围护结构的架空走廊

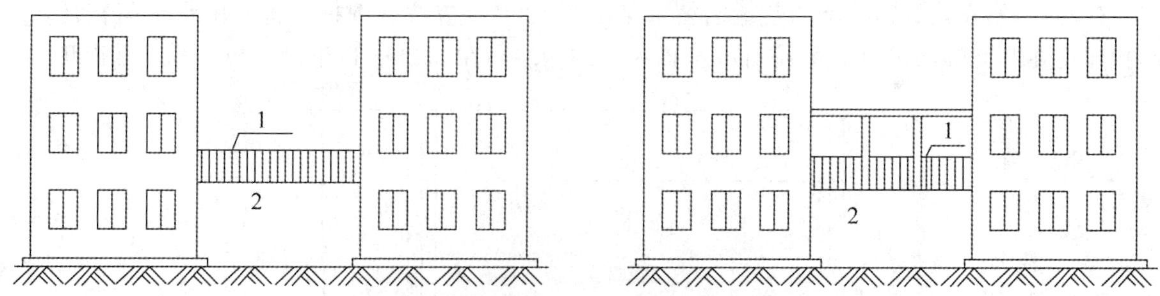

图 2-2-19 无围护结构的架空走廊（有围护设施）

1—栏杆；2—架空走廊

·典型例题·

[例题·单选] 根据《建筑工程建筑面积计算规范》(GB/T 50353—2013)，建筑物间有两侧护栏的架空走廊，其建筑面积（ ）。

A. 按护栏外围水平面积的 1/2 计算

B. 按结构底板水平投影面积的 1/2 计算

C. 按护栏外围水平面积计算全面积

D. 按结构底板水平投影面积计算全面积

[解析] 建筑物间的架空走廊，有顶盖和围护结构的，应按其围护结构外围水平面积计算全面积；无围护结构、有围护设施的，应按其结构底板水平投影面积计算 1/2 面积。

答案：B

（10）立体书库、立体仓库、立体车库。

1）有围护结构的，应按其围护结构外围水平面积计算建筑面积；无围护结构、有围护设施的，应按其结构底板水平投影面积计算建筑面积。

2）无结构层的应按一层计算，有结构层的应按其结构层面积分别计算。

3）结构层高在 2.20m 及以上的，应计算全面积；结构层高在 2.20m 以下的，应计算 1/2 面积。

（11）有围护结构的舞台灯光控制室，应按其围护结构外围水平面积计算。结构层高在 2.20m 及以上的，应计算全面积；结构层高在 2.20m 以下的，应计算 1/2 面积。

·典型例题·

［**例题·单选**］根据《建筑工程建筑面积计算规范》（GB/T 50353—2013）规定，层高在 2.20m 及以上有围护结构的舞台灯光控制室建筑面积计算正确的是（　　）。

A. 按围护结构外围水平面积计算

B. 按围护结构外围水平面积的 1/2 计算

C. 按控制室底板水平面积计算

D. 按控制室底板水平面积的 1/2 计算

［**解析**］有围护结构的舞台灯光控制室，应按其围护结构外围水平面积计算。结构层高在 2.20m 及以上的，应计算全面积；结构层高在 2.20m 以下的，应计算 1/2 面积。

答案：A

（12）附属在建筑物外墙的落地橱窗（见图 2-2-20），应按其围护结构外围水平面积计算。结构层高在 2.20m 及以上的，应计算全面积；结构层高在 2.20m 以下的，应计算 1/2 面积。

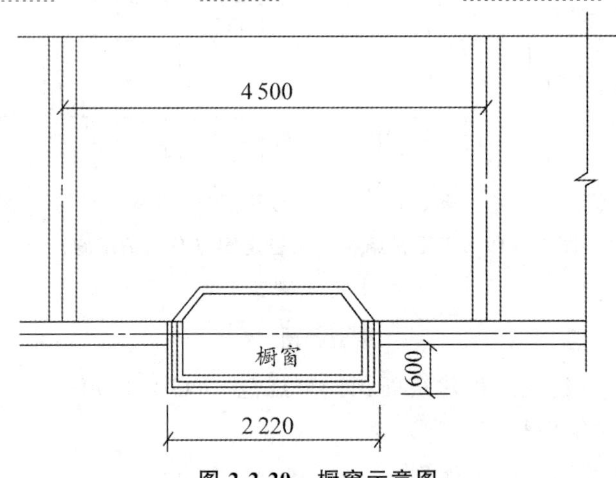

图 2-2-20　橱窗示意图

（13）窗台与室内楼地面高差在 0.45m 以下且结构净高在 2.10m 及以上的凸（飘）窗，应按其围护结构外围水平面积计算 1/2 面积。（高差＜0.45m 且净高≥2.10m）

凸（飘）窗的计算建筑面积见图 2-2-21。

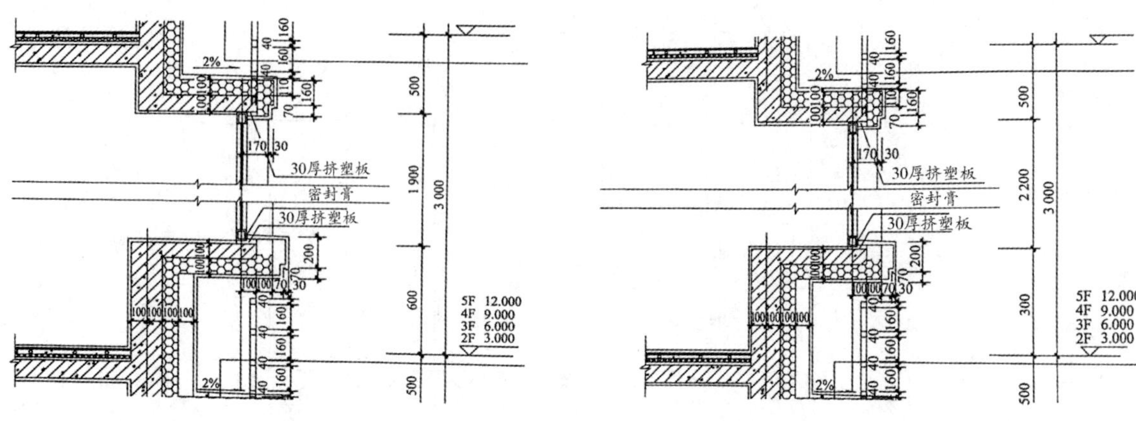

（a）不计算建筑面积凸（飘）窗示例　　（b）计算建筑面积凸（飘）窗示例

图 2-2-21　凸（飘）窗的计算建筑面积

·典型例题·

［**例题·案例**］计算图 2-2-22 中飘窗的建筑面积（该飘窗同时满足计算建筑面积的两个条件）。

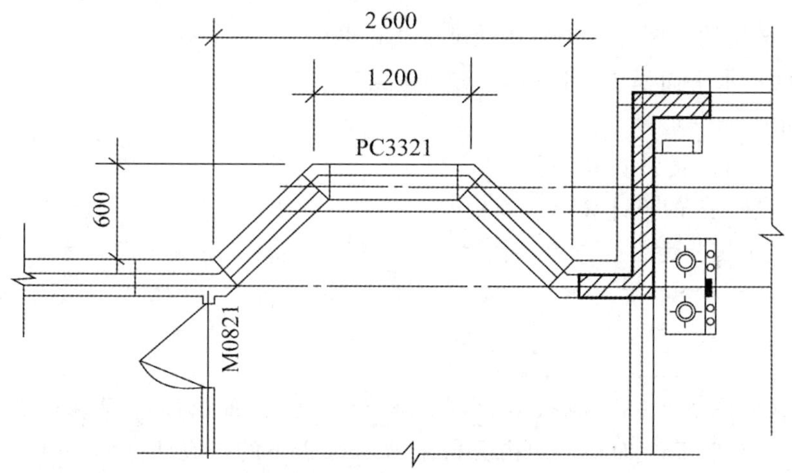

图 2-2-22　计算建筑面积凸（飘）窗面积计算示例

答案：

$S=[1/2\times(1.2+2.6)\times0.6]\times1/2=0.57$（$m^2$）。

（14）有围护设施的室外走廊（挑廊），应按其结构底板水平投影面积计算 1/2 面积；有围护设施（或柱）的檐廊，应按其围护设施（或柱）外围水平面积计算 1/2 面积。

1）底层无围护设施但有柱的室外走廊可参照檐廊（见图 2-2-23）的规则计算建筑面积。

2）无论哪一种廊，除了必须有地面结构外，还必须有栏杆、栏板等围护设施或柱，这两个条件缺一不可，缺少任何一个条件都不计算建筑面积。

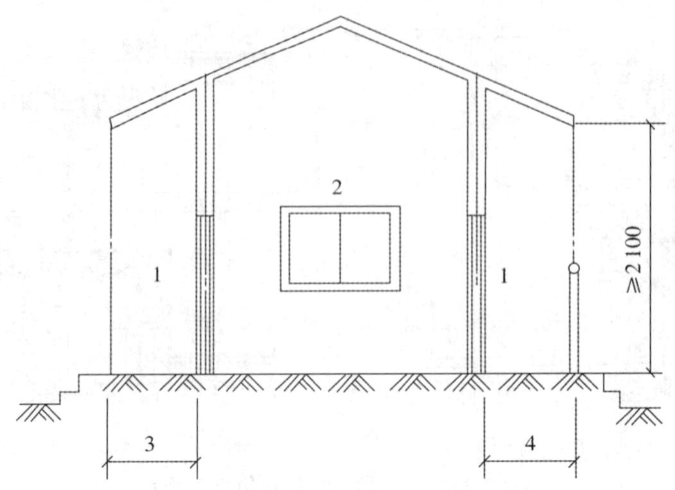

图 2-2-23　檐廊示意图

1—檐廊；2—室内；3—不计算建筑面积部位；4—计算 1/2 建筑面积部位

·典型例题·

［例题·单选］根据《建筑工程建筑面积计算规范》（GB/T 50353—2013），关于建筑外有永久顶盖无围护结构的走廊，建筑面积计算说法正确的是（　　）。

A. 按结构底板水平面积 1/2 计算

B. 按顶盖水平面积计算

C. 层高超过 2.1m 的计算全面积

D. 层高不超过 2m 的不计算建筑面积

［解析］有围护设施的室外走廊（挑廊），应按其结构底板水平投影面积计算 1/2 面积；有围护设施（或柱）的檐廊，应按其围护设施（或柱）外围水平面积计算 1/2 面积。

答案：A

（15）门斗（见图 2-2-24）应按其围护结构外围水平面积计算建筑面积。结构层高在 2.20m 及以上的，应计算全面积；结构层高在 2.20m 以下的，应计算 1/2 面积。

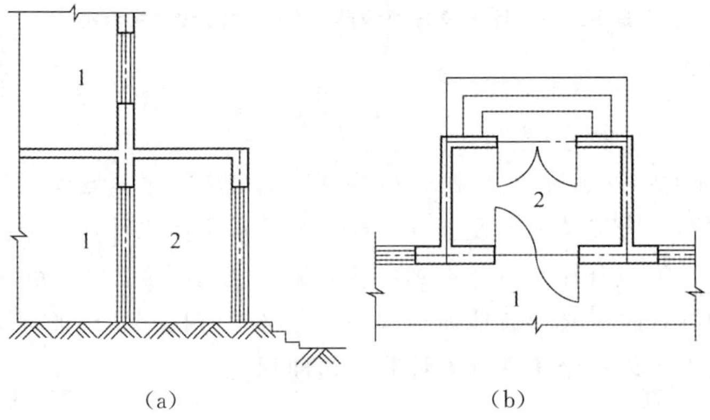

图 2-2-24　门斗示意图

1—室内；2—门斗

（16）门廊、雨篷的计算规则见表 2-2-3。

表 2-2-3　门廊、雨篷的计算规则

类型		计算规则
门廊（见图 2-2-25）		按其顶板水平投影面积的 1/2 计算建筑面积
雨篷（见图 2-2-26）	有柱雨篷	(1) 按其结构板水平投影面积的 1/2 计算建筑面积 (2) 没有出挑宽度的限制，也不受跨越层数的限制，均计算建筑面积
	无柱雨篷	(1) 结构外边线至外墙结构外边线的宽度在 2.10m 及以上的，应按雨篷结构板的水平投影面积的 1/2 计算建筑面积 (2) 结构板不能跨层，并受出挑宽度的限制。出挑宽度，系指雨篷结构外边线至外墙结构外边线的宽度，弧形或异形时，取最大宽度

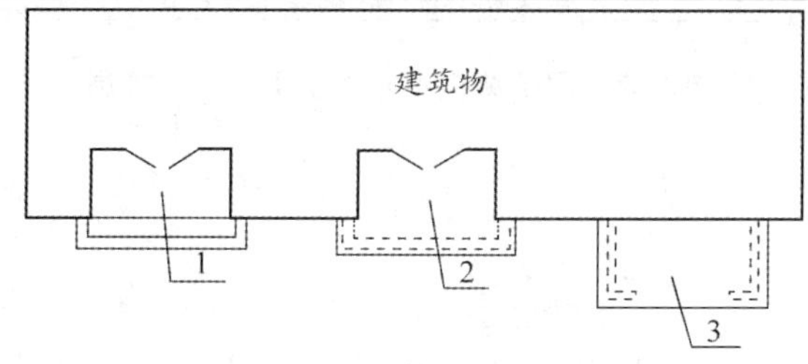

图 2-2-25　门廊

1—全凹式门廊；2—半凹半凸式门廊；3—全凸式门廊

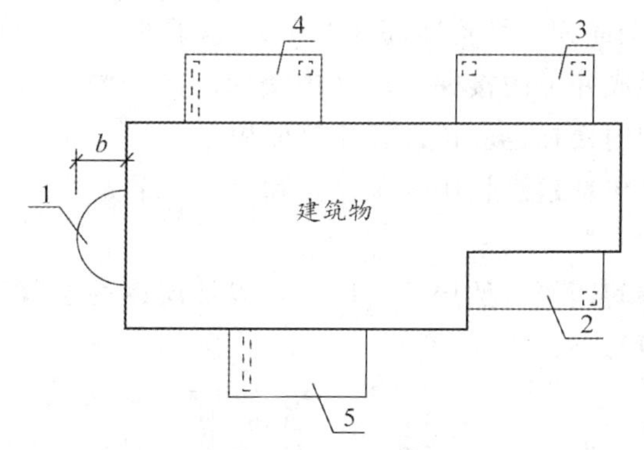

图 2-2-26　雨篷

1—悬挑雨篷；2—独立柱雨篷；3—多柱雨篷；4—柱墙混合支撑雨篷；5—墙支撑雨篷

(17) 设在建筑物顶部的、有围护结构的楼梯间、水箱间、电梯机房等，结构层高在 2.20m 及以上的应计算全面积；结构层高在 2.20m 以下的，应计算 1/2 面积。

(18) 围护结构不垂直于水平面的楼层，应按其底板面的外墙外围水平面积计算。结构净高在 2.10m 及以上的部位，应计算全面积；结构净高在 1.20m 及以上至 2.10m 以下的部位，应计算 1/2 面积；结构净高在 1.20m 以下的部位，不应计算建筑面积。

·典型例题·

[**例题 1·单选**] 根据《建筑工程建筑面积计算规范》(GB/T 50353—2013)，围护结构不垂直于水平面，结构净高为 2.15m 楼层部位，其建筑面积应（　　）。

A. 按顶板水平投影面积的 1/2 计算　　B. 按顶板水平投影面积计算全面积

C. 按底板外墙外围水平面积的 1/2 计算　　D. 按底板外墙外围水平面积计算全面积

[**解析**] 围护结构不垂直于水平面的楼层，应按其底板面的外墙外围水平面积计算。结构净高在 2.10m 及以上的部位，应计算全面积；结构净高在 1.20m 及以上至 2.10m 以下的部位，应计算 1/2 面积；结构净高在 1.20m 以下的部位，不应计算建筑面积。

[**例题 2·案例**] 图 2-2-27 所示建筑物宽 10m，计算其建筑面积。

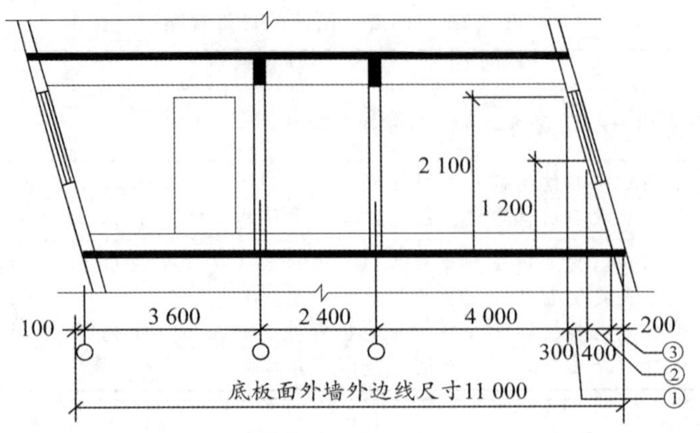

图 2-2-27 围护结构不垂直水平楼面的楼层

答案：

1. D

2. 建筑面积＝（0.1＋3.6＋2.4＋4.0＋0.2）×10＋0.3×10×0.5＝104.5（m^2）。

（19）建筑物的室内楼梯、电梯井（见图 2-2-28）、提物井、管道井、通风排气竖井、烟道，应并入建筑物的自然层计算建筑面积。有顶盖的采光井应按一层计算面积，结构净高在 2.10m 及以上的，应计算全面积，结构净高在 2.10m 以下的，应计算 1/2 面积。

1）室内楼梯包括形成井道的楼梯（即室内楼梯间）和没有形成井道的楼梯（即室内楼梯），即没有形成井道的室内楼梯也应该计算建筑面积。

2）有顶盖的采光井包括建筑物中的采光井和地下室采光井。图 2-2-29 为地下室采光井，按一层计算面积。

3）当室内公共楼梯间两侧自然层数不同时，以楼层多的层数计算。图 2-2-30 中楼梯间应计算 6 个自然层建筑面积。

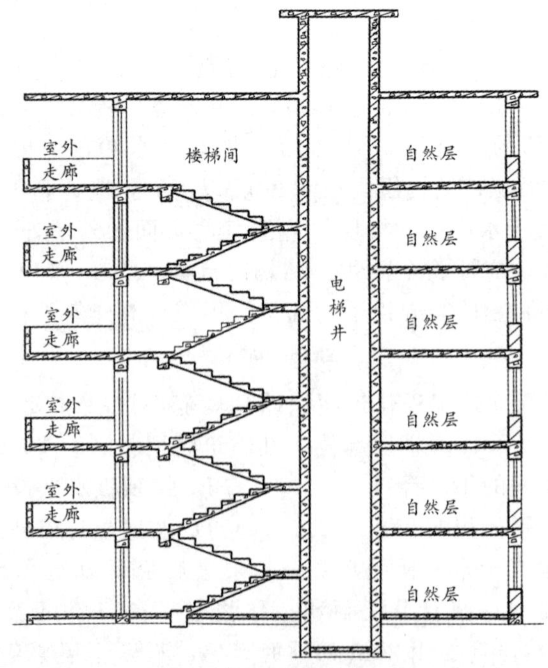

图 2-2-28 电梯井示意图

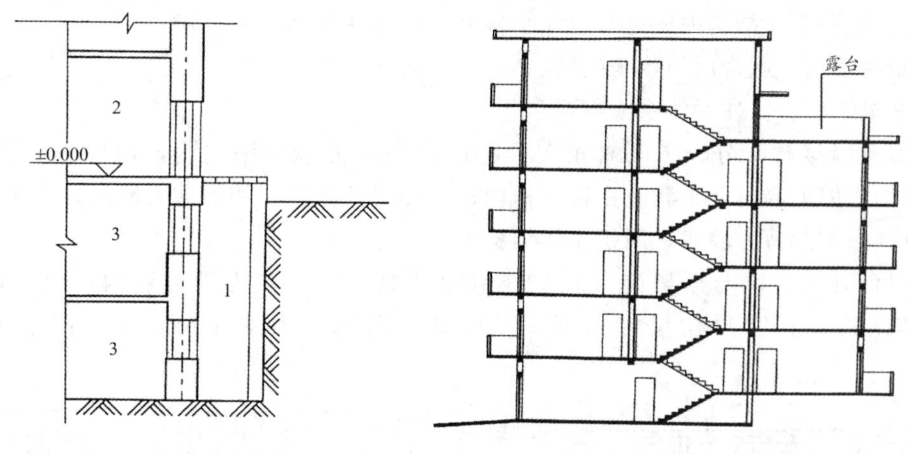

图 2-2-29　地下室采光井　　　图 2-2-30　室内公共楼梯间两侧自然层数不同

·典型例题·

［**例题·单选**］建筑物内的管道井，其建筑面积计算说法正确的是（　　）。

A. 不计算建筑面积

B. 按管道井图示结构内边线面积计算

C. 按管道井的净空面积的 1/2 乘层数计算

D. 按自然层计算建筑面积

［**解析**］建筑物的室内楼梯、电梯井、提物井、管道井、通风排气竖井、烟道，应并入建筑物的自然层计算建筑面积。

答案：D

（20）室外楼梯应并入所依附建筑物自然层，并应按其水平投影面积的 1/2 计算建筑面积。某建筑物室外楼梯立面、平面示意图见图 2-2-31。

1）层数为室外楼梯所依附的楼层数，即梯段部分投影到建筑物范围的层数。

2）利用室外楼梯下部的建筑空间不得重复计算建筑面积；利用地势砌筑的为室外踏步，不计算建筑面积。

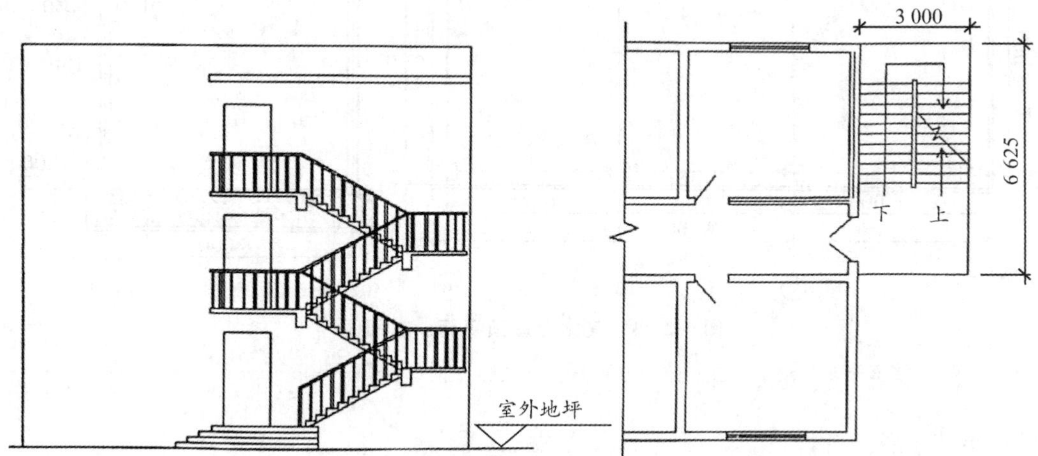

图 2-2-31　某建筑物室外楼梯立面、平面图

（21）在主体结构内的阳台，应按其结构外围水平面积计算全面积；在主体结构外的阳台，应按其结构底板水平投影面积计算 1/2 面积。

判断阳台是在主体结构内还是在主体结构外是计算建筑面积的关键。

1）砖混结构。通常以外墙来判断。

2）框架结构。以柱梁体系来判断。

3）剪力墙结构。分以下几种情况：①阳台在剪力墙包围之内，则属于主体结构内；②相对两侧均为剪力墙时，也属于主体结构内；③相对两侧仅一侧为剪力墙时，属于主体结构外；④相对两侧均无剪力墙时，属于主体结构外。

4）阳台处剪力墙与框架混合时，分两种情况：①角柱为受力结构，根基落地，则阳台为主体结构内；②角柱仅为造型，无根基，则阳台为主体结构外。阳台平面图见图2-2-32。

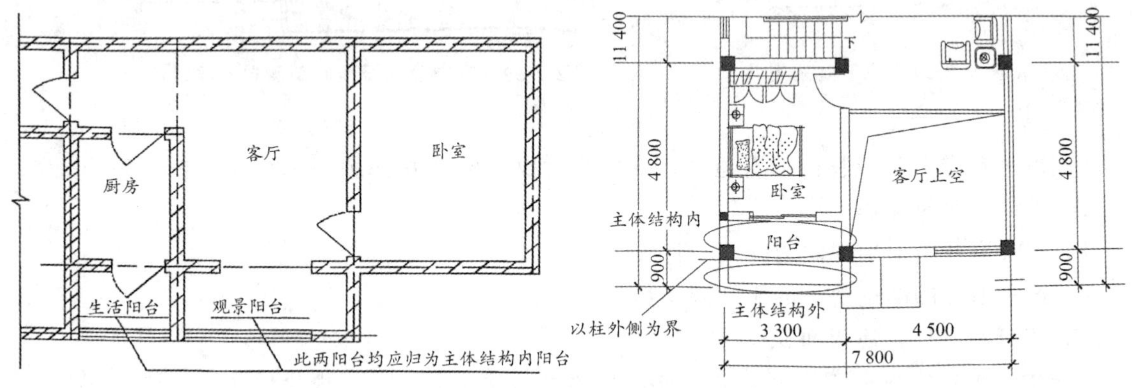

图 2-2-32　阳台平面图

（22）有顶盖无围护结构的车棚、货棚、站台、加油站、收费站等，应按其顶盖水平投影面积的1/2计算建筑面积。

·典型例题·

［**例题·案例**］某站台屋顶平面、剖面图见图2-2-33，计算其建筑面积。

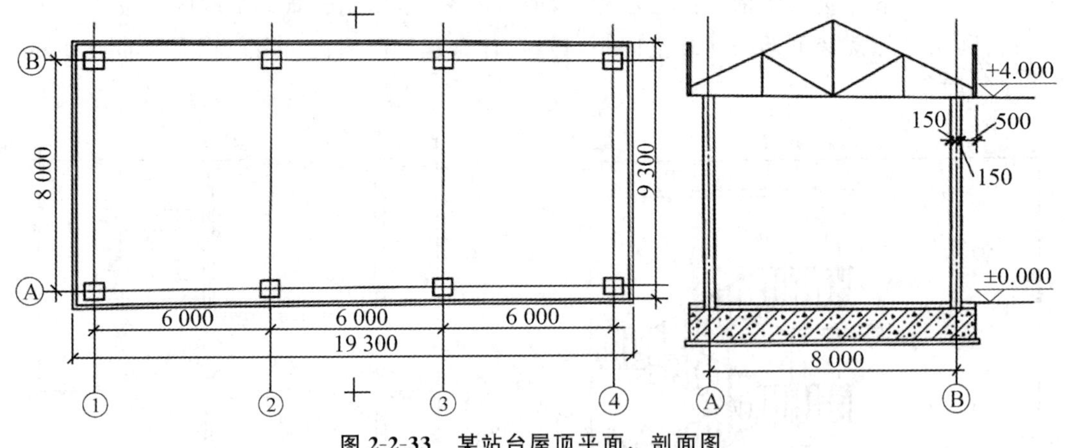

图 2-2-33　某站台屋顶平面、剖面图

答案：

图中建筑面积 $S=19.3\times9.3\times0.5=89.745$（$m^2$）。

（23）幕墙以其在建筑物中所起的作用和功能来区分，直接作为外墙起围护作用的幕墙，按其外边线计算建筑面积；设置在建筑物墙体外起装饰作用的幕墙，不计算建筑面积。

（24）建筑物的外墙外保温层，应按其保温材料的水平截面积计算，并计入自然层建筑面积。

1）建筑物外墙外侧有保温隔热层的，保温隔热层以保温材料的净厚度乘外墙结构外边线长度按建筑物的自然层计算建筑面积，其外墙外边线长度不扣除门窗和建筑物外已计算建筑面积构件（如阳台、室外走廊、门斗、落地橱窗等部件）所占长度。当建筑物外已计算建筑面积的构件（如阳台、室外走廊、门斗、落地橱窗等部件）有保温隔热层时，其保温隔热层也不再计算建筑面积。

2）外墙是斜面者按楼面楼板处的外墙外边线长度乘保温材料的净厚度计算（见图 2-2-34）。外墙外保温以沿高度方向满铺为准，某层外墙外保温铺设高度未达到全部高度时（不包括阳台、室外走廊、门斗、落地橱窗、雨篷、飘窗等），不计算建筑面积。建筑外墙外保温结构见图 2-2-35。

3）保温隔热层的建筑面积是以保温隔热材料的厚度来计算的，不包含抹灰层、防潮层、保护层（墙）的厚度，只计算保温材料本身的面积。

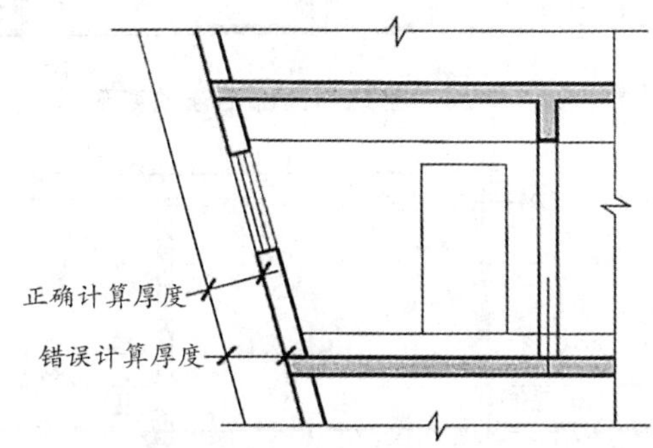

图 2-2-34　外墙是斜面时外墙外保温计算厚度

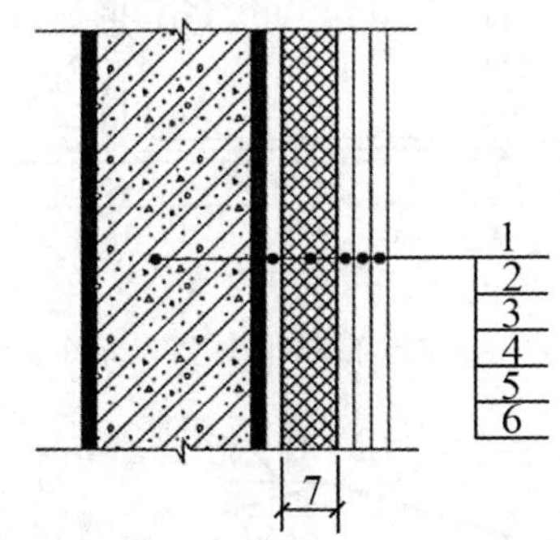

图 2-2-35　建筑外墙外保温结构

1—墙体；2—黏结胶浆；3—保温材料；4—标准网；5—加强网；6—抹面胶浆；7—计算建筑面积范围

（25）与室内相通的变形缝，应按其自然层合并在建筑物建筑面积内计算。对于高低联跨的建筑物，当高低跨内部连通时，其变形缝应计算在低跨面积内。建筑物内部不连通变形缝见图 2-2-36；有高低跨情形时的变形缝见图 2-2-37。

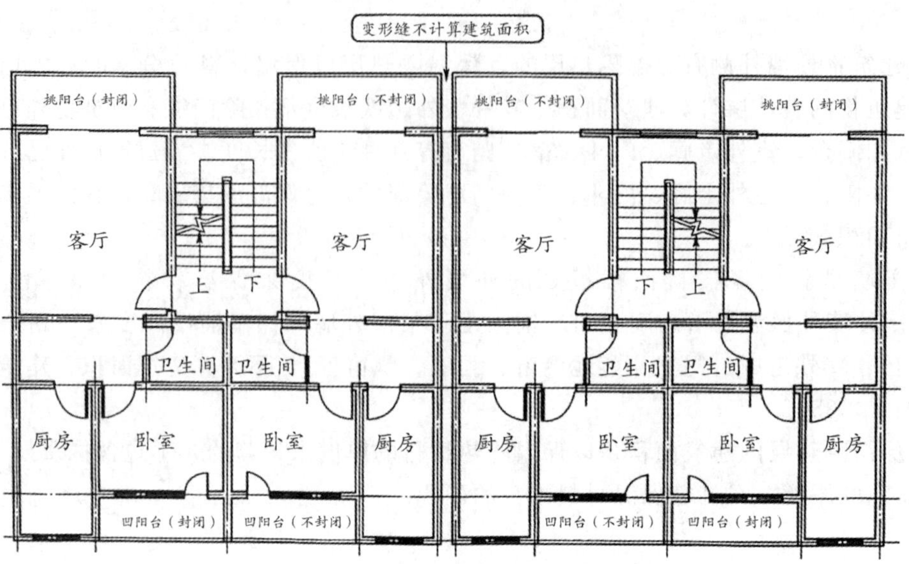

图 2-2-36　建筑物内部不连通变形缝

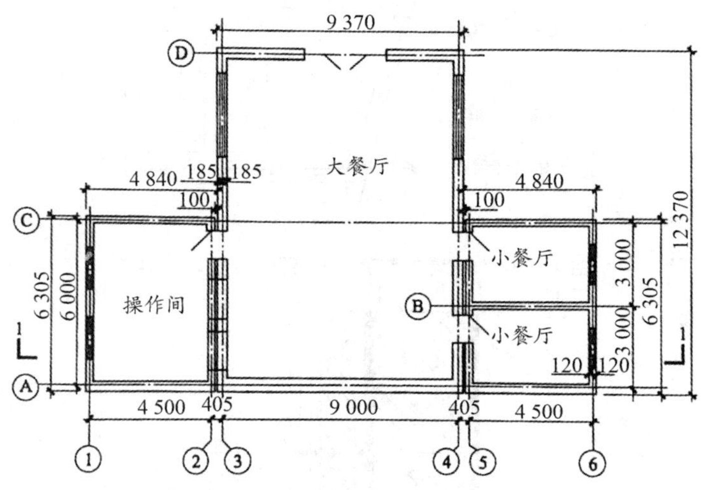

（a）某单位职工食堂平面图

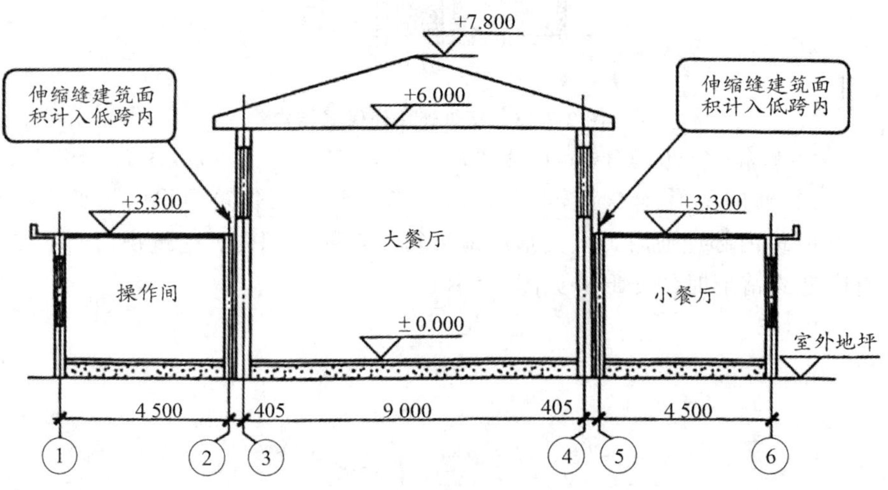

（b）剖面图

图 2-2-37　有高低跨情形时的变形缝

(26) 对于建筑物内的设备层、管道层、避难层等有结构层的楼层，结构层高在 2.20m 及以上的，应计算全面积；结构层高在 2.20m 以下的，应计算 1/2 面积。(在吊顶空间内设置管道的，则吊顶空间部分不能被视为设备层、管道层)

(二) 不计算建筑面积的范围

(1) 与建筑物内不相连通的建筑部件。建筑部件指的是依附于建筑物外墙外不与户室开门连通，起装饰作用的敞开式挑台（廊）、平台，以及不与阳台相通的空调室外机搁板（箱）等设备平台部件。

(2) 骑楼（见图 2-2-38）、过街楼（见图 2-2-39）底层的开放公共空间和建筑物通道。

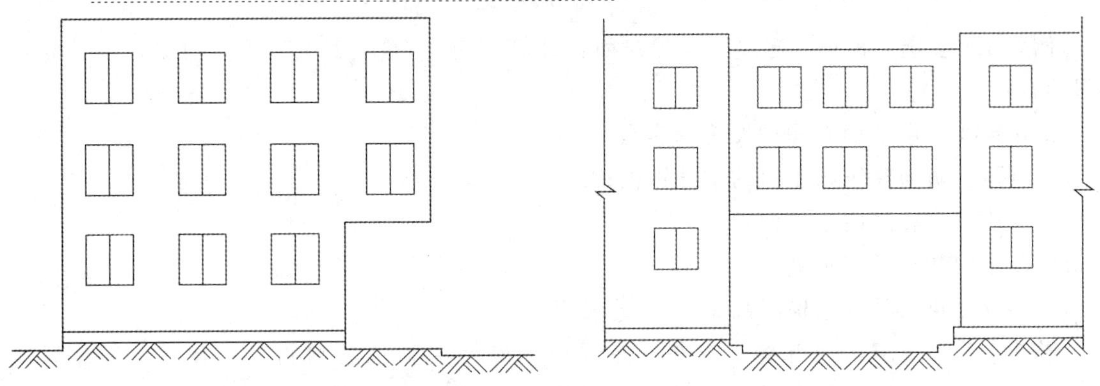

图 2-2-38 骑楼　　图 2-2-39 过街楼

(3) 舞台及后台悬挂幕布和布景的天桥、挑台等。这里指的是影剧院的舞台及为舞台服务的可供上人维修、悬挂幕布、布置灯光及布景等搭设的天桥和挑台等构件设施。

(4) 露台、露天游泳池、花架、屋顶的水箱及装饰性结构构件，见图 2-2-40。

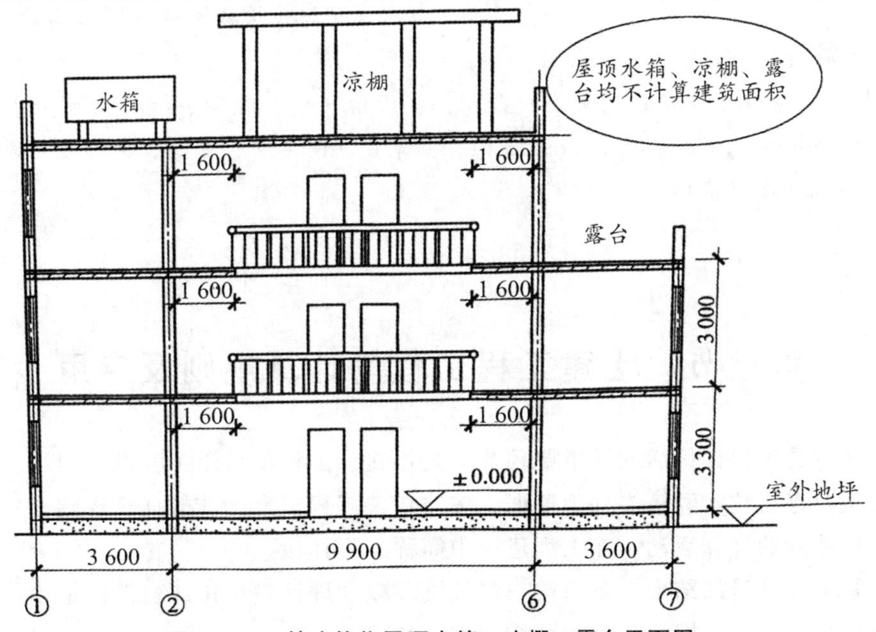

图 2-2-40 某建筑物屋顶水箱、凉棚、露台平面图

(5) 建筑物内的操作平台、上料平台、安装箱和罐体的平台。

(6) 勒脚、附墙柱（附墙柱是指非结构性装饰柱）、垛、台阶、墙面抹灰、装饰面、镶贴块料面层、装饰性幕墙，主体结构外的空调室外机搁板（箱）、构件、配件，挑出宽度在

第二章

2.10m 以下的无柱雨篷和顶盖高度达到或超过两个楼层的无柱雨篷。

（7）窗台与室内地面高差在 0.45m 以下且结构净高在 2.10m 以下的凸（飘）窗，窗台与室内地面高差在 0.45m 及以上的凸（飘）窗。

（8）室外爬梯、室外专用消防钢楼梯。专用的消防钢楼梯是不计算建筑面积的。当钢楼梯是建筑物通道，兼顾消防用途时，则应计算建筑面积。

（9）无围护结构的观光电梯。

（10）建筑物以外的地下人防通道，独立的烟囱、烟道、地沟、油（水）罐、气柜、水塔、贮油（水）池、贮仓、栈桥等构筑物。

·典型例题·

［**例题 1·多选**］根据《建筑工程建筑面积计算规范》（GB/T 50353—2013），不计算建筑面积的有（　　）。

A. 建筑物首层地面有围护设施的露台

B. 兼顾消防与建筑物相通的室外钢楼梯

C. 与建筑物相连的室外台阶

D. 与室内相通的变形缝

E. 形成建筑空间，结构净高 1.50m 的坡屋顶

［**解析**］露台、露天游泳池、花架、屋顶的水箱及装饰性结构构件、台阶，不计算建筑面积。

［**例题 2·多选**］根据《建筑工程建筑面积计算规范》（GB 50353—2013），不计算建筑面积的有（　　）。

A. 建筑物室外台阶

B. 空调室外机搁板

C. 屋顶可上人露台

D. 与建筑物不相连的有顶盖车棚

E. 建筑物内的变形缝

［**解析**］下列项目不计算建筑面积：露台、露天游泳池、花架、屋顶的水箱及装饰性结构构件；勒脚、附墙柱、垛、台阶、墙面抹灰、装饰面、镶贴块料面层、装饰性幕墙，主体结构外的空调室外机搁板（箱）。

答案：1. AC　2. ABC

第二章

第三节　土建工程工程量计算规则及应用

工程量计算是工程计价活动的重要环节，是指建设工程项目以工程设计图纸、施工组织设计或施工方案及有关技术经济文件为依据，按照相关工程国家标准的计算规则、计量单位等规定，进行工程数量的计算活动，在工程建设中简称工程计量。

工程量是工程计量的结果，是指按一定规则并以物理计量单位或自然计量单位所表示的建设工程各分部分项工程、措施项目或结构构件的数量。

工程量计算的依据如下：

（1）国家发布的工程量计算规范和国家、地方和行业发布的消耗量定额及其工程量计算规则。

(2) 经审定的施工设计图纸及其说明。

(3) 经审定的施工组织设计(项目管理实施规划)或施工方案。

(4) 经审定通过的其他有关技术经济文件。如工程施工合同、招标文件的商务条款等。

➢ **总结**:规范定额规定、施工设计图纸、施工组织设计、技术经济文件。

一、土石方工程(编码:0101)

扫码听课

(一)土方工程(编码:010101)

(1) 平整场地。建筑物场地厚度≤±300mm 的挖、填、运、找平。

(2) 挖一般土方。厚度>±300mm 的竖向布置挖土或山坡切土。

(3) 挖沟槽土方、挖基坑土方。

1) 沟槽:底宽≤7m,底长>3 倍底宽。

2) 基坑:底长≤3 倍底宽、底面积≤150m^2。

3) 超出上述范围则为一般土方。

(4) 冻土开挖。

(5) 挖淤泥(流砂)。

1. 平整场地【面积】

(1) 按设计图示尺寸以建筑物首层建筑面积计算。

(2) 项目特征包括土壤类别、弃土运距、取土运距。

(3) 平整场地若需要外运土方或取土回填时,在清单项目特征中应描述弃土运距或取土运距,其报价应包括在平整场地项目中;当清单中没有描述弃、取土运距时,应注明由投标人根据施工现场实际情况自行考虑到投标报价中。

·典型例题·

[**例题·单选**] 根据《房屋建筑与装饰工程工程量计算规范》(GB 50854—2013),某建筑物首层建筑面积为 2 000m^2,场地内有部分 150mm 以内的挖土用 6.5t 自卸汽车(斗容量 4.5m^3)运土,弃土共计 20 车,运距 150m,则共平整场地的工程量为( )。

A. 69.2m^3　　B. 83.3m^3　　C. 90m^3　　D. 2 000m^2

[**解析**] 平整场地按设计图示尺寸以建筑物首层建筑面积计算。

答案:D

2. 挖一般土方【体积】

(1) 按设计图示尺寸以体积计算。

(2) 挖土方平均厚度应按自然地面测量标高至设计地坪标高间的平均厚度确定。

(3) 土石方体积应按挖掘前的天然密实体积计算,如需按天然密实体积折算时,应按表 2-3-1系数计算。土方体积折算系数见表 2-3-1。

(4) 挖土方如需截桩头时,应按桩基工程相关项目列项。桩间挖土不扣除桩的体积,并在项目特征中加以描述。

表 2-3-1 土方体积折算系数表

天然密实度体积	虚方体积	夯实后体积	松填体积
0.77	1.00	0.67	0.83

续表

天然密实度体积	虚方体积	夯实后体积	松填体积
1.00	1.30	0.87	1.08
1.15	1.50	1.00	1.25
0.92	1.20	0.80	1.00

·典型例题·

[**例题 1 · 单选**] 某建筑工程挖土方工程量需要通过现场签证核定，已知用斗容量为 1.5m³ 的轮胎式装载机运土 500 车，则挖土工程量应为（　　）。

A. 501.92m³　　B. 576.92m³　　C. 623.15m³　　D. 750m³

[**解析**] 根据土方体积折算系数表可知，虚方和天然密实体积转换系数为 1.30。本题中天然密实体积＝500×1.5/1.3＝576.92（m³）。

[**例题 2 · 单选**] 某建筑首层面积 500m²，场地较为平整，其自然地面标高为＋87.500m，设计室外地面标高为＋87.150m，则其场地土方清单列项和工程量分别是（　　）。

A. 按平整场地列项：500m²　　B. 按一般土方列项：500m²

C. 按平整场地列项：175m³　　D. 按一般土方列项：175m³

[**解析**] 建筑物场地厚度≤±300mm 的挖、填、运、找平，应按平整场地项目编码列项。厚度＞±300mm 的竖向布置挖土或山坡切土应按一般土方项目编码列项。挖一般土方按设计图示尺寸以体积计算。500×（87.500－87.150）＝175（m³）。

第二章

答案：1.B　2.D

3. 挖沟槽土方、挖基坑土方【体积】

按设计图示尺寸以基础垫层底面积乘挖土深度计算。基础土方开挖深度应按基础垫层底表面标高至交付施工场地标高确定，无交付施工场地标高时，应按自然地面标高确定。

·典型例题·

[**例题 · 单选**] 根据《房屋建筑与装饰工程工程量计算规范》（GB 50854—2013），当建筑物外墙砖基础垫层底宽为 850mm，基槽挖土深度为 1 600mm，设计中心线长为 40 000mm，土层为三类土，放坡系数为 1∶0.33，则此外墙基础人工挖沟槽工程量应为（　　）。

A. 34m³　　B. 54.4m³

C. 88.2m³　　D. 113.8m³

[**解析**] 挖沟槽土方、挖基坑土方按设计图示尺寸以基础垫层底面积乘挖土深度计算。人工挖沟槽工程量＝0.85×40×1.6＝54.4（m³）。

答案：B

4. 冻土开挖【体积】

按设计图示尺寸开挖面积乘厚度以体积计算。

5. 挖淤泥、流砂【体积】

按设计图示位置、界线以体积计算。挖方出现流砂、淤泥时，如设计未明确，在编制工程量清单时，其工程数量可为暂估量，结算时应根据实际情况由发包人与承包人双方现场签证确认工程量。

6. 管沟土方【长度、体积】

（1）按设计图示以管道中心线长度计算，或按设计图示管底垫层面积乘挖土深度以体积计算。

（2）无管底垫层按管外径的水平投影面积乘挖土深度计算。不扣除各类井的长度，井的土方并入。

（3）有管沟设计时，平均深度以沟垫层底面标高至交付施工场地标高计算；无管沟设计时，直埋管深度应按管底外表面标高至交付施工场地标高的平均高度计算。

➢ **注意**：除了“天沟和檐沟”，所有的“沟”都可以以长度来计量。混凝土部分的“天沟和檐沟板”按体积计量，防水部分的“天沟和檐沟”按面积计量。

·典型例题·

［**例题1·单选**］根据《房屋建筑与装饰工程工程量计算规范》（GB 50854—2013），若开挖设计长为20m，宽为6m，深度为0.8m的土方工程，在清单中列项应为（　　）。

A. 平整场地　　B. 挖沟槽

C. 挖基坑　　D. 挖一般土方

［**解析**］沟槽、基坑、一般土方的划分为：底宽≤7m，底长＞3倍底宽为沟槽；底长≤3倍底宽、底面积≤150m^2为基坑；超出上述范围则为一般土方。

［**例题2·单选**］根据《房屋建筑与装饰工程工程量计算规范》（GB 50854—2013），某建筑物场地土方工程，设计基础长为27m，宽为8m，周边开挖深度均为2m，实际开挖后场地内堆土量为570m^3，则土方工程量为（　　）。

A. 平整场地216m^3　　B. 沟槽土方655m^3

C. 基坑土方528m^3　　D. 一般土方438m^3

［**解析**］沟槽、基坑、一般土方的划分为：底宽≤7m，底长＞3倍底宽为沟槽；底长≤3倍底宽、底面积≤150m^2为基坑；超出上述范围则为一般土方。

［**例题3·多选**］根据《房屋建筑与装饰工程工程量计算规范》（GB 50854—2013），关于管沟土方工程量计算的说法，正确的有（　　）。

A. 按管沟宽乘深度再乘管道中心线长度计算

B. 按设计管道中心线长度计算

C. 按设计管底垫层面积乘深度计算

D. 按管道外径水平投影面积乘深度计算

E. 按管沟开挖断面乘管道中心线长度计算

［**解析**］管沟土方按设计图示以管道中心线长度计算，或按设计图示管底垫层面积乘挖土深度以体积计算。无管底垫层按管外径的水平投影面积乘挖土深度计算。不扣除各类井的长度，井的土方并入。

答案：1. B　2. D　3. BCD

（二）石方工程（编码：010102）

石方工程内容见图2-3-1。

石方工程
- (1) 挖一般石方 ⟶ 厚度>±300mm的竖向布置挖石或山坡凿石应按挖一般石方项目编码列项
- (2) 挖沟槽石方、挖基坑石方 ⟶ ①沟槽：底宽≤7m且底长>3倍底宽；②基坑：底长≤3倍底宽且底面积≤150m²；③超出上述范围则为一般石方
- (3) 挖管沟石方

图 2-3-1 石方工程内容

1. 挖一般石方【体积】

（1）按设计图示尺寸以体积计算。

（2）挖石方应按自然地面测量标高至设计地坪标高的平均厚度确定。

（3）石方工程中项目特征应描述岩石的类别，弃渣运距可以不描述，但应注明由投标人根据施工现场实际情况自行考虑，决定报价。

（4）石方体积应按挖掘前的天然密实体积计算。石方体积折算系数见表 2-3-2。

表 2-3-2 石方体积折算系数表

石方类别	天然密实度体积	虚方体积	松填体积	码方
石方	1.00	1.54	1.31	—
块石	1.00	1.75	1.43	1.67
砂夹石	1.00	1.07	0.94	—

2. 挖沟槽（基坑）石方【体积】

按设计图示尺寸沟槽（基坑）底面积乘挖石深度以体积计算。

3. 管沟石方【长度、体积】

（1）按设计图示以管道中心线长度计算，或按设计图示截面积乘长度以体积计算。

（2）有管沟设计时，平均深度以沟垫层底面标高至交付施工场地标高计算；无管沟设计时，直埋管深度应按管底外表面标高至交付施工场地标高的平均高度计算。

·典型例题·

[**例题·多选**] 根据《房屋建筑与装饰工程工程量计算规范》（GB 50854—2013），石方工程量计算正确的有（　　）。

A. 挖一般石方按设计图示尺寸以建筑物首层面积计算

B. 挖沟槽石方按沟槽设计底面积乘挖石深度以体积计算

C. 挖基坑石方按基坑底面积乘自然地面测量标高至设计地坪标高的平均厚度以体积计算

D. 挖管沟石方按设计图示管道中心线长度以米计算

E. 挖管沟石方按设计图示截面积乘长度以体积计算

[**解析**] 挖一般石方按设计图示尺寸以体积计算，故选项 A 错误。挖沟槽（基坑）石方按设计图示尺寸沟槽（基坑）底面积乘挖石深度以体积计算，故选项 B 正确，选项 C 错误。管沟石方按设计图示以管道中心线长度计算，或按设计图示截面积乘长度以体积计算，选项 D、E 正确。

答案：BDE

（三）回填（编码：010103）

1. 回填方（体积）

（1）按设计图示尺寸以体积计算。场地、室内及其基础回填的计量规则见表 2-3-3。

表 2-3-3 场地、室内及基础回填的计量规则

回填类型	计量规则
场地回填	回填面积乘平均回填厚度
室内回填	主墙间净面积乘回填厚度，不扣除间隔墙
基础回填	挖方清单项目工程量减去自然地坪以下埋设的基础体积（包括基础垫层及其他构筑物）

（2）回填土方项目特征包括密实度要求、填方材料品种、填方粒径要求、填方来源及运距。

·典型例题·

［例题·单选］根据《房屋建筑与装饰工程工程量计算规范》（GB 50854—2013），关于土石方工程量计算，说法正确的是（　　）。

A. 回填土方项目特征应包括填方来源及运距　　B. 室内回填应扣除间隔墙所占体积

C. 场地回填按设计回填尺寸以面积计算　　D. 基础回填不扣除基础垫层所占体积

［解析］回填土方项目特征包括密实度要求、填方材料品种、填方粒径要求、填方来源及运距，选项 A 正确。室内回填：主墙间净面积乘回填厚度，不扣除间隔墙，选项 B 错误。场地回填：回填面积乘平均回填厚度，选项 C 错误。基础回填：挖方清单项目工程量减去自然地坪以下埋设的基础体积（包括基础垫层及其他构筑物），选项 D 错误。

答案：A

2. 余方弃置

（1）按挖方清单项目工程量减利用回填方体积（正数）计算。

（2）项目特征包括废弃料品种、运距。

·典型例题·

［例题 1·单选］根据《房屋建筑与装饰工程工程量计算规范》（GB 50854—2013）规定，关于石方的项目列项或工程量计算正确的为（　　）。

A. 山坡凿石按一般石方列项

B. 考虑石方运输，石方体积需折算为虚方体积计算

C. 管沟石方均按一般石方列项

D. 基坑底面积超过 $120m^2$ 的按一般石方列项

［解析］厚度＞±300mm 的竖向布置挖石或山坡凿石应按挖一般石方项目编码列项。石方体积应按挖掘前的天然密实体积计算。管沟石方按设计图示以管道中心线长度计算，或按设计图示截面积乘长度以体积计算。底宽≤7m 且底长＞3 倍底宽为沟槽；底长≤3 倍底宽且底面积≤$150m^2$ 为基坑；超出上述范围则为一般石方。

［例题 2·多选］某坡地建筑基础，设计基底垫层宽为 8.0m，基础中心线长为 22.0m，开挖深度为 1.6m，地基为中等风化软岩，根据《房屋建筑与装饰工程工程量计算规范》（GB 50854—2013）规定，关于基础石方的项目列项或工程量计算正确的有（　　）。

A. 按挖沟槽石方列项　　B. 按挖基坑石方列项

C. 按挖一般石方列项　　D. 工程量为 $281.6m^3$

E. 工程量为 $22.0m^3$

［解析］沟槽、基坑、一般石方的划分为：底宽≤7m 且底长＞3 倍底宽为沟槽；底长≤3

倍底宽且底面积≤150m^2 为基坑；超出上述范围则为一般石方。挖一般石方按设计图示尺寸以体积计算。工程量＝8×22×1.6＝281.6（m^3）。

答案：1. A　2. CD

二、地基处理与边坡支护工程（编码：0102）

（一）地基处理（编码：010201）

项目特征中的“桩长”应包括桩尖，空桩长度＝孔深－桩长，孔深为自然地面至设计桩底的深度。地基处理计量规则见表 2-3-4。

表 2-3-4　地基处理计量规则

名称	计量规则
换填垫层	体积
铺设土工合成材料	面积
预压地基、强夯地基、振冲密实（不填料）（见图 2-3-2）	按设计图示处理范围以面积计算（即根据每个点位所代表的范围乘点数计算）
振冲桩（填料）	（1）桩长 （2）体积（设计桩截面乘桩长） （3）项目特征应描述：地层情况，空桩长度、桩长，桩径，填充材料种类
砂石桩	（1）桩长 （2）体积（设计桩截面乘桩长）
水泥粉煤灰碎石桩、夯实水泥土桩、石灰桩、灰土（土）挤密桩	桩长
深层搅拌桩、粉喷桩、柱锤冲扩桩	桩长
注浆地基	（1）以钻孔深度计算 （2）以加固体积计算
褥垫层（见图 2-3-3）	（1）面积 （2）体积

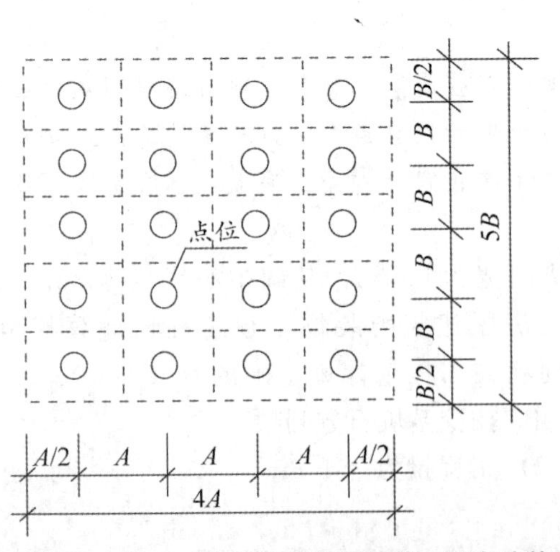

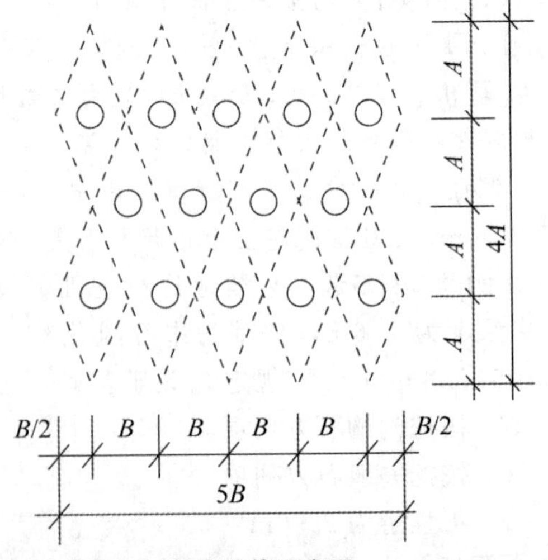

图 2-3-2　预压地基、强夯地基、振冲密实（不填料）工程量计算示意图

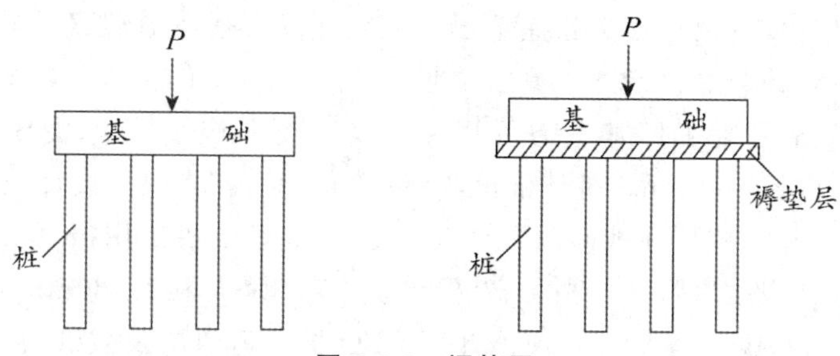

图 2-3-3　褥垫层

（二）基坑与边坡支护（编码：010202）

基坑与边坡支护计量规则见表 2-3-5。

表 2-3-5　基坑与边坡支护计量规则

名称	计量规则
地下连续墙	墙中心线长乘厚度乘槽深以体积计算
咬合灌注桩	（1）桩长（米） （2）数量（根）
圆木桩、预制钢筋混凝土板桩	
型钢桩	（1）质量（吨） （2）数量（根）
钢板桩	（1）质量（吨） （2）面积（平方米）：墙中心线长乘桩长
锚杆（锚索）、土钉	（1）钻孔深度（米） （2）数量（根）
喷射混凝土、水泥砂浆	面积
钢筋混凝土支撑、钢支撑	（1）钢筋混凝土支撑：体积 （2）钢支撑：质量（不扣除孔眼质量，焊条、铆钉、螺栓等不另增加质量）

·典型例题·

［**例题 1·单选**］根据《房屋建筑与装饰工程工程量计算规范》（GB 50854—2013），地基处理工程量计算正确的是（　　）。

A. 换填垫层按设计图示尺寸以体积计算

B. 强夯地基按设计图示处理范围乘处理深度以体积计算

C. 填料振冲桩以填料体积计算

D. 水泥粉煤灰碎石桩按设计图示尺寸以体积计算

［**解析**］强夯地基按设计图示处理范围以面积计算，故选项 B 错误。振冲桩（填料）以米计量，按设计图示尺寸以桩长计算；以立方米计量，按设计桩截面乘桩长以体积计算，故选项 C 错误。水泥粉煤灰碎石桩以米计量，按设计图示尺寸以桩长（包括桩尖）计算，故选项 D 错误。

［**例题 2·单选**］根据《房屋建筑与装饰工程工程量计算规范》（GB 50854—2013），关于地基处理，说法正确的是（　　）。

A. 铺设土工合成材料按设计长度计算

B. 强夯地基按设计图示处理范围乘深度以体积计算

C. 填料振冲桩按设计图示尺寸以体积计算

D. 砂石桩按设计数量以根计算

［**解析**］铺设土工合成材料按设计图示尺寸以面积计算，选项 A 错误。预压地基、强夯地

基、振冲密实（不填料）按设计图示处理范围以面积计算，选项B错误。砂石桩按设计图示尺寸以桩长（包括桩尖）计算或按设计桩截面乘桩长（包括桩尖）以体积计算，选项D错误。

［**例题3·案例**］某别墅工厂基底为可塑黏土（三类土），采用水泥粉煤灰碎石桩（CFG桩）进行地基处理，桩径400mm，桩体强度等级C20，根数52根，设计长度10m，桩端进入硬塑性黏土不少于1.5m，桩顶在地面以下1.5～2.0m，CFG桩采用振动沉管灌注桩施工，桩顶采用200mm厚人工级配砂石（砂：碎石＝3：7，最大粒径30mm）作为褥垫层，见图2-3-4、图2-3-5。请根据工程量计算规范计算CFG桩、褥垫层及截桩头工程量。

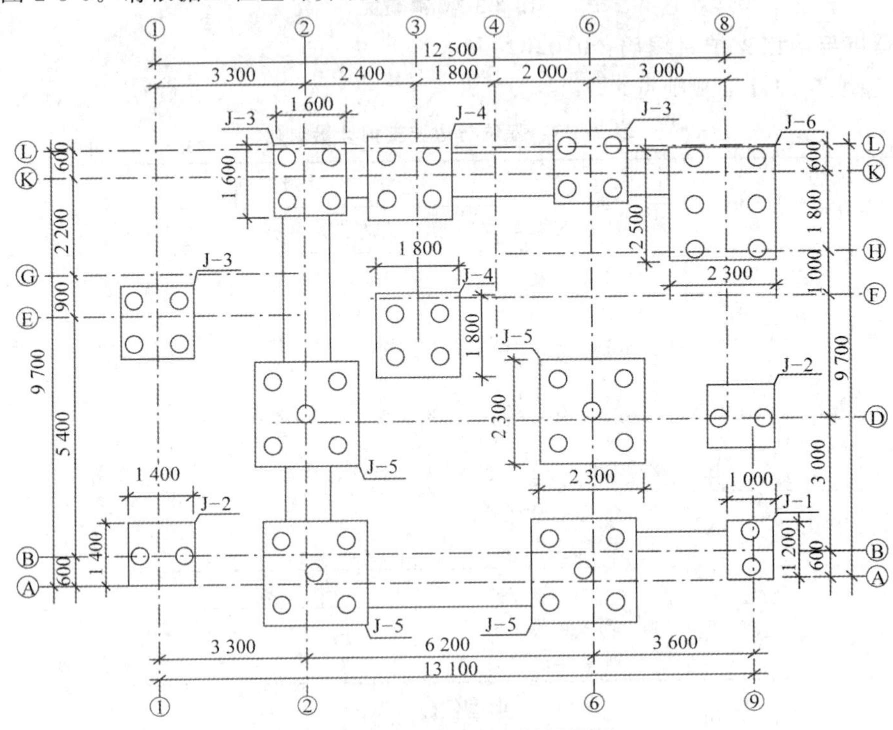

图2-3-4　某别墅CFG桩平面图

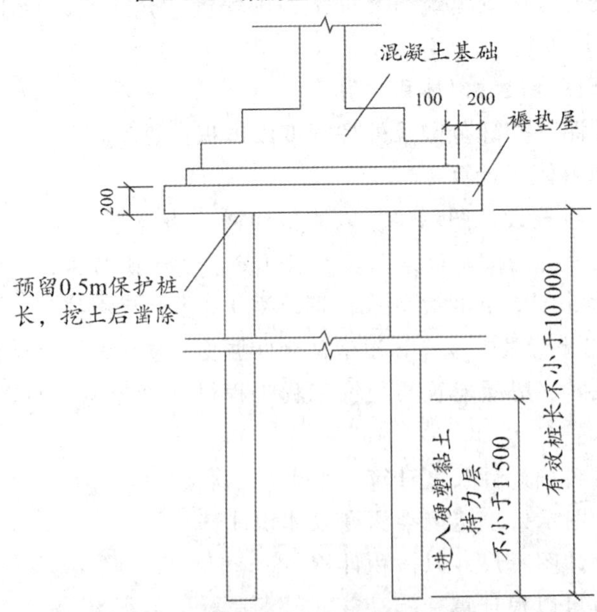

图2-3-5　CFG桩详图（单位：mm）

第二章

答案：

1. A 2. C

3. 计算结果见表 2-3-6。

表 2-3-6 工程量计算表

序号	项目编码	项目名称	计量单位	计算式	工程量合计
1	010201008001	水泥粉煤灰碎石桩	m	52×10=520	520.00
2	010201017001	褥垫层	m^2	(1) J—1：1.8×1.6×1=2.88 (2) J—2：2.0×2.0×2=8.00 (3) J—3：2.2×2.2×3=14.52 (4) J—4：2.4×2.4×2=11.52 (5) J—5：2.9×2.9×4=33.64 (6) J—6：2.9×3.1×1=8.99 S=2.88+8.00+14.52+11.52+33.64+8.99=79.55	79.55
3	010301004001	截（凿）桩头	根	n=52	52

三、桩基础工程（编码：0103）

（一）打桩（编码：010301）

打桩计量规则见表 2-3-7。

表 2-3-7 打桩计量规则

名称	计量规则
预制钢筋混凝土方桩，预制钢筋混凝土管桩	(1) 桩长（米）；体积（立方米）；数量（根） (2) 打试验桩和打斜桩应按相应项目单独列项
钢管桩	(1) 质量（吨） (2) 数量（根）
截（凿）桩头	(1) 体积（立方米）：截面乘桩头长度 (2) 数量（根）

（二）灌注桩（编码：010302）

灌注桩计量规则见表 2-3-8。

表 2-3-8 灌注桩计量规则

名称	计量规则
泥浆护壁成孔灌注桩、沉管灌注桩、干作业成孔灌注桩	(1) 桩长（米） (2) 体积（立方米） (3) 数量（根）
挖孔桩土（石）方	体积：设计图示尺寸（含护壁）截面积乘挖孔深度
人工挖孔灌注桩	(1) 体积：桩芯混凝土体积 (2) 根
钻孔压浆桩	(1) 桩长（米） (2) 数量（根）
灌注桩后压浆	按设计图示以注浆孔数计算

·典型例题·

［例题1·单选］根据《房屋建筑与装饰工程工程量计算规范》（GB 50854—2013），打桩工程量计算正确的是（　　）。

A. 打预制钢筋混凝土方桩，按设计图示尺寸桩长以米计算，送桩工程量另计

B. 打预制钢筋混凝土管桩，按设计图示数量以根计算，截桩头工程量另计

C. 钢管桩按设计图示截面积乘桩长以实体积计算

D. 钢板桩按不同板幅以设计长度计算

［解析］预制钢筋混凝土方桩、预制钢筋混凝土管桩以米计量，按设计图示尺寸以桩长（包括桩尖）计算；或以立方米计量，按设计图示截面积乘桩长（包括桩尖）以实体积计算；或以根计量，按设计图示数量计算，送桩工程量不需单独列项，选项A错误。钢管桩以吨计量，按设计图示尺寸以质量计算；以根计量，按设计图示数量计算，选项C错误。钢板桩以吨计量，按设计图示尺寸以质量计算；以平方米计量，按设计图示墙中心线长乘桩长以面积计算，选项D错误。

［例题2·单选］根据《房屋建筑与装饰工程工程量计算规范》（GB 50854—2013）规定，关于桩基础的项目列项或工程量计算正确的为（　　）。

A. 预制钢筋混凝土管桩试验桩应在工程量清单中单独列项

B. 预制钢筋混凝土方桩试验桩工程量应并入预制钢筋混凝土方桩项目

C. 现场截凿桩头工程量不单独列项，并入桩工程量计算

D. 挖孔桩土方按设计桩长（包括桩尖）以米计算

［解析］打试验桩和打斜桩应按相应项目单独列项，选项A正确，选项B错误。截（凿）桩头以立方米计量，按设计桩截面乘桩头长度以体积计算；以根计量，按设计图示数量计算，选项C错误。挖孔桩土（石）方按设计图示尺寸（含护壁）截面积乘挖孔深度以体积计算，选项D错误。

答案：1. B　2. A

四、砌筑工程（编码：0104）

（一）砖砌体（编码：010401）

（1）砖砌体勾缝按墙面抹灰中“墙面勾缝”项目编码列项，实心砖墙、多孔砖墙、空心砖墙等项目工作内容中不包括勾缝，包括刮缝。

（2）标准砖尺寸应为240mm×115mm×53mm，标准砖墙厚度应按表2-3-9计算。

表2-3-9　标准砖墙厚度表

砖数/厚度	1/4	1/2	3/4	1	$1\frac{1}{2}$	2	$2\frac{1}{2}$	3
计算厚度/mm	53	115	180	240	365	490	615	740

（3）基础与墙（柱）身的划分：

1）基础与墙（柱）身使用同一种材料时，以设计室内地面为界（有地下室者，以地下室室内设计地面为界），地面以下为基础，地面以上为墙（柱）身。

2）基础与墙身使用不同材料时，位于设计室内地面高度≤±300mm时，以不同材料为分界线；高度>±300mm时，以设计室内地面为分界线。

3）砖围墙应以设计室外地坪为界，以下为基础，以上为墙身，见图 2-3-6。

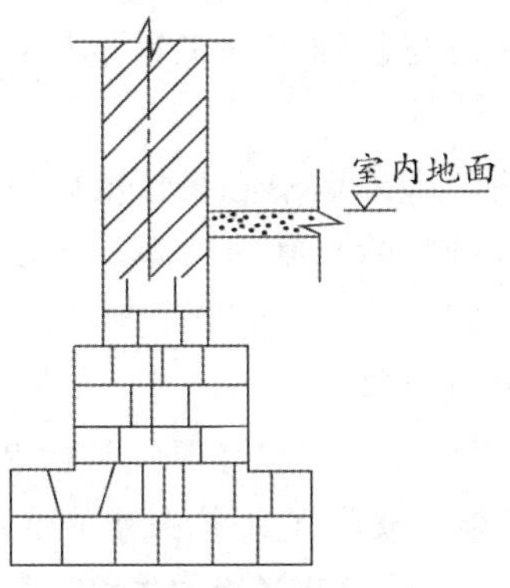

图 2-3-6 基础和墙

·典型例题·

［例题·单选］已知某砖外墙中心线总长 60m，设计采用毛石混凝土基础，基础底层标高−1.400m，毛石混凝土与砖砌筑的分界面标高−0.240m，室内地坪±0.000m，墙顶面标高 3.300m，厚 0.37m，按照《建设工程工程量清单计价规范》计算规则，则砖墙工程量为（ ）。

A. 67.93m³　　B. 73.26m³　　C. 78.59m³　　D. 104.34m³

［解析］墙体工程量＝墙长×墙厚×墙高。砖墙工程量＝60×0.37×（3.300＋0.240）＝78.588（m³）。

答案：C

1. 砖基础【体积】

（1）工程量按设计图示尺寸以体积计算。砖基础计量规则见表 2-3-10。

表 2-3-10 砖基础计量规则

计量规则	内容
扣除	地梁（圈梁）、构造柱所占体积
不扣除	基础大放脚 T 形接头处的重叠部分（见图 2-3-7）及嵌入基础内的钢筋、铁件、管道、基础砂浆防潮层和单个面积≤0.3m² 的孔洞所占体积
加	附墙垛基础宽出部分体积（见图 2-3-8）
不加	靠墙暖气沟的挑檐

（2）基础长度的确定：外墙基础按外墙中心线，内墙基础按内墙净长线计算。

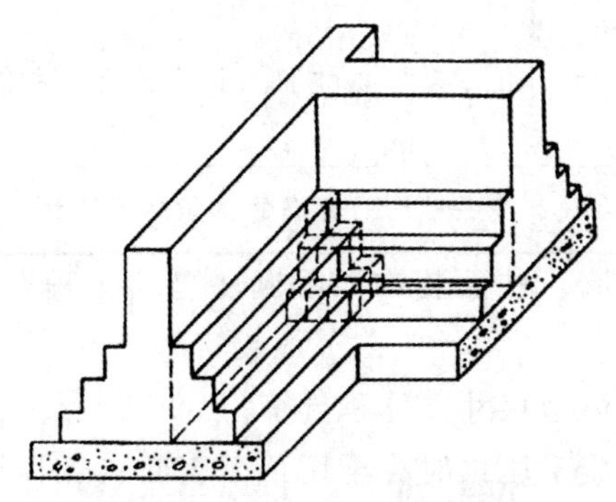

图 2-3-7 基础大放脚 T 形接头处的重叠部分

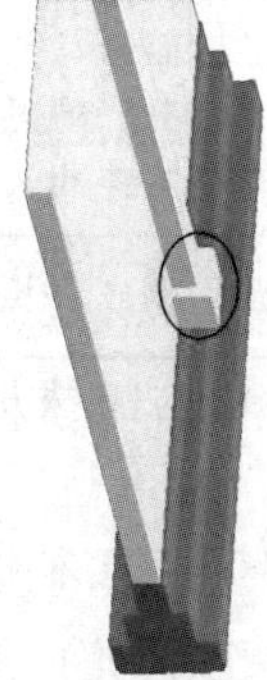

图 2-3-8 附墙垛基础宽出部分

·典型例题·

［**例题 1·单选**］根据《房屋建筑与装饰工程工程量计算规范》（GB 50854—2013），砖基础工程量计算正确的是（　　）。

A. 外墙基础断面积（含大放脚）乘外墙中心线长度以体积计算

B. 内墙基础断面积（大放脚部分扣除）乘内墙净长线以体积计算

C. 地圈梁部分体积并入基础计算

D. 靠墙暖气沟挑檐体积并入基础计算

［**解析**］砖基础工程量按设计图示尺寸以体积计算，包括附墙垛基础宽出部分体积，扣除地梁（圈梁）、构造柱所占体积，不扣除基础大放脚 T 形接头处的重叠部分及嵌入基础内的钢筋、铁件、管道、基础砂浆防潮层和单个面积≤0.3m² 的孔洞所占体积，靠墙暖气沟的挑檐不增加。

［**例题 2·多选**］砖基础工程量计算正确的有（　　）。

A. 按设计图示尺寸以体积计算

B. 扣除大放脚 T 形接头处的重叠部分

C. 内墙基础长度按净长线计算

D. 材料相同时，基础与墙身划分通常以设计室内地面为界

E. 基础工程量不扣除构造柱所占体积

［**解析**］砖基础按设计图示尺寸以体积计算。扣除地梁（圈梁）、构造柱所占体积，不扣除基础大放脚 T 形接头处的重叠部分及嵌入基础内的钢筋、铁件、管道、基础砂浆防潮层和单个面积≤0.3m² 以内的孔洞所占体积。基础长度：外墙按中心线，内墙按净长线计算。基础与墙（柱）身使用同一种材料时，以设计室内地面为界。

答案：1. A　2. ACD

2. 实心砖墙、多孔砖墙、空心砖墙【体积】

（1）按设计图示尺寸以体积计算。实心砖墙、多孔砖墙、空心砖墙计量规则见表 2-3-11。

表 2-3-11　实心砖墙、多孔砖墙、空心砖墙计量规则

计量规则	内容
扣除	门窗、洞口、嵌入墙内的钢筋混凝土柱、梁、圈梁、挑梁、过梁及凹进墙内的壁龛、管槽、暖气槽、消火栓箱所占体积
不扣除	梁头、板头、檩头、垫木、木楞头、沿椽木、木砖、门窗走头、砖墙内加固钢筋、木筋、铁件、钢管及单个面积≤0.3m² 的孔洞所占的体积
加	(1) 凸出墙面的砖垛并入墙体体积内计算 (2) 附墙烟囱、通风道、垃圾道应按设计图示尺寸以体积（扣除孔洞所占体积）计算并入所依附的墙体体积内
不加	凸出墙面的腰线、挑檐、压顶、窗台线、虎头砖、门窗套的体积亦不增加

1）当设计规定孔洞内需抹灰时，应按“墙、柱面装饰与隔断、幕墙工程”中零星抹灰项目编码列项。

2）框架间墙工程量计算不分内外墙按墙体净尺寸以体积计算。

3）围墙的高度算至压顶上表面（如有混凝土压顶时算至压顶下表面），围墙柱并入围墙体积内计算。

(2) 墙长度的确定：外墙按中心线，内墙按净长线计算。

(3) 墙高度的确定见表 2-3-12。

表 2-3-12　墙高度的确定

类型	高度的确定
外墙	(1) 斜（坡）屋面（见图 2-3-9）无檐口天棚者算至屋面板底 (2) 有屋架且室内外均有天棚者（见图 2-3-10）算至屋架下弦底另加 200mm (3) 无天棚者（见图 2-3-11）算至屋架下弦底另加 300mm，出檐宽度（见图 2-3-12）超过 600mm 时按实砌高度计算 (4) 有钢筋混凝土楼板隔层者算至板顶 (5) 平屋顶（见图 2-3-13）算至钢筋混凝土板底
内墙	(1) 位于屋架下弦者，算至屋架下弦底 (2) 无屋架者算至天棚底另加 100mm (3) 有钢筋混凝土楼板隔层者算至楼板顶 (4) 有框架梁时算至梁底
女儿墙	从屋面板上表面算至女儿墙顶面（如有混凝土压顶时算至压顶下表面）
内、外山墙	按其平均高度计算

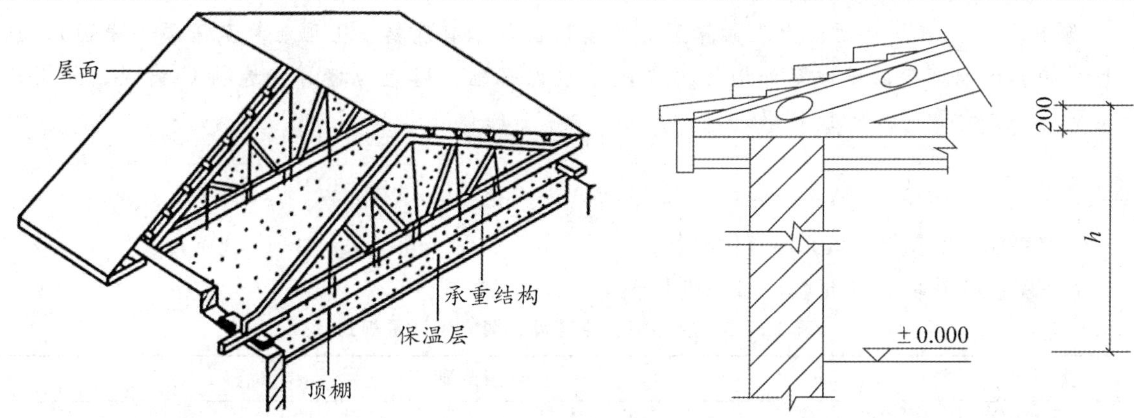

图 2-3-9　坡屋顶的构造

图 2-3-10　坡屋面有天棚

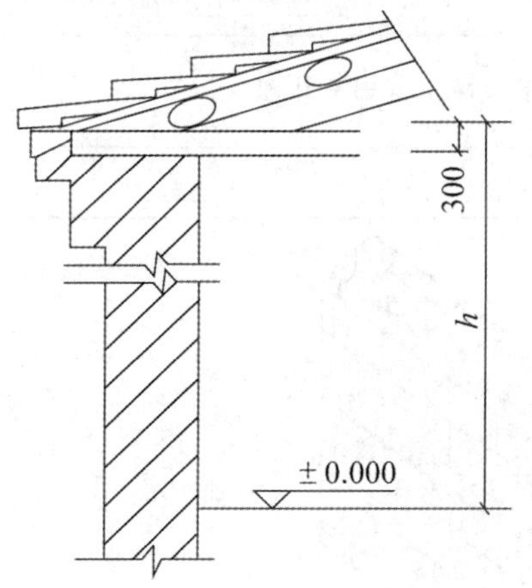

图 2-3-11　坡屋面无天棚

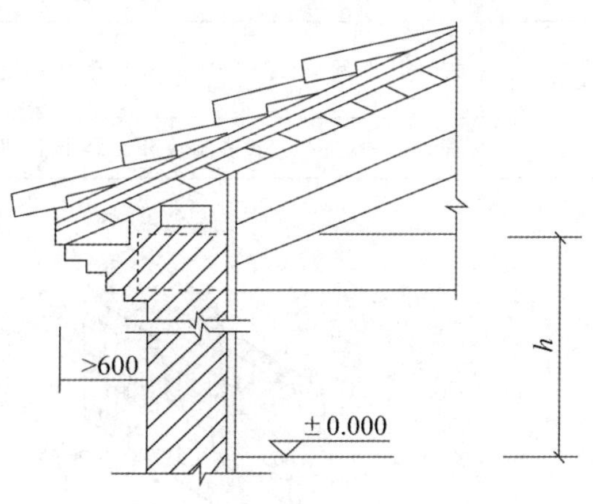

图 2-3-12　出檐宽度

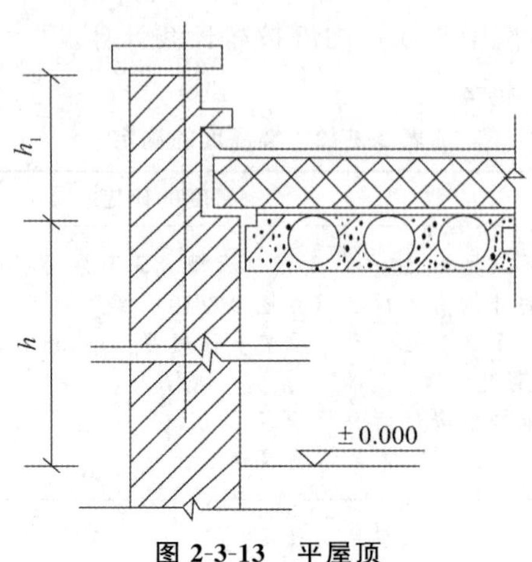

图 2-3-13 平屋顶

·典型例题·

［**例题·单选**］根据《房屋建筑与装饰工程工程量计算规范》（GB 50854—2013）规定，关于砌块墙高度计算正确的为（　　）。

A. 外墙从基础顶面算至平屋面板底面　　B. 女儿墙从屋面板顶面算至压顶顶面

C. 围墙从基础顶面算至混凝土压顶上表面　　D. 外山墙从基础顶面算至山墙最高点

［**解析**］女儿墙从屋面板上表面算至女儿墙顶面（如有混凝土压顶时算至压顶下表面），选项 B 错误。砖围墙应以设计室外地坪为界，以下为基础，以上为墙身，选项 C 错误。外山墙按其平均高度计算，选项 D 错误。

答案：A

3. 空斗墙、空花墙、填充墙【体积】

空斗墙、空花墙、填充墙计量规则见表 2-3-13。

表 2-3-13　空斗墙、空花墙、填充墙计量规则

类型	计量规则
空斗墙 （见图 2-3-14）	（1）按设计图示尺寸以空斗墙外形体积计算 （2）墙角、内外墙交接处、门窗洞口立边、窗台砖、屋檐处的实砌部分体积并入空斗墙体积内
空花墙 （见图 2-3-15）	按设计图示尺寸以空花部分外形体积计算，不扣除空洞部分体积
填充墙	按设计图示尺寸以填充墙外形体积计算

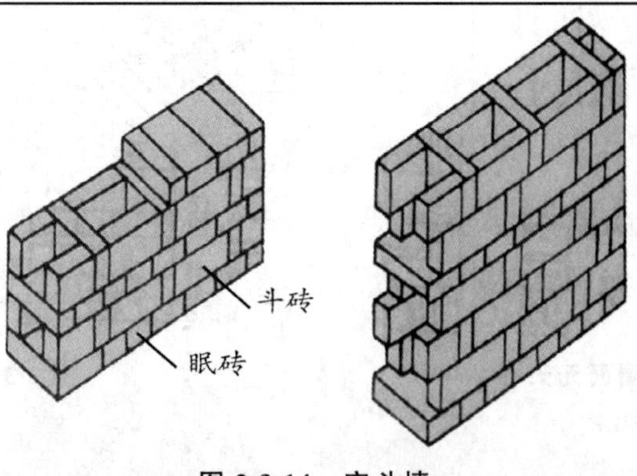

图 2-3-14　空斗墙

图 2-3-15　空花墙

4. 实心砖柱、多孔砖柱【体积】

（1）按设计图示尺寸以体积计算。

（2）扣除混凝土及钢筋混凝土梁垫、梁头、板头所占体积。

·典型例题·

［**例题·单选**］根据《房屋建筑与装饰工程工程量计算规范》（GB 50854—2013），关于砖砌体工程量计算的说法，正确的是（　　）。

A. 空斗墙按设计图示尺寸以墙体外形体积计算，其中门窗洞口立边的实砌部分不计入

B. 空花墙按设计图示尺寸以墙体外形体积计算，其中空洞部分体积应予以扣除

C. 实心砖柱按设计图示尺寸以体积计算，钢筋混凝土梁垫、梁头所占体积应予以扣除

D. 空心砖围墙中心线长乘高以面积计算

［**解析**］空斗墙按设计图示尺寸以空斗墙外形体积计算。墙角、内外墙交接处、门窗洞口立边、窗台砖、屋檐处的实砌部分体积并入空斗墙体积内，选项 A 错误。空花墙按设计图示尺寸以空花部分外形体积计算，不扣除空洞部分体积，选项 B 错误。实心砖柱按设计图示尺寸以体积计算。扣除混凝土及钢筋混凝土梁垫、梁头、板头所占体积，选项 C 正确，选项 D 错误。

答案：C

5. 零星砌砖

（1）按零星项目列项的有：框架外表面的镶贴砖部分，空斗墙的窗间墙、窗台下、楼板下、梁头下等的实砌部分，台阶、台阶挡墙、梯带、锅台、炉灶、蹲台、池槽、池槽腿、砖胎模、花台、花池、楼梯栏板、阳台栏板、地垄墙、小于或等于 0.3m² 的孔洞填塞等。

（2）工程量的计算分四种情况，见表 2-3-14。

表 2-3-14　零星砌砖工程量的计算

单位	工程
立方米 （按设计图示尺寸截面积乘长度计算）	其他工程
平方米 （按设计图示尺寸水平投影面积计算）	砖砌台阶
米 （按设计图示尺寸长度计算）	小便槽、地垄墙
个 （按设计图示数量计算）	砖砌锅台、炉灶 （按外形尺寸以“个”计算）

6. 砖检查井、散水、地坪、地沟、明沟、砖砌挖孔桩护壁

砖检查井、散水、地坪、地沟、明沟、砖砌挖孔桩护壁计量规则见表 2-3-15。

表 2-3-15　砖检查井、散水、地坪、地沟、明沟、砖砌挖孔桩护壁计量规则

项目	计量规则
砖检查井	以座为单位，按设计图示数量计算
砖散水、地坪	面积
砖地沟、明沟	中心线长度
砖砌挖孔桩护壁	体积

（二）砌块砌体（编码：010402）

（1）项目特征应描述：砌块品种、规格、强度等级；墙体类型；砂浆强度等级。

（2）砖块砌体的有关说明。

1）砌体内加筋、墙体拉结的制作、安装，应按"混凝土及钢筋混凝土工程"中相关项目编码列项。

2）砌块砌体中工作内容包括了勾缝。

3）砌体垂直灰缝宽大于 30mm 时，采用 C20 细石混凝土灌实。灌注的混凝土应按"混凝土及钢筋混凝土工程"相关项目编码列项。

4）工程量计算时，砌块墙和砌块柱分部与实心砖墙和实心砖柱一致。

（三）石砌体（编码：010403）

第二章

石基础、石勒脚、石墙的划分：基础与勒脚应以设计室外地坪为界。勒脚与墙身应以设计室内地面为界。石围墙内外地坪标高不同时，应以较低地坪标高为界，以下为基础；内外标高之差为挡土墙时，挡土墙以上为墙身。

（1）石基础。

1）工程量按设计图示尺寸以体积计算。

2）包括附墙垛基础宽出部分体积。

3）不扣除基础砂浆防潮层及单个面积小于或等于 $0.3m^2$ 的孔洞所占体积。

4）靠墙暖气沟的挑檐不增加。

5）基础长度：外墙按中心线，内墙按净长线计算。

（2）石勒脚。

1）工程量按设计图示尺寸以体积计算。

2）扣除单个面积大于 $0.3m^2$ 的孔洞所占体积。

（3）石挡土墙。

1）工程量按设计图示尺寸以体积计算。

2）石梯膀应按石挡土墙项目编码列项。石台阶见图 2-3-16。

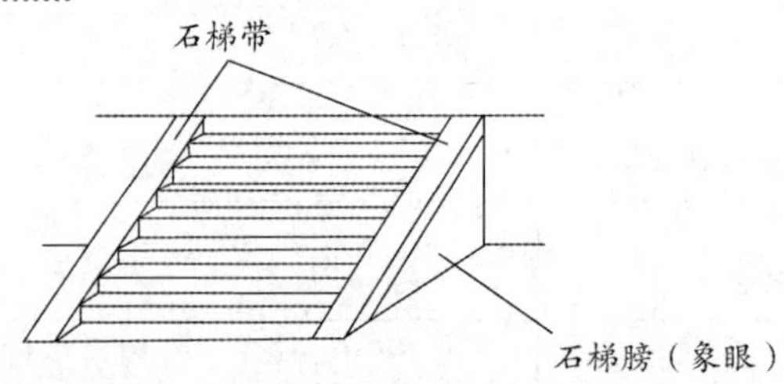

图 2-3-16　石台阶

（4）石栏杆。

1）工程量按设计图示尺寸以长度计算。

2）石栏杆项目适用于无雕饰的一般石栏杆。

（5）石护坡。工程量按设计图示尺寸以体积计算。

（6）石台阶。工程量按设计图示尺寸以体积计算。

（7）石坡道。工程量按设计图示尺寸以水平投影面积计算。

（8）石地沟、明沟。工程量按设计图示尺寸以中心线长度计算。

➤ **总结**：石砌体工程量计量规则见表 2-3-16。

表 2-3-16 石砌体工程量计量规则

类型	计量规则
石基础、石勒脚、石挡土墙、石护坡、石台阶	体积
石栏杆	长度
石坡道	水平投影面积
石地沟、明沟	中心线长度

·典型例题·

［**例题 1·单选**］根据《房屋建筑与装饰工程工程量计算规范》（GB 50854—2013）规定，关于石砌体工程量计算正确的为（　　）。

A. 挡土墙按设计图示以中心线长度计算

B. 勒脚工程量按设计图示尺寸以延长米计算

C. 石围墙内外地坪标高之差为挡土墙墙高时，墙身与基础以较低地坪标高为界

D. 石护坡工程量按设计图示尺寸以体积计算

［**解析**］石挡土墙工程量按设计图示尺寸以体积计算，选项 A 错误。石勒脚工程量按设计图示尺寸以体积计算，选项 B 错误。石围墙内外地坪标高不同时，应以较低地坪标高为界，以下为基础；内外标高之差为挡土墙时，挡土墙以上为墙身，选项 C 错误。

［**例题 2·单选**］根据《房屋建筑与装饰工程工程量计算规范》（GB 50854—2013），关于石砌体工程量计算的说法，正确的是（　　）。

A. 石台阶按设计图示尺寸以水平投影面积计算

B. 石坡道按水平投影面积乘平均高度以体积计算

C. 石地沟、明沟按设计图示尺寸以水平投影面积计算

D. 一般石栏杆按设计图示尺寸以长度计算

［**解析**］石台阶按设计图示尺寸以体积计算，选项 A 错误。石坡道按设计图示尺寸以水平投影面积计算，选项 B 错误。石地沟、明沟按设计图示尺寸以中心线长度计算，选项 C 错误。

答案：1. D　2. D

（四）垫层（编码：010404）

（1）除混凝土垫层外，没有包括垫层要求的清单项目应按该垫层项目编码列项，例如：灰土垫层、楼地面等（非混凝土）垫层。

（2）其工程量按设计图示尺寸以体积计算。

五、混凝土及钢筋混凝土工程（编码：0105）

在计算现浇或预制混凝土和钢筋混凝土构件工程量时，不扣除构件内钢筋、螺栓、预埋铁件、张拉孔道所占体积，但应扣除劲性骨架的型钢所占体积。

（一）现浇混凝土基础（编码：010501）

现浇混凝土基础包括垫层、带形基础、独立基础、满堂基础、桩承台基础、设备基础等项目。

（1）按设计图示尺寸以体积计算。

（2）不扣除构件内钢筋、预埋铁件和伸入承台基础的桩头所占体积。

（3）项目特征包括混凝土种类、混凝土的强度等级。

（4）垫层项目适用于基础现浇混凝土垫层；有肋带形基础、无肋带形基础应分册编码列项，并注明肋高；箱式满堂基础及框架式设备基础中柱、梁、墙、板按现浇混凝土柱、梁、墙、板分别编码列项；箱式满堂基础底板按满堂基础项目列项，框架设备基础的基础部分按设备基础列项。

·典型例题·

［**例题·单选**］根据《房屋建筑与装饰工程工程量计算规范》（GB 50854—2013）规定，关于现浇混凝土基础的项目列项或工程量计算正确的为（　　）。

A. 箱式满堂基础中的墙按现浇混凝土墙列项

B. 箱式满堂基础中的梁按满堂基础列项

C. 框架式设备基础的基础部分按现浇混凝土墙列项

D. 框架式设备基础的柱和梁按设备基础列项

［**解析**］箱式满堂基础及框架式设备基础中柱、梁、墙、板按现浇混凝土柱、梁、墙、板分别编码列项；箱式满堂基础底板按满堂基础项目列项，框架设备基础的基础部分按设备基础列项。

答案：A

（二）现浇混凝土柱（编码：010502）

现浇混凝土柱包括矩形柱、构造柱、异形柱等项目。按设计图示尺寸以体积计算。不扣除构件内钢筋、预埋铁件所占体积。

（1）柱高计算规则见表 2-3-17。

表 2-3-17　柱高计算规则

类型	计算规则
有梁板的柱高（见图 2-3-17）	自柱基上表面（或楼板上表面）至上一层楼板上表面之间的高度计算
无梁板的柱高（见图 2-3-18）	自柱基上表面（或楼板上表面）至柱帽下表面之间的高度计算
框架柱的柱高（见图 2-3-19）	自柱基上表面至柱顶高度计算
构造柱（见图 2-3-20）	按全高计算，嵌接墙体部分并入柱身体积

（2）依附柱上的牛腿和升板的柱帽，并入柱身体积计算，见图 2-3-21。

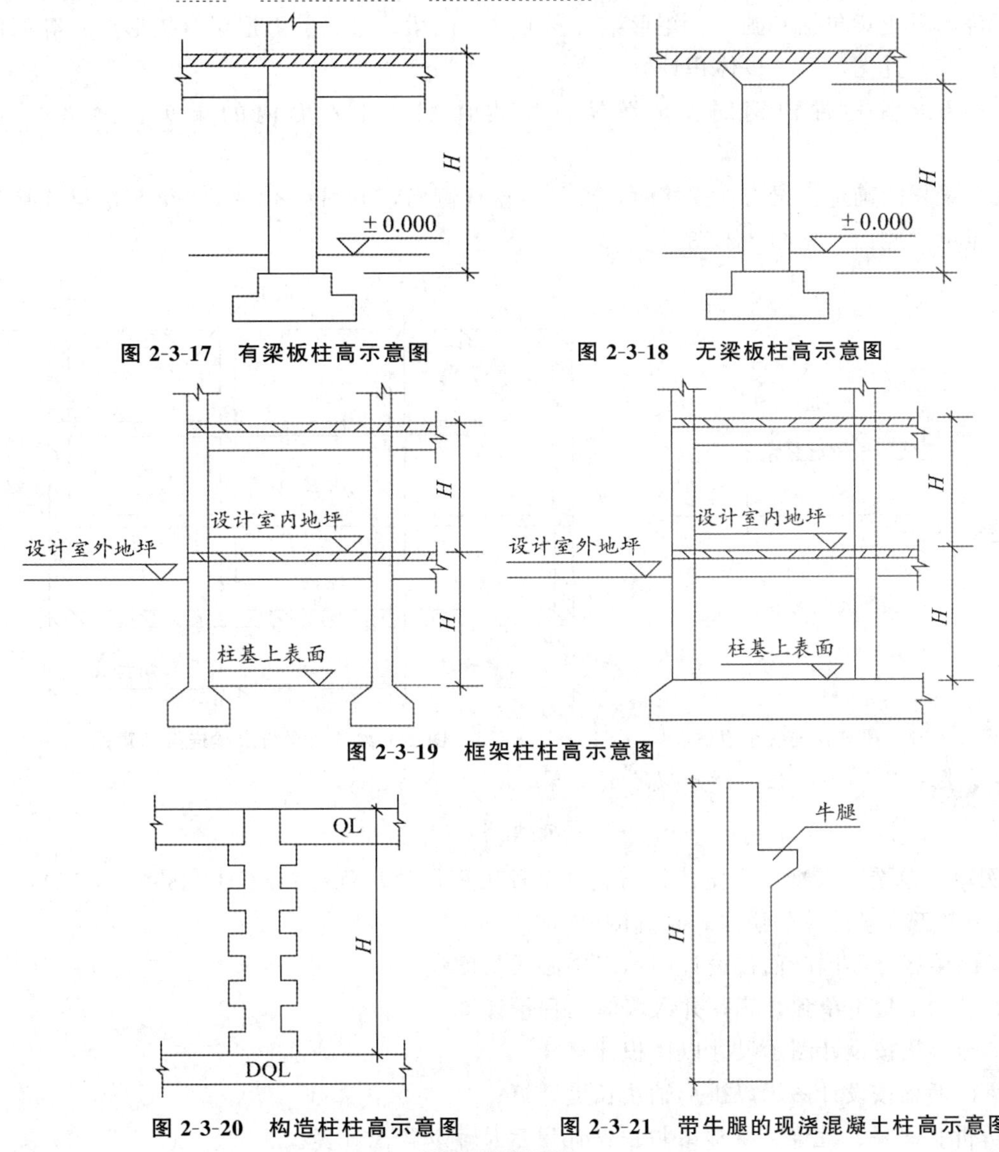

图 2-3-17 有梁板柱高示意图　　图 2-3-18 无梁板柱高示意图

图 2-3-19 框架柱柱高示意图

图 2-3-20 构造柱柱高示意图　　图 2-3-21 带牛腿的现浇混凝土柱高示意图

· 典型例题 ·

［**例题 · 单选**］根据《房屋建筑与装饰工程工程量计算规范》（GB 50854—2013），关于现浇混凝土柱高计算，说法正确的是（　　）。

A. 有梁板的柱高自楼板上表面至上一层楼板下表面之间的高度计算

B. 无梁板的柱高自楼板上表面至上一层楼板上表面之间的高度计算

C. 框架梁柱的柱高自柱基上表面至柱顶高度减去各层板厚的高度计算

D. 构造柱按全高计算

［**解析**］有梁板的柱高，应自柱基上表面（或楼板上表面）至上一层楼板上表面之间的高度计算，选项 A 错误；无梁板的柱高，应自柱基上表面（或楼板上表面）至柱帽下表面之间的高度计算，选项 B 错误；框架柱的柱高应自柱基上表面至柱顶高度计算，选项 C 错误。

答案：D

（三）现浇混凝土梁（编码：010503）

现浇混凝土梁包括基础梁、矩形梁、异形梁、圈梁、过梁、弧形梁（拱形梁）等项目。

（1）按设计图示尺寸以体积计算。

（2）不扣除构件内钢筋、预埋铁件所占体积，伸入墙内的梁头、梁垫并入梁体积内。

（3）梁长的确定：梁与柱连接时，梁长算至柱侧面，见图 2-3-22；主梁与次梁连接时，次梁长算至主梁侧面，见图 2-3-23。

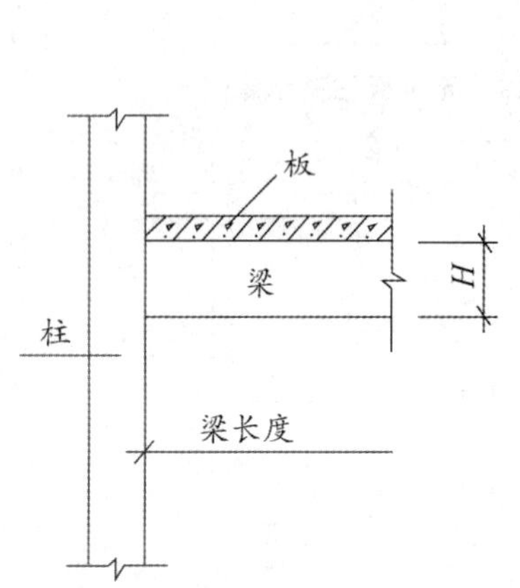

图 2-3-22　梁与柱连接示意图

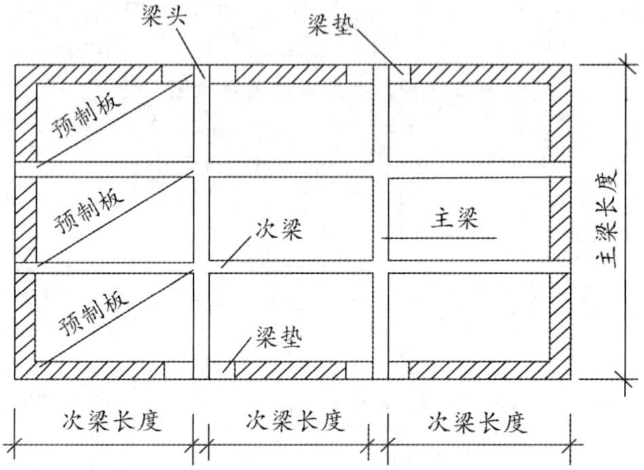

梁头
梁垫
预制板
预制板
预制板
次梁
主梁
主梁长度
梁垫
次梁长度
次梁长度
次梁长度

图 2-3-23　主梁与次梁连接示意图

➤ **记忆**：断梁不断柱，断次梁不断主梁。

·典型例题·

［**例题·单选**］根据《房屋建筑与装饰工程工程量计算规范》（GB 50854—2013），关于现浇混凝土梁工程量计算的说法，正确的是（　　）。

A. 圈梁区分不同断面按设计图示以中心线长度计算

B. 过梁工程不单独计算，并入墙体工程量计算

C. 异形梁按设计图示尺寸以体积计算

D. 拱形梁按设计图示以拱形轴线长度计算

［**解析**］圈梁、过梁、拱形梁均按设计图示尺寸以体积计算。

答案：C

（四）现浇混凝土墙（编码：010504）

现浇混凝土墙包括直形墙、弧形墙、短肢剪力墙、挡土墙。

（1）按设计图示尺寸以体积计算。

（2）不扣除构件内钢筋、预埋铁件所占体积，扣除门窗洞口及单个面积大于 0.3m^2 的孔洞所占体积，墙垛及突出墙面部分并入墙体体积内计算。

（3）短肢剪力墙是指截面厚度不大于 300mm、各肢截面高度与厚度之比的最大值大于 4 但不大于 8 的剪力墙；各肢截面高度与厚度之比的最大值不大于 4 的剪力墙按柱项目编码列项。

➤ **总结**：柱：高度/厚度≤4。短肢剪力墙：4＜高度/厚度≤8。短肢剪力墙与柱区分见图 2-3-24。

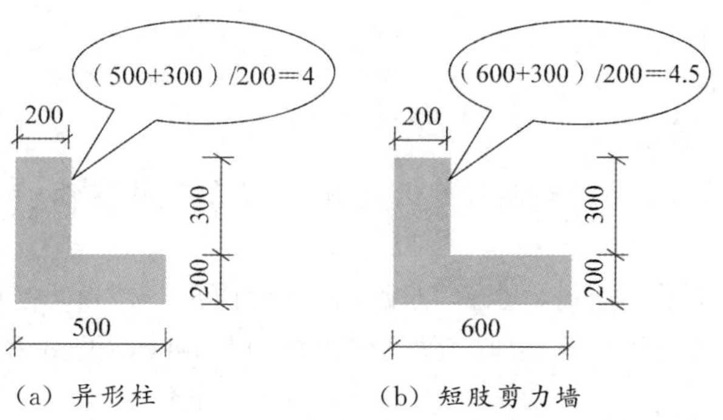

（a）异形柱　　（b）短肢剪力墙

图 2-3-24　短肢剪力墙与柱区分

·典型例题·

［**例题·多选**］关于现浇混凝土墙工程量计算，说法正确的有（　　）。

A. 一般的短肢剪力墙，按设计图示尺寸以体积计算

B. 直形墙、挡土墙按设计图示尺寸以体积计算

C. 弧形墙按墙厚不同以展开面积计算

D. 墙体工程量应扣除预埋铁件所占体积

E. 墙垛及突出墙面部分的体积不计算

［**解析**］直形墙、弧形墙、挡土墙、短肢剪力墙，按设计图示尺寸以体积计算；不扣除构件内钢筋、预埋铁件所占体积；墙垛及突出墙面部分的体积并入墙体体积内计算。

答案：AB

第二章

（五）现浇混凝土板（编码：010505）

1. 有梁板、无梁板、平板、拱板、薄壳板、栏板

（1）按设计图示尺寸以体积计算。

（2）不扣除构件内钢筋、预埋铁件及单个面积小于或等于 0.3m^2 的柱、垛以及孔洞所占体积；压形钢板混凝土楼板扣除构件内压形钢板所占体积。

（3）有梁板（包括主、次梁与板）按梁、板体积之和计算，见图 2-3-25。无梁板按板和柱帽体积之和计算，见图 2-3-26。各类板伸入墙内的板头并入板体积内计算。薄壳板的肋、基梁并入薄壳体积内计算。

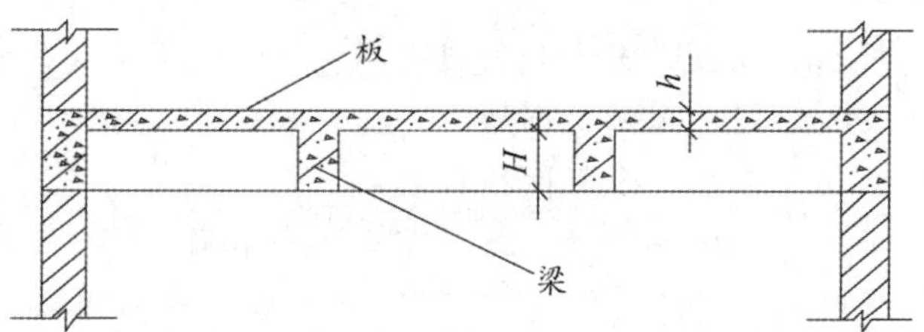

图 2-3-25　有梁板（包括主、次梁与板）

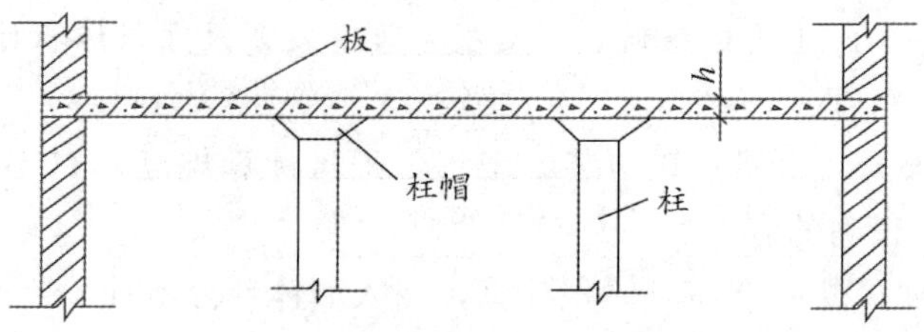

图 2-3-26　无梁板（包括柱帽）

2. 天沟（檐沟）、挑檐板

按设计图示尺寸以体积计算。

3. 雨篷、悬挑板、阳台板

(1) 按设计图示尺寸以墙外部分体积计算。包括伸出墙外的牛腿和雨篷反挑檐的体积。

(2) 现浇挑檐、天沟板、雨篷、阳台与板（包括屋面板、楼板）连接时，以外墙外边线为分界线；与圈梁（包括其他梁）连接时，以梁外边线为分界线，见图 2-3-27。

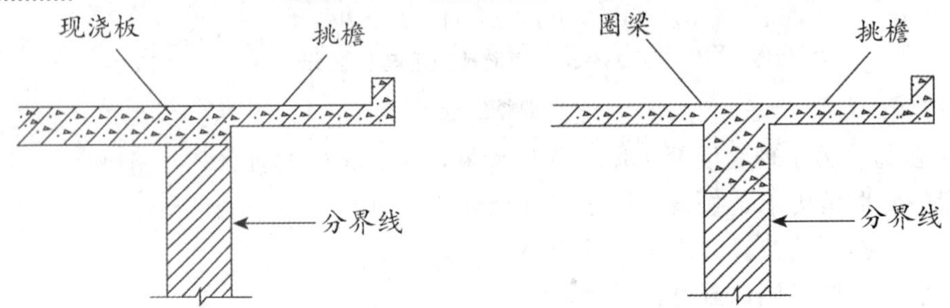

图 2-3-27　现浇混凝土挑檐板分界线示意图

4. 空心板

按设计图示尺寸以体积计算。空心板应扣除空心部分体积。

·典型例题·

［**例题 1 · 单选**］根据《房屋建筑与装饰工程工程量计算规范》（GB 50854—2013），关于现浇混凝土板工程量计算的说法，正确的是（　　）。

A. 空心板按图示尺寸以体积计算，扣除空心所占体积

B. 雨篷板从外墙内侧算至雨篷板结构

C. 阳台板按墙体中心线以外部图示面积计算

D. 天沟板按设计图示尺寸以中心线长度计算

［**解析**］雨篷、阳台与板（包括屋面板、楼板）连接时，以外墙外边线为分界线。天沟应该以体积计算。

［**例题 2 · 单选**］根据《房屋建筑与装饰工程工程量计算规范》（GB 50854—2013），现浇混凝土工程量计算正确的是（　　）。

A. 雨篷与圈梁连接时其工程量以梁中心为分界线

B. 阳台梁与圈梁连接部分并入圈梁工程量

C. 挑檐板按设计图示尺寸以水平投影面积计算

D. 空心板按设计图示尺寸以体积计算，空心部分不予扣除

［**解析**］现浇挑檐、天沟板、雨篷、阳台与板（包括屋面板、楼板）连接时，以外墙外边线为分界线；与圈梁（包括其他梁）连接时，以梁外边线为分界线，选项 A 错误。挑檐板按设计图示尺寸以体积计算，选项 C 错误。空心板按设计图示尺寸以体积计算，应扣除空心部分体积，选项 D 错误。

［**例题 3 · 多选**］根据《房屋建筑与装饰工程工程量计算规范》（GB 50854—2013），现浇混凝土构件工程量计算正确的有（　　）。

A. 构造柱按柱断面尺寸乘全高以体积计算，嵌入墙体部分不计

B. 框架柱工程量按柱基上表面至柱顶以高度计算

C. 梁按设计图示尺寸以体积计算，主梁与次梁交接处按主梁体积计算

D. 混凝土弧形墙按垂直投影面积乘墙厚以体积计算

E. 挑檐板按设计图示尺寸以体积计算

[**解析**] 构造柱按全高计算，嵌接墙体部分并入柱身体积，选项 A 错误。框架柱工程量以体积计量，选项 B 错误。现浇混凝土梁按设计图示尺寸以体积计算，选项 D 错误。

答案：1. A　2. B　3. CE

（六）现浇混凝土楼梯（编码：010506）

现浇混凝土楼梯包括直形楼梯、弧形楼梯，见图 2-3-28。

（1）以平方米计量，按设计图示尺寸以水平投影面积计算。不扣除宽度小于或等于 500mm 的楼梯井，伸入墙内部分不计算；或以立方米计量，按设计图示尺寸以体积计算。

（2）整体楼梯（包括直形楼梯、弧形楼梯）水平投影面积包括休息平台、平台梁、斜梁和楼梯的连接梁。当整体楼梯与现浇楼板无梯梁连接时，以楼梯的最后一个踏步边缘加 300mm 为界。

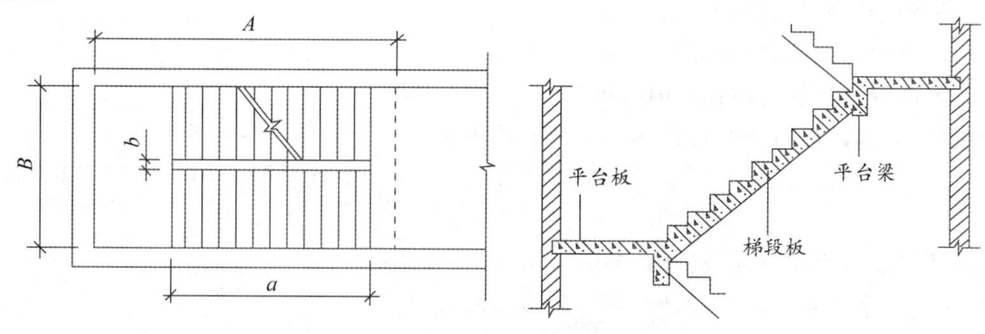

图 2-3-28　现浇混凝土楼梯示意图

· 典型例题 ·

[**例题 · 多选**] 根据《房屋建筑与装饰工程工程量计算规范》（GB 50854—2013），现浇混凝土楼梯的工程量应（　　）。

A. 按设计图示尺寸以体积计算

B. 按设计图示尺寸以水平投影面积计算

C. 扣除宽度不小于 300mm 的楼梯井

D. 包含伸入墙内部分

E. 现浇混凝土楼梯的工程量应并入自然层

[**解析**] 现浇混凝土楼梯，包括直形楼梯、弧形楼梯。按设计图示尺寸以水平投影面积计算。不扣除宽度小于或等于 500mm 的楼梯井，伸入墙内部分不计算；或以立方米计量，按设计图示尺寸以体积计算。整体楼梯（包括直形楼梯、弧形楼梯）水平投影面积包括休息平台、平台梁、斜梁和楼梯的连接梁。当整体楼梯与现浇楼板无梯梁连接时，以楼梯的最后一个踏步边缘加 300mm 为界。

答案：AB

（七）现浇混凝土其他构件（编码：010507）

现浇混凝土其他构件工程量计算见表 2-3-18。

表 2-3-18　现浇混凝土其他构件计量规则

类型	计量规则
散水、坡道、室外地坪	(1) 按设计图示尺寸以面积计算 (2) 不扣除单个面积小于或等于 $0.3m^2$ 的孔洞所占面积 (3) 不扣除构件内钢筋、预埋铁件所占体积
电缆沟、地沟	按设计图示以中心线长度计算
台阶	(1) 以平方米计量，按设计图示尺寸以水平投影面积计算 (2) 以立方米计量，按设计图示尺寸以体积计算
扶手、压顶	(1) 以米计量，按设计图示的中心线延长米计算 (2) 以立方米计量，按设计图示尺寸以体积计算
化粪池、检查井	(1) 以立方米计量，按设计图示尺寸以体积计算 (2) 以座计量，按设计图示数量计算
其他构件	(1) 主要包括现浇混凝土小型池槽、垫块、门框等 (2) 按设计图示以体积计算

（八）后浇带（编码：010508）

按设计图示尺寸以体积计算。

（九）预制混凝土柱（编码：010509）

(1) 以立方米计量时，按设计图示尺寸以体积计算。

(2) 以根计量时，按设计图示尺寸以数量计算。当以根计量时，项目特征必须描述单件体积。

第二章

（十）预制混凝土梁（编码：010510）

(1) 以立方米计量时，按设计图示尺寸以体积计算。

(2) 以根计量时，按设计图示尺寸以数量计算。

（十一）预制混凝土屋架（编码：010511）

(1) 以立方米计量时，按设计图示尺寸以体积计算。

(2) 以榀计量时，按设计图示尺寸以数量计算。以榀计量时，项目特征必须描述单件体积。三角形屋架按折线形屋架项目编码列项。

（十二）预制混凝土板（编码：010512）

预制混凝土板计量规则见表 2-3-19。

表 2-3-19　预制混凝土板计量规则

类型	计量规则
平板、空心板、槽形板、网架板、折线板、带肋板、大型板	(1) 以立方米计量时，按设计图示尺寸以体积计算，不扣除单个面积≤300mm×300mm 的孔洞所占体积，扣除空心板空洞体积 (2) 以块计量时，按设计图示尺寸以数量计算
沟盖板、井盖板、井圈	(1) 以立方米计量时，按设计图示尺寸以体积计算 (2) 以块计量时，按设计图示尺寸以数量计算

（十三）预制混凝土楼梯（编码：010513）

(1) 以立方米计量时，按设计图示尺寸以体积计算，扣除空心踏步板空洞体积。

(2) 以块计量时，按设计图示数量计算。以块计量时，项目特征必须描述单件体积。

（十四）其他预制构件（编码：010514）

(1) 其他预制构件包括烟道、垃圾道、通风道及其他构件。预制钢筋混凝土小型池槽、压顶、扶手、垫块、隔热板、花格等，按其他构件项目编码列项。

（2）计量方法。

1）工程量计算以立方米计量时，按设计图示尺寸以体积计算，不扣除单个面积小于或等于 300mm×300mm 的孔洞所占体积，扣除烟道、垃圾道、通风道的孔洞所占体积。

2）以平方米计量时，按设计图示尺寸以面积计算，不扣除单个面积小于或等于 300mm×300mm 的孔洞所占面积。

3）以根计量时，按设计图示尺寸以数量计算。以块、根计量时，项目特征必须描述单件体积。

·典型例题·

［**例题 1·单选**］根据《房屋建筑与装饰工程工程量计算规范》（GB 50854—2013），关于预制混凝土构件工程量计算，说法正确的是（　　）。

A. 如以构件数量作为计量单位，特征描述中必须说明单件体积

B. 异形柱应扣除构件内预埋件所占体积，铁件另计

C. 大型板应扣除单个尺寸≤300mm×300mm 的孔洞所占体积

D. 空心板不扣除空洞体积

［**解析**］在计算现浇或预制混凝土和钢筋混凝土构件工程量时，不扣除构件内钢筋、螺栓、预埋铁件、张拉孔道所占体积，但应扣除劲性骨架的型钢所占体积，选项 B 错误。单个尺寸≤300mm×300mm 的孔洞所占体积不扣除，选项 C 错误。空心板扣除空洞体积，选项 D 错误。

［**例题 2·单选**］根据《房屋建筑与装饰工程工程量计算规范》（GB 50584—2013）规定，关于预制混凝土构件工程量计算，说法正确的是（　　）。

A. 预制组合屋架，按设计图示尺寸以体积计算，不扣除预埋铁件所占体积

B. 预制网架板，按设计图示尺寸以体积计算，不扣除空洞所占体积

C. 预制空心板，按设计图示尺寸以体积计算，不扣除空心板空洞所占体积

D. 预制混凝土楼梯，按设计图示尺寸以体积计算，不扣除空心踏步板空洞体积

［**解析**］在计算现浇或预制混凝土和钢筋混凝土构件工程量时，不扣除构件内钢筋、螺栓、预埋铁件、张拉孔道所占体积。预制网架板、空心板需要扣除空洞体积。预制混凝土楼梯扣除空心踏步板空洞体积。

答案：1. A　2. A

（十五）钢筋工程（编码：010515）

1. 现浇混凝土钢筋、预制构件钢筋、钢筋网片、钢筋笼

（1）按设计图示钢筋（网）长度（面积）乘单位理论质量计算。

（2）现浇构件中伸出构件的锚固钢筋应并入钢筋工程量内。除设计（包括规范规定）标明的搭接外，其他施工搭接不计算工程量，在综合单价中综合考虑。

（3）清单项目工作内容中综合了钢筋的焊接（绑扎）连接，钢筋的机械连接单独列项。

2. 先张法预应力钢筋

先张法预应力钢筋，按设计图示钢筋长度乘单位理论质量计算。

3. 后张法预应力钢筋、预应力钢丝、预应力钢绞线

后张法预应力钢筋、预应力钢丝、预应力钢绞线，按设计图示钢筋长度乘单位理论质量计

算，其计算规则见表 2-3-20。

表 2-3-20　后张法预应力钢筋、预应力钢丝、预应力钢绞线长度计算规则

锚具类型	计算规则
低合金钢筋两端均采用螺杆锚具	钢筋长度按孔道长度减 0.35m 计算，螺杆另行计算
低合金钢筋一端采用镦头插片，另一端采用螺杆锚具	钢筋长度按孔道长度计算，螺杆另行计算
低合金钢筋一端采用镦头插片，另一端采用帮条锚具	钢筋增加 0.15m 计算
两端均采用帮条锚具	钢筋长度按孔道长度增加 0.3m 计算
低合金钢筋采用后张混凝土自锚时	钢筋长度按孔道长度增加 0.35m 计算
低合金钢筋（钢绞线）采用 JM、XM、QM 型锚具	(1) 孔道长度≤20m 时，钢筋长度增加 1m 计算 (2) 孔道长度>20m 时，钢筋长度增加 1.8m 计算
碳素钢丝采用锥形锚具	(1) 孔道长度≤20m 时，钢丝束长度按孔道长度增加 1m 计算 (2) 孔道长度>20m 时，钢丝束长度按孔道长度增加 1.8m 计算
碳素钢丝采用镦头锚具（见图 2-3-29）	钢丝束长度按孔道长度增加 0.35m 计算

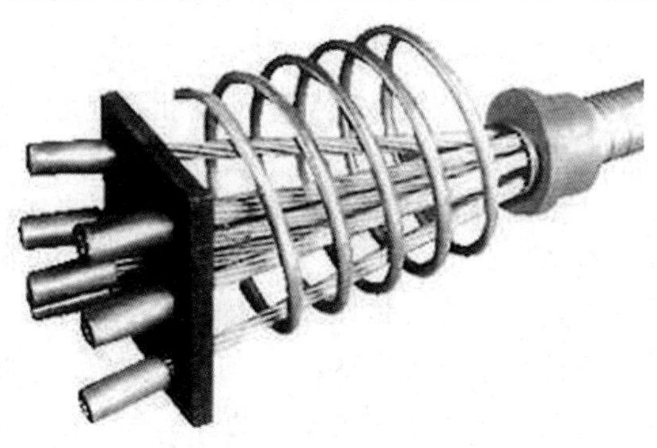

图 2-3-29　镦头锚具

·典型例题·

[**例题·单选**] 后张法施工预应力混凝土，孔道长度为 12.00m，采用后张混凝土自锚低合金钢筋，钢筋工程量计算的每孔钢筋长度为（　　）m。

A. 12.00　　B. 12.15

C. 12.35　　D. 13.00

[**解析**] 低合金钢筋采用后张混凝土自锚时，钢筋长度按孔道长度增加 0.35m 计算。

答案：C

4. 支撑钢筋（铁马）

在编制工程量清单时，如果设计未明确，其工程数量可为暂估量，结算时按现场签证数量计算。支撑钢筋见图 2-3-30。

图 2-3-30　支撑钢筋

5. 声测管

应区分材质和规格型号，按设计图示尺寸以质量计算。

6. 钢筋工程量计算的基本方法

钢筋工程量计算的基本方法见下式：

$$钢筋工程量=图示钢筋长度\times单位理论质量$$

(1) 纵向钢筋图示长度的计算。

1) 混凝土保护层厚度。

混凝土保护层是结构构件中钢筋外边缘至构件表面范围用于保护钢筋的混凝土。构件中受力钢筋的保护层厚度不应小于钢筋的公称直径 d。

①设计使用年限为 50 年的混凝土结构，最外层钢筋的保护层厚度应符合表 2-3-21 的规定。

②设计使用年限为 100 年的混凝土结构，最外层钢筋的保护层厚度不应小于表 2-3-21 中数值的 1.4 倍。

表 2-3-21　混凝土保护层最小厚度　（单位：mm）

环境类别	板、墙、壳	梁、柱、杆
一	15	20
二 a	20	25
二 b	25	35
三 a	30	40
三 b	40	50

注：(1) 混凝土强度等级不大于 C25 时，表中保护层厚度数值应增加 5mm。

(2) 钢筋混凝土基础宜设置混凝土垫层，基础中钢筋的混凝土保护层厚度应从垫层顶面算起，且不应小于 40mm。

2) 弯起钢筋增加长度。

弯起钢筋的弯曲度数有 30°、45°、60°，见图 2-3-31。弯起钢筋增加的长度为 $S-L$，不同弯起角度的 $S-L$ 值见表 2-3-22。

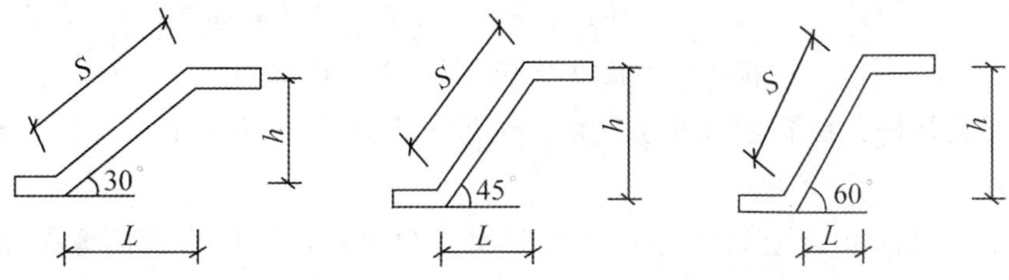

图 2-3-31　弯起钢筋增加长度示意图

表 2-3-22 不同弯起角度的 $S-L$ 值

弯起角度	S	L	$S-L$
30°	2.000h	1.732h	0.268h
45°	1.414h	1.000h	0.414h
60°	1.155h	0.577h	0.578h

注：弯起钢筋高度 h＝构件高度－保护层厚度。

3）钢筋弯钩增加长度。

钢筋的弯钩主要有半圆弯钩（180°）、直弯钩（90°）和斜弯钩（135°），见图 2-3-32。

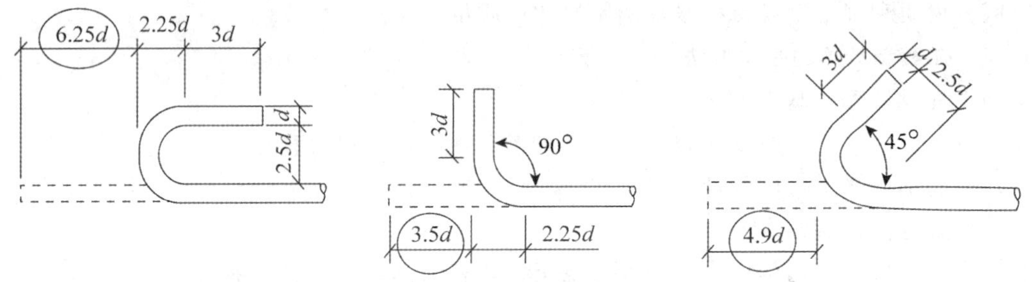

图 2-3-32 钢筋弯钩长度示意图

4）钢筋的锚固长度。

①受拉钢筋的锚固长度可按钢筋基本锚固长度乘锚固长度修正系数确定，且其锚固长度不应小于 0.6 倍的基本锚固长度及 200mm。

②纵向受压钢筋，当计算中充分利用其抗压强度时，锚固长度不应小于相应受拉锚固长度的 70%。

➤ **注意**：为便于工程量计算，钢筋锚固长度可查表。

5）纵向受拉钢筋的搭接长度。

①纵向受拉钢筋绑扎搭接接头的搭接长度，应根据位于同一连接区段内的钢筋搭接接头面积百分率，由钢筋锚固长度乘搭接长度修正系数确定，且不应小于 300mm。

②纵向受压钢筋当采用搭接连接时，其受压搭接长度不应小于纵向受拉钢筋搭接长度的 70%，且不应小于 200mm。

➤ **注意**：为便于工程量计算，纵向受拉钢筋的搭接长度可查表。

（2）箍筋长度的计算。

箍筋见图 2-3-33；双肢箍、拉箍见图 2-3-34；箍筋弯钩长度见图 2-3-35。

箍筋单根长度＝箍筋的外皮周长＋2×弯钩增加长度

双肢箍单根长度＝箍筋的外皮周长＋2×弯钩增加长度

＝构件周长－8×混凝土保护层厚度＋2×弯钩增加长度

箍筋根数＝箍筋分布长度/箍筋间距＋1

1）一般结构构件，箍筋弯钩的弯折角度不应小于 90°，弯折后平直段长度不应小于箍筋直径的 5 倍。

2）对有抗震设防要求或设计有专门要求的结构构件，箍筋弯钩的弯折角度不应小于 135°，弯折后平直段长度不应小于箍筋直径的 10 倍和 75mm 两者之间的较大值。

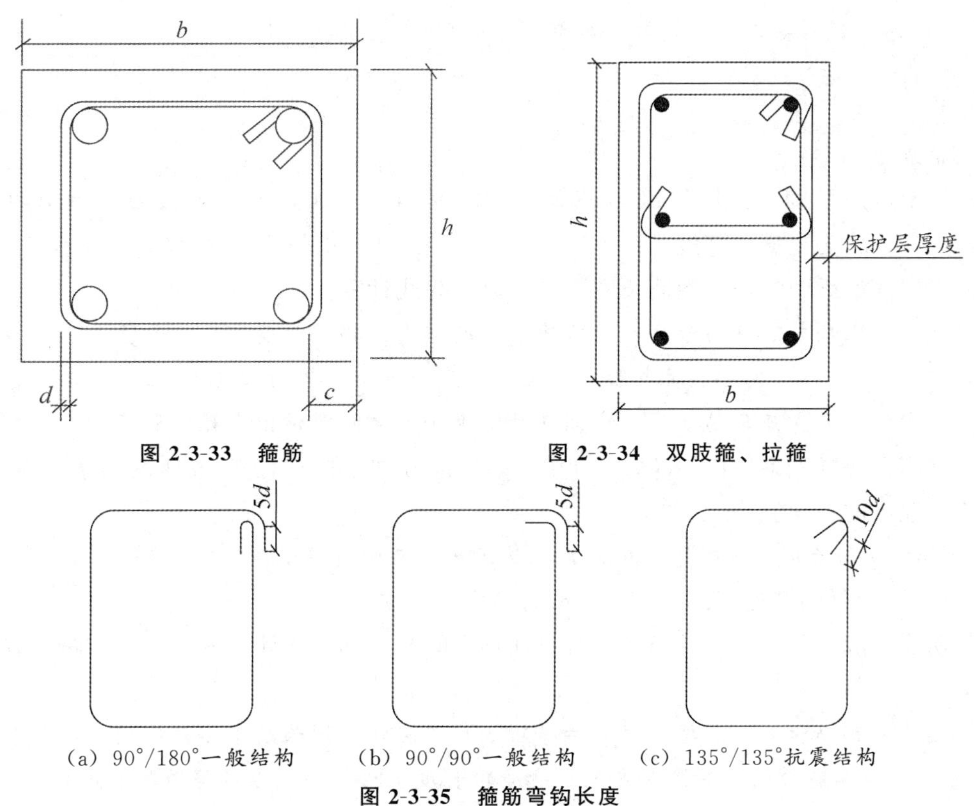

图 2-3-33　箍筋

图 2-3-34　双肢箍、拉箍

(a) 90°/180°一般结构　(b) 90°/90°一般结构　(c) 135°/135°抗震结构

图 2-3-35　箍筋弯钩长度

·典型例题·

[**例题 1·单选**] 根据《混凝土结构工程施工规范》(GB 50666—2011)，一般构件的箍筋加工时，应使（　　）。

A. 弯钩的弯折角度不小于 45°　　B. 弯钩的弯折角度不小于 90°

C. 弯折后平直段长度不小于 2.5d　　D. 弯折后平直段长度不小于 3d

[**解析**] 对一般结构构件，箍筋弯钩的弯折角度不应小于 90°，弯折后平直段长度不应小于箍筋直径的 5 倍。

[**例题 2·单选**] 已知某现浇钢筋混凝土梁长 6 400mm，截面为 800mm×1 200mm，设计用 ϕ12mm 箍筋，单位理论重量为 0.888kg/m，单根箍筋两个弯钩增加长度共 160mm，钢筋保护层厚为 25mm，箍筋间距为 200mm，则 10 根梁的箍筋工程量为（　　）。

A. 1.112t　　B. 1.117t　　C. 1.146t　　D. 1.193t

[**解析**] 箍筋根数＝(6 400－2×25) /200＋1＝33 (根)，每根箍筋的长度＝(1.2＋0.8) ×2－8×0.025－4×0.012＋0.16＝3.912 (m)，10 根梁的箍筋工程量＝33×3.912×0.888×10＝1.146 (t)。

[**例题 3·多选**] 根据《房屋建筑与装饰工程工程量计算规范》(GB 50854—2013) 规定，关于钢筋保护层或工程量计算正确的有（　　）。

A. ϕ20mm 钢筋一个半圆弯钩的增加长度为 125mm

B. ϕ16mm 钢筋一个 90°弯钩的增加长度为 56mm

C. ϕ20mm 钢筋弯起 45°，弯起高度为 450mm，一侧弯起增加的长度为 186.3mm

D. 通常情况下混凝土板的钢筋保护层厚度不小于 15mm

E. 箍筋根数＝构件长度/箍筋间距＋1

［**解析**］选项 E 错误，箍筋根数＝箍筋分布长度/箍筋间距＋1。

答案：1. B　2. C　3. ABCD

7. 其他规定

（1）加密区的范围：抗震等级为一级的≥2.0h_b且≥500，抗震等级为二级至四级的≥1.5h_b且≥500；h_b为梁截面高度。

（2）楼层框架梁中的主要钢筋长度可参考以下公式计算。

上部贯通钢筋长度＝通跨净长＋两端支座锚固长度＋搭接长度

端支座负筋长度＝锚固长度＋伸出支座的长度

中间支座负筋长度＝中间支座宽度＋左右两边伸出支座的长度

伸出支座的长度，第一排为净跨的 1/3，第二排为净跨的 1/4。当支座两端净跨不相等时，取左右跨中较大的跨度值。

架立筋长度＝每跨净长－左右两边伸出支座的负筋长度＋2×搭接长度

架立筋与支座负筋搭接长度按 150mm 计算。

下部钢筋一般为分跨布置，当布置有贯通钢筋时与上部钢筋计算相同。当分跨布置时按下式计算。

下部钢筋长度（分跨布置）＝净跨长度＋左侧锚固长度＋右侧锚固长度

下部钢筋长度（不深入支座）＝净跨长度－2×0.1l_{ni}（各跨净跨长度）

侧面纵向钢筋长度＝通跨净长＋锚固长度＋搭接长度

吊筋长度＝2×锚固长度＋2×斜段长度＋次梁宽度＋2×50

楼层框架梁纵向钢筋构造见图 2-3-36。附加吊筋构造见图 2-3-37。

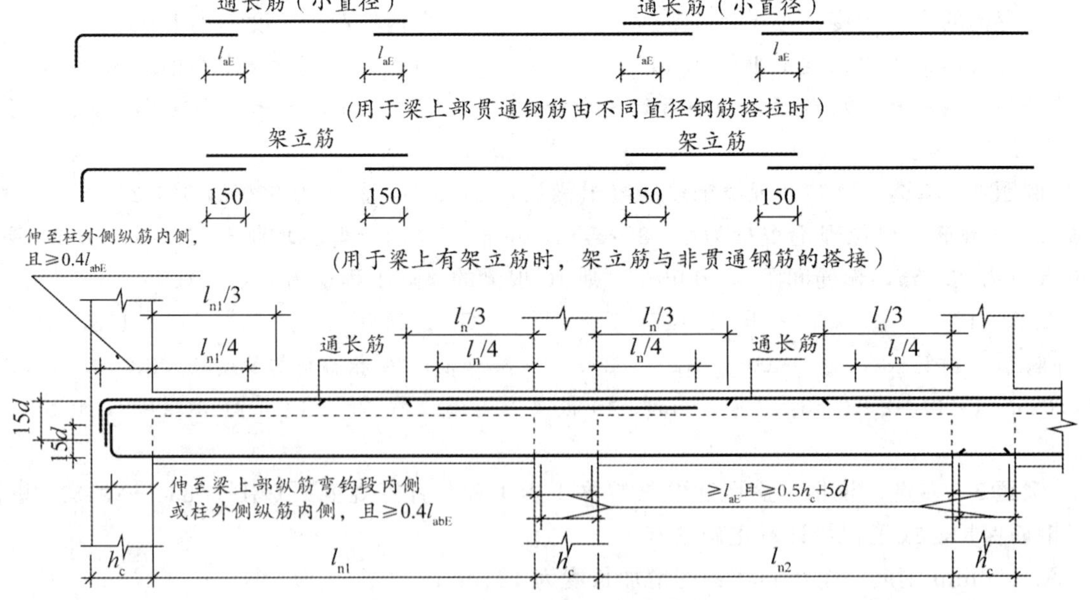

图 2-3-36　楼层框架梁纵向钢筋构造

第二章

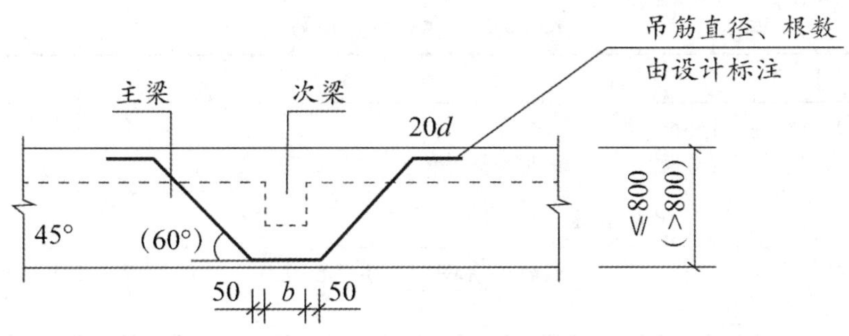

图 2-3-37　附加吊筋构造

（十六）螺栓、铁件（编码：010516）

（1）螺栓、预埋铁件，按设计图示尺寸以质量计算。

（2）机械连接以个计量，按数量计算。

六、金属结构工程（编码：0106）

（一）钢网架（编码：010601）

钢网架工程量按设计图示尺寸以质量计算，不扣除孔眼的质量，焊条、铆钉等不另增加质量。

·典型例题·

［**例题·单选**］根据《房屋建筑与装饰工程工程量计算规范》（GB 50854—2013），球形节点钢网架工程量（　　）。

A. 按设计图示尺寸以质量计算

B. 按设计图示尺寸以榀计算

C. 按设计图示尺寸以铺设水平投影面积计算

D. 按设计图示构件尺寸以总长度计算

［**解析**］钢网架工程量按设计图示尺寸以质量计算，不扣除孔眼的质量，焊条、铆钉等不另增加质量。

答案：A

（二）钢屋架、钢托架、钢桁架、钢架桥（编码：010602）

钢屋架、钢托架、钢桁架、钢架桥计量规则见表 2-3-23。

表 2-3-23　钢屋架、钢托架、钢桁架、钢架桥计量规则

类型	计量规则
钢屋架	（1）以榀、吨计量 （2）不扣除孔眼的质量，焊条、铆钉、螺栓等不另增加质量
钢托架 钢桁架 钢架桥	（1）以质量计量 （2）不扣除孔眼、切边、切肢的质量，焊条、铆钉、螺栓等不另增加质量，不规则或多边形钢板以其外接矩形面积乘厚度乘单位理论质量计算

（三）钢柱（编码：010603）

钢柱计量规则见表 2-3-24。

表 2-3-24　钢柱计量规则

类型	计量规则
实腹柱、空腹柱	(1) 按设计图示尺寸以质量计算 (2) 依附在钢柱上的牛腿及悬臂梁等并入钢柱工程量内
钢管柱	按设计图示尺寸以质量计算
不扣除孔眼、切边、切肢的质量，焊条、铆钉、螺栓等不另增加质量，不规则或多边形钢板以其外接矩形面积乘厚度乘单位理论质量计算	

（四）钢梁（编码：010604）

(1) 钢梁、钢吊车梁，按设计图示尺寸以质量计算。

(2) 不扣除孔眼、切边、切肢的质量，焊条、铆钉、螺栓等不另增加质量，不规则或多边形钢板以其外接矩形面积乘厚度乘单位理论质量计算。

(3) 制动梁、制动板、制动桁架、车挡并入钢吊车梁工程量内。

（五）钢板楼板、墙板（编码：010605）

(1) 压型钢板楼板，按设计图示尺寸以铺设水平投影面积计算。不扣除单个面积小于或等于 $0.3m^2$ 的柱、垛及孔洞所占面积。

(2) 压型钢板墙板，按设计图示尺寸以铺挂面积计算。不扣除单个面积小于或等于 $0.3m^2$ 的梁、孔洞所占面积，包角、包边、窗台泛水等不另加面积。

（六）钢构件（编码：010606）

钢构件工程量的计算见表 2-3-25。

表 2-3-25　钢构件计量规则

<table>
<tr><th>类型</th><th>计量规则</th></tr>
<tr><td>支撑、钢拉条、钢檩条、钢天窗架、钢挡风架、钢墙架、钢平台、钢走道、钢梯、钢栏杆、钢支架、零星钢构件</td><td rowspan="2">(1) 按设计图示尺寸以质量计算
(2) 不扣除孔眼、切边、切肢的质量，焊条、铆钉、螺栓等不另增加质量，不规则或多边形钢板以其外接矩形面积乘厚度乘单位理论质量计算
(3) 依附漏斗的型钢并入漏斗工程量内</td></tr>
<tr><td>钢漏斗</td></tr>
</table>

（七）金属制品（编码：010607）

(1) 成品空调金属百叶护栏、成品栅栏、金属网栏，按设计图示尺寸以面积计算。

(2) 成品雨篷以米计量时，按设计图示接触边以长度计算；以平方米计量时，按设计图示尺寸以展开面积计算。

(3) 砌块墙钢丝网加固、后浇带金属网按设计图示尺寸以面积计算。

·典型例题·

［**例题·多选**］根据《房屋建筑与装饰工程工程量计算规范》（GB 50854—2013）规定，关于金属结构工程量计算正确的有（　　）。

A. 钢吊车梁工程量应计入制动板、制动梁、制动桁架和车挡的工程量

B. 钢梁工程量中不计算铆钉、螺栓工程量

C. 压型钢板墙板工程量不计算包角、包边

D. 钢板天沟按设计图示尺寸以长度计算

E. 成品雨篷按设计图示尺寸以质量计算

［**解析**］钢漏斗、钢板天沟，按设计图示尺寸以重量计算，选项 D 错误。成品雨篷按设计

图示接触边以长度计算；或按设计图示尺寸以展开面积计算，选项 E 错误。

答案：ABC

七、木结构（编码：0107）

（一）木屋架（编码：010701）

（1）木屋架包括木屋架和钢木屋架。屋架的跨度以上、下弦中心线两交点之间的距离计算。

（2）带气楼的屋架和马尾、折角以及正交部分的半屋架，按相关屋架项目编码列项。

（3）计量单位。木屋架计量规则见表 2-3-26。

表 2-3-26 木屋架计量规则

类型	计量规则
木屋架	（1）以榀计量时，按设计图示数量计算 （2）以立方米计量时，按设计图示的规格尺寸以体积计算
钢木屋架	钢木屋架工程量以榀计量，按设计图示数量计算

（二）木构件（编码：010702）

木构件包括木柱、木梁、木檩、木楼梯及其他木构件。在木构件工程量计算中，若按图示数量以米计量，项目特征必须描述构件规格尺寸。木构件工程量的计算见表 2-3-27。

表 2-3-27 木构件计量规则

类型	计量规则
木柱、木梁	按设计图示尺寸以体积计算
木檩条	（1）以立方米计量时，按设计图示尺寸以体积计算 （2）以米计量时，按设计图示尺寸以长度计算
木楼梯	按设计图示尺寸以水平投影面积计算；不扣除宽度小于 300mm 的楼梯井，伸入墙内部分不计算

（三）屋面木基层（编码：010703）

按设计图示尺寸以斜面积计算，不扣除房上烟囱、风帽底座、风道、小气窗、斜沟等所占面积，小气窗的出檐部分不增加面积。

·典型例题·

［**例题·单选**］根据《房屋建筑与装饰工程工程量计算规范》（GB 50854—2013）规定，有关木结构工程量计算，说法正确的是（　　）。

A. 木屋架的跨度应以墙或柱的支撑点间的距离计算

B. 木屋架的马尾、折角工程量不予计算

C. 木楼梯按设计图示尺寸以水平投影面积计算

D. 木柱区分不同规格以高度计算

［**解析**］木屋架的跨度以上、下弦中心线两交点之间的距离计算，选项 A 错误。带气楼的屋架和马尾、折角以及正交部分的半屋架，按相关屋架项目编码列项，选项 B 错误。木柱按设计图示尺寸以体积计算，选项 D 错误。

答案：C

第二章

八、门窗工程（编码：0108）

当工程量是按图示数量以樘计量的，项目特征必须描述洞口尺寸或框、扇外围尺寸，以平方米计量的，项目特征可不描述洞口尺寸或框、扇外围尺寸。

（一）木门（编码：010801）

木门计量规则见表 2-3-28。

表 2-3-28　木门计量规则

类型	计量规则
木质门 木质门带套 木质连窗门 木质防火门	（1）工程量以樘计量，按设计图示数量计算 （2）以平方米计量，按设计图示洞口尺寸以面积计算 （3）木质门带套计量按洞口尺寸以面积计算，不包括门套的面积，但门套应计算在综合单价中
木门框	（1）木门框以樘计量，按设计图示数量计算 （2）以米计量，按设计图示框的中心线以延长米计算 （3）木门框项目特征除了描述门代号及洞口尺寸、防护材料的种类，还需描述框截面尺寸
门锁	门锁安装按设计图示数量计算

·典型例题·

［例题·单选］根据《房屋建筑与装饰工程工程量计算规范》（GB 50854—2013），关于门窗工程量计算，说法正确的是（　　）。

A. 木质门带套工程量应按套外围面积计算

B. 门窗工程量计量单位与项目特征描述无关

C. 门窗工程量按图示尺寸以面积为单位时，项目特征必须描述洞口尺寸

D. 门窗工程量以数量“樘”为单位时，项目特征必须描述洞口尺寸

［解析］木质门带套计量按洞口尺寸以面积计算，不包括门套的面积，但门套应计算在综合单价中。项目特征描述时，当工程量是按图示数量以樘计量的，项目特征必须描述洞口尺寸或框、扇外围尺寸，以平方米计量的，项目特征可不描述洞口尺寸或框、扇外围尺寸。

答案：D

（二）金属门（编码：010802）

（1）金属门门锁安装不需要单独列项，已包含在金属门工作内容中，这与木门不同。

（2）各金属门项目工程量计算分两种情况：

1）以樘计量，按设计图示数量计算。

2）以平方米计量，按设计图示洞口尺寸以面积计算（无设计图示洞口尺寸，按门框、扇外围以面积计算）。

（三）金属卷帘（闸）门（编码：010803）

（1）工程量以樘计量，按设计图示数量计算。

（2）以平方米计量，按设计图示洞口尺寸以面积计算。

（四）厂库房大门、特种门（编码：010804）

厂库房大门、特种门计量规则见表 2-3-29。

表 2-3-29　厂库房大门、特种门计量规则

类型	计量规则
木板大门、钢木大门、全钢板大门	(1) 以樘计量，按设计图示数量计算 (2) 以平方米计量，按设计图示洞口尺寸以面积计算
防护铁丝门	(1) 以樘计量，按设计图示数量计算 (2) 以平方米计量，按设计图示门框或扇外围以面积计算
金属格栅门	(1) 以樘计量，按设计图示数量计算 (2) 以平方米计量，按设计图示洞口尺寸以面积计算
钢质花饰大门	(1) 以樘计量，按设计图示数量计算 (2) 以平方米计量，按设计图示门框或扇外围以面积计算
特种门	(1) 以樘计量，按设计图示数量计算 (2) 以平方米计量，按设计图示洞口尺寸以面积计算

· 典型例题 ·

[**例题 · 单选**] 根据《房屋建筑与装饰工程工程量计算规范》（GB 50854—2013）规定，关于厂库房大门工程量计算，说法正确的是（　　）。

A. 防护铁丝门按设计数量以质量计算

B. 金属格栅门按设计图示门框以面积计算

C. 钢质花饰大门按设计图示数量以质量计算

D. 全钢板大门按设计图示洞口尺寸以面积计算

[**解析**] 全钢板大门、金属格栅门按设计图示数量计算或按设计图示洞口尺寸以面积计算。防护铁丝门、钢质花饰大门按设计图示数量计算或按设计图示门框或扇外围以面积计算。

答案：D

（五）其他门（编码：010805）

(1) 工程量以樘计量，按设计图示数量计算。

(2) 以平方米计量，按设计图示洞口尺寸以面积计算（无设计图示洞口尺寸，按门框、扇外围以面积计算）。

（六）木窗（编码：010806）

木窗计量规则见表 2-3-30。

表 2-3-30　木窗计量规则

类型	计量规则
木质窗	(1) 以樘计量，按设计图示数量计算 (2) 以平方米计量，按设计图示洞口尺寸以面积计算
木飘（凸）窗 木橱窗	(1) 以樘计量，按设计图示数量计算，项目特征必须描述框截面及外围展开面积 (2) 以平方米计量，按设计图示尺寸以框外围展开面积计算
木纱窗	(1) 木纱窗工程量以樘计量，按设计图示数量计算 (2) 以平方米计量，按框的外围尺寸以面积计算

（七）金属窗（编码：010807）

对于金属橱窗、飘（凸）窗以樘计量，项目特征必须描述框外围展开面积。在工程量计算时，当以平方米计量，无设计图示洞口尺寸的，可按窗框外围以面积计算。金属窗计量规则见表 2-3-31。

表 2-3-31　金属窗计量规则

类型	计量规则
金属（塑钢、断桥）窗、金属防火窗、金属百叶窗、金属格栅窗	(1) 以樘计量，按设计图示数量计算 (2) 以平方米计量，按设计图示洞口尺寸以面积计算
金属纱窗	(1) 以樘计量，按设计图示数量计算 (2) 以平方米计量，按框的外围尺寸以面积计算
金属（塑钢、断桥）橱窗、金属（塑钢、断桥）飘（凸）窗	(1) 以樘计量，按设计图示数量计算 (2) 以平方米计量，按设计图示尺寸以框外围展开面积计算
彩板窗、复合材料窗	(1) 以樘计量，按设计图示数量计算 (2) 以平方米计量，按设计图示洞口尺寸或框外围以面积计算

（八）门窗套（编码：010808）

门窗套计量规则见表 2-3-32。

表 2-3-32　门窗套计量规则

类型	计量规则
木门窗套、木筒子板、饰面夹板筒子板、金属门窗套、石材门窗套、成品木门窗套	(1) 以樘计量，按设计图示数量计算 (2) 以平方米计量，按设计图示尺寸以展开面积计算 (3) 以米计量，按设计图示中心以延长米计算
门窗贴脸	(1) 以樘计量，按设计图示数量计算 (2) 以米计量，按设计图示尺寸以延长米计算

（九）窗台板（编码：010809）

工程量按设计图示尺寸以展开面积计算。

（十）窗帘、窗帘盒、窗帘轨（编码：010810）

窗帘、窗帘盒、窗帘轨计量规则见表 2-3-33。

表 2-3-33　窗帘、窗帘盒、窗帘轨计量规则

类型	计量规则
窗帘	(1) 工程量以米计量，按设计图示尺寸以成活后长度计算 (2) 以平方米计量，按图示尺寸以成活后展开面积计算
木窗帘盒，饰面夹板、塑料窗帘盒，铝合金属窗帘盒，窗帘轨	按设计图示尺寸以长度计算

九、屋面及防水工程（编码：0109）

（一）瓦、型材屋面及其他屋面（编码：010901）

瓦、型材屋面及其他屋面计量规则见表 2-3-34。

表 2-3-34　瓦、型材屋面及其他屋面计量规则

类型	计量规则
瓦屋面、型材屋面	按设计图示尺寸以斜面积计算；不扣除房上烟囱、风帽底座、风道、小气窗、斜沟等所占面积，小气窗的出檐部分不增加面积
阳光板、玻璃钢屋面	按设计图示尺寸以斜面积计算；不扣除屋面面积小于或等于 0.3m^2 孔洞所占面积
膜结构屋面（见图 2-3-38）	按设计图示尺寸以需要覆盖的水平投影面积计算

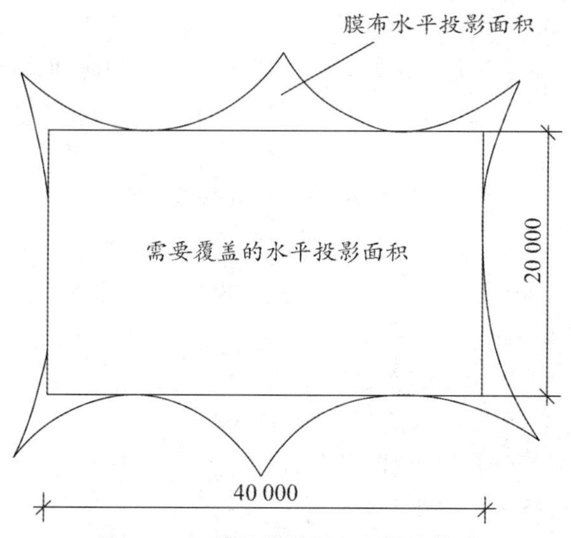

图 2-3-38　膜结构屋面工程量计算图

（二）屋面防水及其他（编码：010902）

（1）屋面卷材防水、屋面涂膜防水。

1）按设计图示尺寸以面积计算。

2）斜屋顶（不包括平屋顶找坡）按斜面积计算，平屋顶按水平投影面积计算，不扣除房上烟囱、风帽底座、风道、屋面小气窗和斜沟所占面积。

3）屋面的女儿墙、伸缩缝和天窗等处的弯起部分，并入屋面工程量内。屋面防水搭接及附加层用量不另行计算，在综合单价中考虑。

（2）屋面刚性防水，按设计图示尺寸以面积计算。不扣除房上烟囱、风帽底座、风道等所占的面积。

（3）屋面排水管，按设计图示尺寸以长度计算。如设计未标注尺寸，以檐口至设计室外散水上表面垂直距离计算。

（4）屋面排（透）气管，按设计图示尺寸以长度计算。

（5）屋面（廊、阳台）泄（吐）水管，按设计图示数量计算，以“根（个）”计量。

（6）屋面天沟、檐沟，按设计图示尺寸以面积计算。铁皮和卷材天沟按展开面积计算。

（7）屋面变形缝，按设计图示以长度计算。

（三）墙面防水、防潮（编码：010903）

墙面防水、防潮工程计量规则见表 2-3-35。

表 2-3-35　墙面防水、防潮工程计量规则

类型	计量规则
墙面卷材防水、墙面涂膜防水、墙面砂浆防水（潮）	（1）按设计图示尺寸以面积计量 （2）墙面防水搭接及附加层用量不另行计算，在综合单价中考虑
墙面变形缝	（1）按设计图示尺寸以长度计量 （2）墙面变形缝，若做双面，工程量乘系数 2

（四）楼（地）面防水、防潮（编码：010904）

（1）楼（地）面卷材防水、楼（地）面涂膜防水、楼（地）面砂浆防水（潮）。

1）按设计图示尺寸以面积计算。

2）楼（地）面防水搭接及附加层用量不另行计算，在综合单价中考虑。

3）楼（地）面防水按主墙间净空面积计算，扣除凸出地面的构筑物、设备基础等所占面积，不扣除间壁墙及单个面积小于或等于 0.3m² 的柱、垛、烟囱和孔洞所占面积。

4）楼（地）面防水反边：楼（地）面防水反边高度≤300mm 算作地面防水，反边高度＞300mm 按墙面防水计算。

（2）楼（地）面变形缝。按设计图示尺寸以长度计算。

·典型例题·

［**例题 1·单选**］根据《房屋建筑与装饰工程工程量计算规范》（GB 50854—2013），屋面防水工程量计算，说法正确的是（　　）。

A. 斜屋面卷材防水，工程量按水平投影面积计算

B. 平屋面涂膜防水，工程量不扣除烟囱所占面积

C. 平屋面女儿墙弯起部分卷材防水不计工程量

D. 平屋面伸缩缝卷材防水不计工程量

［**解析**］屋面卷材防水、屋面涂膜防水，按设计图示尺寸以面积计算。斜屋顶（不包括平屋顶找坡）按斜面积计算，选项 A 错误；平屋顶按水平投影面积计算。不扣除房上烟囱、风帽底座、风道、屋面小气窗和斜沟所占面积。屋面的女儿墙、伸缩缝和天窗等处的弯起部分，并入屋面工程量内，选项 C、D 错误。

［**例题 2·单选**］根据《房屋建筑与装饰工程工程量计算规范》（GB 50854—2013），屋面防水及其他工程量计算正确的是（　　）。

A. 屋面卷材防水按设计图示尺寸以面积计算，防水搭接及附加层用量按设计尺寸计算

B. 屋面排水管设计未标注尺寸，考虑弯折处的增加以长度计算

C. 屋面铁皮天沟按设计图示尺寸以展开面积计算

D. 屋面变形缝按设计尺寸以铺设面积计算

［**解析**］屋面防水搭接及附加层用量不另行计算，在综合单价中考虑，选项 A 错误。屋面排水管，按设计图示尺寸以长度计算。如设计未标注尺寸，以檐口至设计室外散水上表面垂直距离计算，选项 B 错误。屋面变形缝，按设计图示以长度计算，选项 D 错误。

答案：1. B　2. C

十、保温、隔热、防腐工程（编码：0110）

（一）保温、隔热（编码：011001）

保温、隔热工程计量规则见表 2-3-36。

表 2-3-36　保温、隔热工程计量规则

类型	计量规则
保温隔热屋面	（1）按设计图示尺寸以面积计算 （2）扣除面积大于 0.3m² 孔洞及占位面积
保温隔热天棚	（1）按设计图示尺寸以面积计算 （2）扣除面积大于 0.3m² 柱、垛、孔洞所占面积，与天棚相连的梁按展开面积计算，并入天棚工程量内 （3）柱帽保温隔热应并入天棚保温隔热工程量内

第二章

续表

类型	计量规则
保温隔热墙面	(1) 按设计图示尺寸以面积计算 (2) 扣除门窗洞口以及面积大于 $0.3m^2$ 梁、孔洞所占面积 (3) 门窗洞口侧壁以及与墙相连的柱，并入保温墙体工程量
保温柱、梁	(1) 保温柱、梁适用于不与墙、天棚相连的独立柱、梁 (2) 按设计图示尺寸以面积计算 (3) 柱按设计图示柱断面保温层中心线展开长度乘保温层高度以面积计算，扣除面积大于 $0.3m^2$ 梁所占面积，梁按设计图示梁断面保温层中心线展开长度乘保温层长度以面积计算
隔热楼地面	(1) 按设计图示尺寸以面积计算 (2) 扣除面积大于 $0.3m^2$ 柱、垛、孔洞所占面积
其他保温隔热	(1) 按设计图示尺寸以展开面积计算 (2) 扣除面积大于 $0.3m^2$ 孔洞及占位面积

（二）防腐面层（编码：011002）

（1）防腐混凝土面层、防腐砂浆面层、防腐胶泥面层、玻璃钢防腐面层、聚氯乙烯板面层、块料防腐面层。按设计图示尺寸以面积计算。

1）平面防腐：扣除凸出地面的构筑物、设备基础等以及面积大于 $0.3m^2$ 的孔洞、柱、垛所占面积。

2）立面防腐：扣除门、窗洞口以及面积大于 $0.3m^2$ 孔洞、梁所占面积。门、窗、洞口侧壁、垛突出部分按展开面积计算。

（2）池、槽块料防腐面层。按设计图示尺寸以展开面积计算。

（三）其他防腐（编码：011003）

（1）隔离层。按设计图示尺寸以面积计算。

1）平面防腐：扣除凸出地面的构筑物、设备基础等以及面积大于 $0.3m^2$ 孔洞、柱、垛所占面积。

2）立面防腐：扣除门、窗、洞口以及面积大于 $0.3m^2$ 孔洞、梁所占面积，门、窗、洞口侧壁、垛突出部分按展开面积并入墙面积内。

（2）砌筑沥青浸渍砖。按设计图示尺寸以体积计算。（此处特殊）

（3）防腐涂料。按设计图示尺寸以面积计算。（同隔离层）

·典型例题·

[**例题·单选**] 根据《房屋建筑与装饰工程工程量计算规范》（GB 50854—2013）规定，有关保温、隔热工程量计算，说法正确的是（　　）。

A. 与天棚相连的梁的保温工程量并入天棚工程量

B. 与墙相连的柱的保温工程量按柱工程量计算

C. 门窗洞口侧壁的保温工程量不计

D. 梁保温工程量按设计图示尺寸以梁的中心线长度计算

[**解析**] 门窗洞口侧壁以及与墙相连的柱，并入保温墙体工程量。保温柱、梁按设计图示尺寸以面积计算。柱按设计图示柱断面保温层中心线展开长度乘保温层高度以面积计算，梁按设计图示梁断面保温层中心线展开长度乘保温层长度以面积计算。

答案：A

十一、楼地面装饰工程（编码：0111）

（一）整体面层及找平层（编码：011101）

（1）水泥砂浆楼地面、现浇水磨石楼地面、细石混凝土楼地面、菱苦土楼地面、自流平楼地面。

1）按设计图示尺寸以面积计算。

2）扣除凸出地面构筑物、设备基础、室内铁道、地沟等所占面积，不扣除间壁墙及小于或等于 0.3m^2 柱、垛、附墙烟囱及孔洞所占面积。门洞、空圈、暖气包槽、壁龛的开口部分不增加面积。

（2）平面砂浆找平层。按设计图示尺寸以面积计算。

（二）块料面层（编码：011102）

（1）按设计图示尺寸以面积计算。

（2）门洞、空圈、暖气包槽、壁龛的开口部分并入相应的工程量内。

（三）橡塑面层（编码：011103）

（1）按设计图示尺寸以面积计算。

（2）门洞、空圈、暖气包槽、壁龛的开口部分并入相应的工程量内。

（四）其他材料面层（编码：011104）

（1）按设计图示尺寸以面积计算。

（2）门洞、空圈、暖气包槽、壁龛的开口部分并入相应的工程量内。

（五）踢脚线（编码：011105）

（1）以平方米计量，按设计图示长度乘高度以面积计算。

（2）以米计量，按延长米计算。

（六）楼梯面层（编码：011106）

（1）按设计图示尺寸以楼梯（包括踏步、休息平台及小于或等于 500mm 的楼梯井）水平投影面积计算。

（2）楼梯与楼地面相连时，算至梯口梁内侧边沿；无梯口梁者，算至最上一层踏步边沿加 300mm。

（七）台阶装饰（编码：011107）

按设计图示尺寸以台阶（包括最上层踏步边沿加 300mm）水平投影面积计算。

（八）零星装饰项目（编码：011108）

按设计图示尺寸以面积计算。

十二、墙、柱面装饰与隔断、幕墙工程（编码：0112）

（一）墙面抹灰（编码：011201）

（1）墙面抹灰工程量按设计图示尺寸以面积计算。

（2）扣除墙裙、门窗洞口及单个大于 0.3m^2 的孔洞面积，不扣除踢脚线、挂镜线和墙与构件交接处的面积，门窗洞口和孔洞的侧壁及顶面不增加面积。附墙柱、梁、垛、烟囱侧壁并入相应的墙面面积内。飘窗凸出外墙面增加的抹灰并入外墙工程量内。

（3）外墙抹灰面积按外墙垂直投影面积计算。

（4）外墙裙抹灰面积按其长度乘高度计算。

（5）内墙抹灰面积按主墙间的净长乘高度计算。无墙裙的内墙高度按室内楼地面至天棚底面计算；有墙裙的内墙高度按墙裙顶至天棚底面计算。但有吊顶天棚的内墙面抹灰，抹至吊顶以上部分在综合单价中考虑。

（6）内墙裙抹灰面积按内墙净长乘高度计算。

（二）柱（梁）面抹灰（编码：011202）

柱（梁）面抹灰工程量按设计图示柱（梁）断面周长乘高度以面积计算。

（三）零星抹灰（编码：011203）

零星抹灰工程量按设计图示以面积计算。

（四）墙面块料面层（编码：011204）

（1）石材墙面、碎拼石材、块料墙面按设计图示尺寸以面积计算。

（2）干挂石材钢骨架按设计图示尺寸以质量计算。

（五）柱（梁）面镶贴块料（编码：011205）

按设计图示尺寸以镶贴表面积计算。

（六）零星镶贴块料（编码：011206）

按设计图示尺寸以镶贴表面积计算。

（七）墙饰面（编码：011207）

按设计图示尺寸以面积计算。

（八）柱（梁）饰面（编码：011208）

柱（梁）饰面工程计量规则见表 2-3-37。

表 2-3-37 柱（梁）饰面工程计量规则

类型	计量规则
柱（梁）面装饰	（1）按设计图示饰面外围尺寸以面积计算 （2）柱帽、柱墩并入相应柱饰面工程量内
成品装饰柱	（1）工程量以根计量，按设计数量计算 （2）以米计量，接设计长度计算

（九）幕墙工程（编码：011209）

按设计图示尺寸以面积计算。

（十）隔断（编码：011210）

按设计图示尺寸以面积计算。

十三、天棚工程（编码：0113）

（一）天棚抹灰（编码：011301）

按设计图示以水平投影面积计算。

（二）天棚吊顶（编码：011302）

按设计图示以水平投影面积计算。

（三）采光天棚（编码：011303）

按设计图示以框外围展开面积计算。

（四）天棚其他装饰（编码：011304）

天棚其他装饰工程计量规则见表 2-3-38。

表 2-3-38 天棚其他装饰工程计量规则

类型	计量规则
灯带（槽）	按设计图示尺寸以框外围面积计算
送风口、回风口	按设计图示数量“个”计算

十四、油漆、涂料、裱糊工程（编码：0114）

（一）门油漆（编码：011401）

以樘计量，按设计图示数量计算；以平方米计量，按设计图示洞口尺寸以面积计算。

（二）窗油漆（编码：011402）

以樘计量，按设计图示数量计算；以平方米计量，按设计图示洞口尺寸以面积计算。

（三）木扶手及其他板条、线条油漆（编码：011403）

按设计图示以长度计算。

（四）木材面油漆（编码：011404）

（1）木护墙、木墙裙油漆，窗台板、筒子板、盖板、门窗套、踢脚线油漆，清水板条天棚、檐口油漆，木方格吊顶天棚油漆，吸音板墙面、天棚面油漆，暖气罩油漆及其他木材面油漆，按设计图示以面积计算。

（2）木间壁、木隔断油漆，玻璃间壁露明墙筋油漆，木栅栏、木栏杆（带扶手）油漆，按设计图示以单面外围面积计算。

（3）衣柜、壁柜油漆，梁柱饰面油漆，零星木装修油漆，按设计图示以油漆部分展开面积计算。

（4）木地板油漆、木地板烫硬蜡面，按设计图示以面积计算。空洞、空圈、暖气包槽、壁龛的开口部分并入相应的工程量内。

（五）金属面油漆（编码：011405）

以吨计量，按设计图示尺寸以质量计算；以平方米计量，按设计展开面积计算。

（六）抹灰面油漆（编码：011406）

抹灰面油漆工程计量规则见表 2-3-39。

表 2-3-39 抹灰面油漆工程计量规则

类型	计量规则
抹灰面油漆	按设计图示尺寸以面积计算
抹灰线条油漆	按设计图示尺寸以长度计算
满刮腻子	按设计图示尺寸以面积计算

（七）刷喷涂料（编码：011407）

刷喷涂料工程计量规则见表 2-3-40。

表 2-3-40 刷喷涂料工程计量规则

类型	计量规则
墙面刷喷涂料、天棚刷喷涂料	按设计图示尺寸以面积计算
线条刷涂料	按设计图示尺寸以长度计算

续表

类型	计量规则
金属构件刷防火涂料	以吨计量，按设计图示尺寸以质量计算
	以平方米计量，按设计展开面积计算
木材构件刷喷防火涂料	工程量以平方米计量，按设计图示尺寸以面积计算

（八）裱糊（编码：011408）

按设计图示以面积计算。

·典型例题·

［**例题·单选**］根据《房屋建筑与装饰工程工程量计算规范》（GB 50854—2013），关于涂料工程量的计算，说法正确的是（　　）。

A. 木材构件喷刷防火涂料按设计图示以面积计算

B. 金属构件刷防火涂料按构件单面外围面积计算

C. 空花格、栏杆刷涂料按设计图示尺寸以双面面积计算（2017 年教材删除此点）

D. 线条刷涂料按设计展开面积计算

［**解析**］金属构件刷防火涂料，以吨计量，按设计图示尺寸以质量计算；以平方米计量，按设计展开面积计算，选项 B 错误。线条刷涂料，按设计图示尺寸以长度计算，选项 D 错误。选项 C，该知识点现在不作为考查内容。

答案：A

十五、其他装饰工程（编码：0115）

（一）柜类、货架（编码：011501）

（1）以个计量，按设计图示以数量计算。

（2）以米计量，按设计图示尺寸以延长米计算。

（3）以立方米计量，按设计图示尺寸以体积计算。

（二）压条、装饰线（编码：011502）

按设计图示以长度计算。

（三）扶手、栏杆、栏板装饰（编码：011503）

按设计图示以扶手中心线长度（包括弯头长度）计算。

（四）暖气罩（编码：011504）

按设计图示以垂直投影面积（不展开）计算。

（五）浴厕配件（编码：011505）

（1）洗漱台。

1）按设计图示尺寸以台面外接矩形面积计算。

2）不扣除孔洞、挖弯、削角所占面积，挡板、吊沿板面积并入台面面积内。

（2）晒衣架、帘子杆、浴缸拉手、卫生间扶手、毛巾杆（架）、毛巾环、卫生纸盒、肥皂盒、镜箱，按设计图示以数量计算。

（3）镜面玻璃按设计图示尺寸以边框外围面积计算。

（六）雨篷、旗杆（编码：011506）

雨篷、旗杆工程计量规则见表 2-3-41。

表 2-3-41　雨篷、旗杆工程计量规则

类型	计量规则
雨篷吊挂饰面、玻璃雨篷	按设计图示尺寸以水平投影面积计算
金属旗杆	按设计图示数量计算，以根为单位计量

（七）招牌、灯箱（编码：011507）

招牌、灯箱工程计量规则见表 2-3-42。

表 2-3-42　招牌、灯箱工程计量规则

类型	计量规则
平面、箱式招牌	(1) 按设计图示尺寸以正立面边框外围面积计算 (2) 复杂形的凸凹造型部分不增加面积
竖式标箱、灯箱、信报箱	按设计图示数量计算，以个为单位计量

（八）美术字（编码：011508）

按设计图示数量以“个”计算。

十六、拆除工程（编码：0116）

适用于房屋工程的维修、加固、二次装修前的拆除，不适用于房屋的整体拆除。

（一）砖砌体拆除（编码：011601）

(1) 砖砌体拆除以“m^3”计量，按拆除的体积计算。

(2) 以“m”计量，按拆除的延长米计算。

（二）混凝土及钢筋混凝土构件拆除（编码：011602）

(1) 混凝土构件拆除、钢筋混凝土构件拆除以“m^3”计量，按拆除构件的混凝土体积计算。

(2) 以“m^2”计量，按拆除部位的面积计算。

(3) 以“m”计量，按拆除部位的延长米计算。

（三）木构件拆除（编码：011603）

(1) 木构件拆除以“m^3”计量，按拆除构件的体积计算。

(2) 以“m^2”计量，按拆除面积计算。

(3) 以“m”计量，按拆除延长米计算。

（四）抹灰面拆除（编码：011604）

平面抹灰层拆除、立面抹灰层拆除、天棚抹灰面拆除，按拆除部位的面积“m^2”计算。

（五）块料面层拆除（编码：011605）

平面块料拆除、立面块料拆除，按拆除面积“m^2”计算。

（六）龙骨及饰面拆除（编码：011606）

楼地面龙骨及饰面拆除、墙柱面龙骨及饰面拆除、天棚面龙骨及饰面拆除，按拆除面积“m^2”计算。

（七）屋面拆除（编码：011607）

屋面拆除包括刚性层拆除、防水层拆除。按拆除部位的面积“m^2”计算。

（八）铲除油漆涂料裱糊面（编码：011608）

(1) 铲除油漆面、铲除涂料面、铲除裱糊面以“m^2”计量，按铲除部位的面积计算。

第二章

（2）以“m”计量，按铲除部位的延长米计算。

（九）栏杆栏板、轻质隔墙隔断拆除（编码：011609）

（1）栏杆、栏板拆除以“m^2”计量，按拆除部位的面积计算。以“m”计量，按拆除的延长米计算。

（2）隔断隔墙拆除，按拆除部位的面积计算。

（十）门窗拆除（编码：011610）

（1）木门窗拆除、金属门窗拆除以“m^2”计量，按拆除面积计算。

（2）以“樘”计量，按拆除樘数计算。

（十一）金属构件拆除（编码：011611）

金属构件拆除计量规则见表2-3-43。

表2-3-43　金属构件拆除计量规则

类型	计量规则
钢梁拆除 钢柱拆除	（1）以“t”计量，按拆除构件的质量计算 （2）以“m”计量，按拆除延长米计算
钢网架拆除	按拆除构件的质量计算
钢支撑及钢墙架拆除、其他金属构件拆除	（1）以“t”计量，按拆除构件的质量计算 （2）以“m”计量，按拆除延长米计算

（十二）管道及卫生洁具拆除（编码：011612）

（1）管道拆除，按拆除管道的延长米计算。

（2）卫生洁具拆除，按拆除的数量“套或个”计算。

（十三）灯具、玻璃拆除（编码：011613）

（1）灯具拆除，按拆除的数量“套”计算。

（2）玻璃拆除，按拆除的面积“m^2”计算。

（十四）其他构件拆除（编码：011614）

其他构件拆除计量规则见表2-3-44。

表2-3-44　其他构件拆除计量规则

类型	计量规则
暖气罩拆除、柜体拆除	（1）以“个”计量，按拆除个数计算 （2）以“m”计量，按拆除延长米计算
窗台板拆除、筒子板拆除	（1）以“块”计量，按拆除数量计算 （2）以“m”计量，按拆除延长米计算
窗帘盒拆除、窗帘轨拆除	按拆除延长米计算

（十五）开孔（打洞）（编码：011615）

开孔（打洞）工程以“个”为单位计量。

十七、措施项目（编码：0117）

（一）脚手架工程（编码：011701）

（1）综合脚手架。工程量按建筑面积计算。

1）综合脚手架针对整个房屋建筑的土建和装饰装修部分。在编制清单项目时，当列出了综合脚手架项目时，不得再列出外脚手架、里脚手架等单项脚手架项目。

2）同一建筑物有不同的檐高时，按建筑物竖向切面分别按不同檐高编列清单项目。

3）建筑物的檐口高度是指设计室外地坪至檐口滴水的高度（平屋顶系指屋面板底高度）。

4）突出主体建筑物屋顶的电梯机房、楼梯出口间、水箱间、瞭望塔、排烟机房等不计入檐口高度。

（2）外脚手架、里脚手架、整体提升架、外装饰吊篮，按所服务对象的垂直投影面积计算。

（3）悬空脚手架、满堂脚手架，按搭设的水平投影面积计算。

（4）挑脚手架，按搭设长度乘搭设层数以延长米计算。

（二）混凝土模板及支架（撑）（编码：011702）

以平方米计量，按模板与混凝土构件的接触面积计算，采用清水模板时应在项目特征中说明。

以立方米计量的模板及支撑（架），按混凝土及钢筋混凝土实体项目执行，其综合单价应包含模板及支撑（架）。

以下仅规定了按接触面积计算的规则与方法：

（1）混凝土基础、柱、梁、墙板等主要构件模板及支架。

1）工程量按模板与现浇混凝土构件的接触面积计算。

2）原槽浇灌的混凝土基础、垫层不计算模板工程量。

3）若现浇混凝土梁、板支撑高度超过 3.6m 时，项目特征应描述支撑高度。

①现浇钢筋混凝土墙、板单孔面积小于或等于 $0.3m^2$ 的孔洞不予扣除，洞侧壁模板亦不增加；单孔面积大于 $0.3m^2$ 时应予扣除，洞侧壁模板面积并入墙、板工程量内计算。

②现浇框架分别按梁、板、柱有关规定计算；附墙柱、暗梁、暗柱并入墙内工程量内计算。

③柱、梁、墙、板相互连接的重叠部分，均不计算模板面积。

④构造柱按图示外露部分计算模板面积。

（2）天沟、檐沟、电缆沟、地沟、散水、扶手、后浇带、化粪池、检查井按模板与现浇混凝土构件的接触面积计算。

（3）雨篷、悬挑板、阳台板，按图示外挑部分尺寸的水平投影面积计算，挑出墙外的悬臂梁及板边不另计算。

（4）楼梯，按楼梯（包括休息平台、平台梁、斜梁和楼层板的连接梁）的水平投影面积计算，不扣除宽度小于或等于 500mm 的楼梯井所占面积，楼梯踏步、踏步板、平台梁等侧面模板不另计算，伸入墙内部分亦不增加。

（三）垂直运输（编码 011703）

垂直运输可按建筑面积计算，也可以按施工工期日历天数计算，以天为单位。

（四）超高施工增加（编码 011704）

（1）单层建筑物檐口高度超过 20m，多层建筑物超过 6 层时，可按超高部分的建筑面积计算超高施工增加。

（2）计算层数时，地下室不计入层数。

（3）同一建筑物有不同檐高时，可按不同高度的建筑面积分别计算建筑面积，以不同檐高分别编码列项。

（4）其工程量计算按建筑物超高部分的建筑面积计算。

（五）大型机械设备进出场及安拆（编码：011705）

按使用机械设备的数量以“台·次”计算。

（六）施工排水、降水（编码：011706）

施工排水、降水工程计量规则见表2-3-45。

表2-3-45 施工排水、降水工程计量规则

类型	计量规则
成井	按设计图示尺寸以钻孔深度计算
排水、降水	以昼夜（24h）为单位计量，按排水、降水日历天数计算

·典型例题·

［**例题·多选**］根据《房屋建筑与装饰工程工程量计算规范》（GB 50854—2013）规定，以下关于措施项目工程量计算，说法正确的有（　　）。

A. 垂直运输费用，按施工工期日历天数计算

B. 大型机械设备进出场及安拆，按使用数量计算

C. 施工降水成井，按设计图示尺寸以钻孔深度计算

D. 超高施工增加，按建筑物总建筑面积计算

E. 雨篷混凝土模板及支架，按外挑部分水平投影面积计算

［**解析**］垂直运输可按建筑面积计算，也可以按施工工期日历天数计算，以天为单位。大型机械设备进出场及安拆工程量以台·次计量，按使用机械设备的数量计算。施工降水成井，按设计图示尺寸以钻孔深度计算。超高施工增加其工程量计算按建筑物超高部分的建筑面积计算，选项D错误。雨篷混凝土模板及支架，按外挑部分尺寸的水平投影面积计算。

答案：ABCE

（七）安全文明施工及其他措施项目（编码：011707）

（1）安全文明施工（含环境保护、文明施工、安全施工、临时设施）。

（2）“三宝”（安全帽、安全带、安全网）。

“四口”（楼梯口、电梯井口、通道口、预留洞口）。

“五临边”（阳台围边、楼板围边、屋面围边、槽坑围边、卸料平台两侧）。

第四节 土建工程工程量清单的编制

一、工程量清单概述

工程量清单是载明建设工程分部分项工程项目、措施项目和其他项目的名称和相应数量以及规费和税金项目等内容的明细清单。具体内容参见表2-4-1。

表2-4-1 工程量清单

工程量清单	规定
招标工程量清单	（1）由招标人根据国家标准、招标文件、设计文件，以及施工现场实际情况编制的 （2）应由具有编制能力的招标人或委托具有相应资质的工程造价咨询人或招标代理人编制 （3）采用工程量清单方式招标，招标工程量清单必须作为招标文件的组成部分，其准确性和完整性由招标人负责

续表

工程量清单	规定
已标价工程量清单	作为投标文件组成部分的已标明价格并经承包人确认的

二、工程量清单的编制方法

扫码听课

（一）分部分项工程项目清单

（1）分部分项工程是“分部工程”和“分项工程”的总称。

（2）分部分项工程项目清单必须载明项目编码、项目名称、项目特征、计量单位和工程量，见表 2-4-2。（五项缺一不可）

表 2-4-2　分部分项工程和单价措施项目清单与计价表

工程名称：　　　　　　　　　　　　　　标段：　　　　　　　　第　页　共　页

序号	项目编码	项目名称	项目特征	计量单位	工程量	金额		
						综合单价	合价	其中：暂估价

注：为计取规费等的使用，可在表中增设“定额人工费”。

1. 项目编码

分部分项工程量清单项目编码以五级编码设置，用十二位阿拉伯数字表示，不得有重号。详见图 2-4-1。

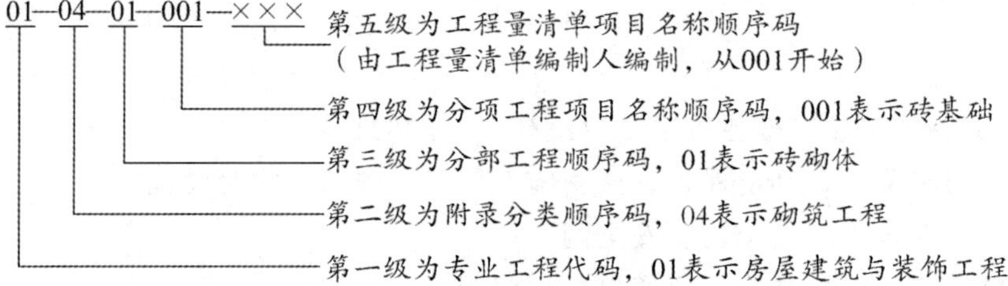

图 2-4-1　工程量清单项目编码结构图

2. 项目名称

分部分项工程量清单的项目名称应按各专业工程量计算规范附录的项目名称结合拟建工程的实际确定。

3. 项目特征

（1）项目特征是构成分部分项工程项目、措施项目自身价值的本质特征，是确定一个清单项目综合单价不可缺少的重要依据，是区分清单项目的依据，是履行合同义务的基础。

（2）分部分项工程项目清单的项目特征应按各专业工程工程量计算规范附录中规定的项目特征，结合技术规范、标准图集、施工图纸，按照工程结构、使用材质及规格或安装位置等，予以详细而准确的表述和说明。

（3）项目特征必须描述的内容。

1）涉及正确计量的内容必须描述。如对门窗洞口尺寸或框外围尺寸的描述，虽然可以按“m^2”计量，但如果采用“樘”计量，则上述描述仍是必须的。

第二章

2）涉及结构要求的内容必须描述。如混凝土构件的混凝土强度等级，是使用C20还是C30或C40等，因混凝土强度等级不同，其价值也不同，必须按设计要求的混凝土强度等级准确描述。

3）涉及材质要求的内容必须描述。

4. 计量单位

计量单位应采用基本单位。各专业有特殊计量单位的，当计量单位有两个或两个以上时，应根据所编工程量清单项目的特征要求，选择最适宜表现该项目特征并方便计量的单位。

计量单位的有效位数参见表2-4-3。

表2-4-3 分部分项工程计量单位的有效位数

计量单位	有效位数
t	保留三位小数
m^3，m^2，m，kg	保留两位小数
个，项	应取整数

5. 工程量

所有清单项目的工程量应以实体工程量为准，并以完成后的净值计算；投标人投标报价时，应在单价中考虑施工中的各种损耗和需要增加的工程量。

6. 补充项目

（1）在编制工程量清单时，当出现规范附录中未包括的清单项目时，编制人应进行补充，并报省级或行业工程造价管理机构备案，省级或行业工程造价管理机构应汇总报中华人民共和国住房和城乡建设部标准定额研究所。

（2）补充项目的编码由各专业工程工程量计算规范的代码与B和三位阿拉伯数字组成，并应从001起顺序编制。例如，房屋建筑与装饰工程如需补充项目，则其编码应从01B001开始顺序编制，同一招标工程的项目不得重码。

（3）在工程量清单中应附补充项目的项目名称、项目特征、计量单位、工程量计算规则以及包含的工作内容。

·典型例题·

［**例题1·单选**］根据《建设工程工程量清单计价规范》（GB 50500—2013），下列关于工程量清单项目编码的说法中，正确的是（　　）。

A. 第三级编码为分部工程顺序码，由三位数字表示

B. 第五级编码应根据拟建工程的工程量清单项目名称设置，不得重码

C. 同一标段含有多个单位工程，不同单位工程中项目特征相同的工程应采用相同编码

D. 补充项目编码以“B”加上计量规范代码后跟三位数字表示

［**解析**］本题考查的是分部分项工程项目清单。第三级表示分部工程顺序码，由两位数表示（分二位），故选项A错误；当同一标段（或合同段）的一份工程量清单中含有多个单位工程，在编制工程量清单时应特别注意对项目编码十至十二位的设置不得有重码，故选项B正确，选项C错误；补充项目的编码由计量规范的代码与B和三位阿拉伯数字组成，故选项D错误。

［**例题2·多选**］根据分部组合计价原理，单位施工可依据（　　）等的不同分解为分部

工程。

A. 结构部位　　B. 路段长度

C. 施工特点　　D. 材料

E. 工序

[解析] 单位工程可以按照结构部位、路段长度及施工特点或施工任务分解为分部工程。

答案：1. B　2. ABC

（二）措施项目清单

1. 措施项目列项

措施项目是指为完成工程项目施工，发生于该工程施工准备和施工过程中的技术、生活、安全、环境保护等方面的项目。

2. 措施项目清单的类别与格式

（1）措施项目清单的类别见表 2-4-4。

表 2-4-4　措施项目清单的类别

项目	内容
分部分项	（1）可以计算工程量的措施项目 （2）采用分部分项工程量清单的方式编制 （3）脚手架工程，混凝土模板及支架（撑），垂直运输，超高施工增加，大型机械设备进出场及安拆，施工排水、降水 （4）以综合单价计价，列出项目编码、项目名称、项目特征、计量单位和工程量
总价措施	（1）不能计算工程量的措施项目 （2）以“项”为计量单位进行编制 （3）安全文明施工，夜间施工，非夜间施工照明，二次搬运，冬雨季施工，地上、地下设施，建筑物的临时保护设施，已完工程及设备保护 （4）“计算基础”中安全文明施工费可为“定额基价”“定额人工费”或“定额人工费＋定额施工机具使用费”，其他项目可为“定额人工费”或“定额人工费＋定额施工机具使用费”；按施工方案计算的措施，可只填“金额”数值

（2）总价措施项目清单与计价表示例见表 2-4-5。

表 2-4-5　总价措施项目清单与计价表

工程名称：　　标段：　　第　页　共　页

序号	项目编码	项目名称	计算基础	费率/%	金额/元	调整费率/%	调整后金额/元	备注
		安全文明施工费						
		夜间施工增加费						
		二次搬运费						
		冬雨季施工增加费						
		已完工程及设备保护费						
		……						
		合计						

编制人（造价人员）：　　复核人（造价工程师）：

3. 措施项目清单的编制依据

措施项目清单应根据拟建工程的实际情况列项。若出现工程量计算规范中未列的项目，可根据工程实际情况补充。措施项目清单的编制依据主要有：

（1）施工现场情况、地勘水文资料、工程特点。

（2）常规施工方案。

（3）与建设工程有关的标准、规范、技术资料。

（4）拟定的招标文件。

（5）建设工程设计文件及相关资料。

·典型例题·

［**例题 1·单选**］对于不能计算工程量的措施项目，当按施工方案计算措施费时，若无“计算基础”和“费率”数值，则（　　）。

A. 以定额计价为计算基础，以国家、行业、地区定额中相应的费率计算金额

B. 以“定额人工费＋定额机械费”为计算基础，以国家、行业、地区定额中相应费率计算金额

C. 只填写“金额”数值，在备注中说明施工方案出处或计算方法

D. 备注中说明计算方法，补充填写“计算基础”和“费率”

［**解析**］本题考查的是措施项目清单。按施工方案计算的措施费，若无“计算基础”和“费率”的数值，也可只填“金额”数值，但应在备注栏说明施工方案出处或计算方法。

［**例题 2·多选**］为有利于措施费的确定和调整，根据现行工程量计算规范。适宜采用单价措施项目计价的有（　　）。

A. 夜间施工增加费

B. 二次搬运费

C. 施工排水、降水费

D. 超高施工增加费

E. 垂直运输费

［**解析**］有些措施项目是可以计算工程量的项目，如脚手架工程，混凝土模板及支架（撑），垂直运输，超高施工增加，大型机械设备进出场及安拆，施工排水、降水等，这类措施项目按照分部分项工程项目清单的方式采用综合单价计价，更有利于措施费的确定和调整。措施项目中可以计算工程量的项目（单价措施项目）宜采用分部分项工程量清单的方式编制。

答案：1. C　2. CDE

（三）其他项目清单

其他项目清单包括暂列金额，暂估价（包括材料暂估单价、工程设备暂估单价、专业工程暂估价），计日工，总承包服务费，见表 2-4-6。

表 2-4-6　其他项目清单

项目	内容
暂列金额	（1）招标人填写 （2）按招标人列出金额填写，计入投标总价中

续表

<table>
<tr><th colspan="2">项目</th><th>内容</th></tr>
<tr><td rowspan="2">暂估价</td><td>材料、
工程设备</td><td>（1）招标人填写“暂估单价”
（2）按招标人提供的暂估单价计入清单项目的综合单价</td></tr>
<tr><td>专业工程</td><td>（1）招标人填写“暂估金额”
（2）按招标人提供的暂估金额填写，计入投标总价中</td></tr>
<tr><td colspan="2">计日工</td><td>（1）项目名称、暂定数量由招标人填写
（2）单价由投标人自主报价</td></tr>
<tr><td colspan="2">总承包服务费</td><td>—</td></tr>
</table>

1. 暂列金额

暂列金额是招标人在工程量清单中暂定并包括在合同价款中的一笔款项。用于工程合同签订时尚未确定或者不可预见的所需材料、工程设备、服务的采购，施工中可能发生的工程变更、合同约定调整因素出现时的合同价款调整，以及发生的索赔、现场签证确认等的费用。暂列金额明细表见表 2-4-7。

表 2-4-7 暂列金额明细表

工程名称：××学校教学楼工程　　　　标段：　　　　第 1 页　共 1 页

序号	项目名称	计量单位	暂定金额/元	备注
1	自行车棚工程	项	80 000	
2	工程量偏差和设计变更	项	120 000	
3	政策性调整和材料价格波动	项	100 000	
4	其他		50 000	
合计			350 000	

注：此表由招标人填写，如不能详列，也可只列暂定金额总额，投标人应将上述暂列金额计入投标总价中。

2. 暂估价

暂估价是指招标人在工程量清单中提供的用于支付必然发生但暂时不能确定价格的材料、工程设备的单价以及专业工程的金额，包括材料暂估单价、工程设备暂估单价和专业工程暂估价。

需要纳入分部分项工程项目清单综合单价中的暂估价应只是材料、工程设备暂估单价。专业工程暂估价一般应是综合暂估价，包括人工费、材料费、施工机具使用费、企业管理费和利润，不包括规费和税金。

（1）暂估价中的材料、工程设备暂估单价应根据工程造价信息或参照市场价格估算，列出明细表，可按照表 2-4-8 的格式列示。

表 2-4-8 材料（工程设备）暂估单价及调整表

工程名称：××学校教学楼工程　　标段：　　第 1 页　共 1 页

序号	材料（工程设备）名称、规格、型号	计量单位	数量		暂估/元		确认/元		差额±/元		备注
			暂估	确认	单价	合价	单价	合价	单价	合价	
1	钢筋（规格见施工图）	t	200		3 800			760 000			
2	低压开关柜（CGD190380/220V）	台	1		45 000			45 000			
合计								805 000			

注： 此表“暂估单价”由招标人填写，并在备注栏说明暂估价的材料、工程设备拟用在哪些清单项目上，投标人应将上述材料、工程设备暂估价计入工程量清单综合单价投价中。

（2）专业工程暂估价应分不同专业，按有关计价规定估算，列出明细表，可按照表 2-4-9 的格式列示。

表 2-4-9 专业工程暂估价及结算价表

工程名称：××学校教学楼工程　　标段：　　第 1 页　共 1 页

序号	工程名称	工程内容	暂估金额/元	结算金额/元	差额±/元	备注
1	消防工程	合同图纸中标明的以及消防工程规范和技术说明中规定的各系统中的设备、管道、阀门、线缆等的供应、安装和调试工作	300 000			
2						
合计			300 000			

注： 此表“暂估金额”由招标人填写。投标人应将“暂估金额”计入投标总价中。结算时按合同约定结算金额填写。

3. 计日工

在施工过程中，承包人完成发包人提出的工程合同范围以外的零星项目或工作，按合同中约定的单价计价的一种方式。计日工对完成零星工作所消耗的人工工日、材料数量、施工机具台班进行计量，并按照适用项目的单价进行计价支付。

计日工应列出项目名称、计量单位和暂估数量。计日工可按照表 2-4-10 的格式列示。

表 2-4-10 计日工表

工程名称：××学校教学楼工程　　标段：　　第 1 页　共 1 页

编号	项目名称	单位	暂定数量	实际数量	综合单价/元	合价/元	
						暂定	实际
一	人工						
1	普工	工日	100				

续表

编号	项目名称	单位	暂定数量	实际数量	综合单价/元	合价/元	
						暂定	实际
2	技工	工日	80				
…							
人工小计							
二	材料						
1	钢筋 HPB330，ϕ12	t	1				
2	水泥 42.5	t	2				
3	中砂	m^3	10				
4	砾石（5～40mm）	m^3	5				
5	页岩砖（240mm×115mm×53mm）	千块	1				
…							
材料小计							
三	施工机具						
1	自升式塔式起重机	台班	5				
2	灰浆搅拌机（400L）	台班	2				
…							
施工机具小计							
四	企业管理费和利润						
总计							

注：此表项目名称、暂定数量由招标人填写。编制招标控制价时，单价由招标人按有关计价规定确定；投标时，单价由投标人自主报价，按暂定数量计算合价计入投标总价中。结算时，按发承包双方确认的实际数量计算合价。

4. 总承包服务费

总承包服务费是指总承包人为配合协调发包人进行的专业工程发包，对发包人自行采购的材料、工程设备等进行保管以及施工现场管理、竣工资料汇总整理等服务所需的费用。

招标人应预计该项费用并按投标人的投标报价向投标人支付该项费用。

总承包服务费应列出服务项目及其内容等。总承包服务费按照表 2-4-11 的格式列示。

表 2-4-11 总承包服务费计价表

工程名称：××学校教学楼工程　　　　标段：　　　　　　　　　　　　第 1 页　共 1 页

序号	项目名称	项目价值/元	服务内容	计算基础	费率/%	金额/元
1	发包人发包专业工程	200 000	(1) 按专业工程承包人的要求提供施工工作面并对施工现场进行统一管理、对竣工资料进行统一整理汇总 (2) 为专业工程承包人提供垂直运输机械和焊接电源接入点，并承担垂直运输费和电费			
2	发包人提供材料	850 000	对发包人供应的材料进行验收、保管和使用发放			
…						
	合价	1 050 000				

注： 此表项目名称、服务内容由招标人填写，编制招标控制价时，费率及金额由招投人按有关计价规定确定；投标时，费率及金额由投标人自主报价，计入投标总价中。

·典型例题·

［**例题 1 · 单选**］根据《建设工程工程量清单计价规范》(GB 50500—2013)，关于其他项目清单的编制和计价，下列说法正确的是（　　）。

A. 暂列金额由招标人在工程量清单中暂定

B. 暂列金额包括暂不能确定价格的材料暂定价

C. 专业工程暂估价中包括规费和税金

D. 计日工单价中不包括企业管理费和利润

［**解析**］暂估价包括暂不能确定价格的材料暂定价，选项 B 错误；专业工程暂估价不包括规费和税金，选项 C 错误；计日工单价包含企业管理费和利润，选项 D 错误。

［**例题 2 · 多选**］下列费用中，由招标人填写金额，投标人直接计入投标总价的有（　　）。

A. 材料设备暂估价　　　　B. 专业工程暂估价

C. 暂列金额　　　　D. 计日工单价

E. 总承包服务费

［**解析**］材料、工程设备暂估价计入工程量清单综合单价报价中；专业工程暂估价、暂列金额由招标人填写金额，投标人直接计入投标总价。

答案：1. A　2. BC

（四）规费、税金项目清单

规费项目清单应按照下列内容列项：社会保险费，包括养老保险费、失业保险费、医疗保险费、工伤保险费、生育保险费；住房公积金。出现计价规范中未列的项目，应根据省级政府或省级有关权力部门的规定列项。

税金项目清单应包括增值税。出现计价规范未列的项目，应根据税务部门的规定列项。规费、税金项目计价表见表 2-4-12。

表 2-4-12　规费、税金项目计价表

工程名称：　　　　　　　　　　标段：　　　　　　　　　　第　页　共　页

序号	项目名称	计算基础	计算基础	费率/%	金额/元
1	规费	定额人工费			
1.1	社会保险费	定额人工费			
(1)	养老保险费	定额人工费			
(2)	失业保险费	定额人工费			
(3)	医疗保险费	定额人工费			
(4)	工伤保险费	定额人工费			
(5)	生育保险费	定额人工费			
1.2	住房公积金	定额人工费			
2	税金（增值税）	人工费＋材料费＋施工机具使用费＋企业管理费＋利润＋规费			
合计					

编制人（造价人员）：　　　　　　　　　　复核人（造价工程师）：

第五节　计算机辅助工程量计算

工程量计算是编制工程计价的基础工作，具有工作量大、烦琐、费时、细致等特点，约占工程计价工作量的50%～70%，计算的精确度和速度也直接影响着工程计价文件的质量。随着计算机技术的发展，软件表格法算量的计量工具代替了手工算量的计算工作，之后逐渐发展到目前广泛使用的自动计算工程量软件。自动算量软件按照支持的图形维数的不同分为两类：二维算量软件和三维算量软件。

除算量软件外，在工程量计算中近年来又发展到 BIM（Building Information Modeling，简称 BIM）和云计算等更为先进的信息技术。

一、BIM

(1) BIM 是以建筑工程项目的各项相关信息数据为基础，建立的数字化建筑模型。具有可视化、协调性、模拟性、优化性和可出图形五大特点，给工程建设信息化带来重大变革。

(2) BIM 技术可以实现施工过程中的可视化、可控化工程造价的动态管理，集三维设计、动态可视施工、动态造价管理五维技术。

(3) BIM 技术将改变工程量计算方法，将工程量计算规则、消耗量指标与 BIM 技术相结合，实现由设计信息到工程造价信息的自动转换，使得工程量计算更加快捷、准确和高效。该工程量的计算不仅可以适用于工程计价和工程造价管理的计量要求，也可以适用于对建设工程计量以及能效评价等方面的要求。

二、云计算

云计量可以通过协作来高速完成复杂工程的精细计量。

同步强化训练

一、单项选择题（每题的备选项中，只有1个最符合题意）

1. 某管沟工程，设计管底垫层宽度为2 000mm，开挖深度为2.00m，管径为1 200mm，工作面宽为400mm，管道中心线长为180m，管沟土方工程量计量正确的为（　　）。

A. $432m^3$　　B. $576m^3$　　C. $720m^3$　　D. $1\ 008m^3$

2. 根据《房屋建筑与装饰工程工程量计算规范》（GB 50854—2013）规定，关于土方的项目列项或工程量计算正确的为（　　）。

A. 建筑物场地厚度为350mm的挖土应按平整场地项目列项

B. 挖一般土方的工程量通常按开挖虚方体积计算

C. 基础土方开挖需区分沟槽、基坑和一般土方项目分别列项

D. 冻土开挖工程量按虚方体积计算

3. 根据《房屋建筑与装饰工程工程量计算规范》（GB 50854—2013）规定，关于地基处理工程量计算正确的为（　　）。

A. 振冲桩（填料）按设计图示处理范围以面积计算

B. 砂石桩按设计图示尺寸以桩长（不包括桩尖）计算

C. 水泥粉煤灰碎石桩按设计图示尺寸以体积计算

D. 深层搅拌桩按设计图示尺寸以桩长计算

4. 根据《房屋建筑与装饰工程工程量计算规范》（GB 50854—2013）规定，关于基坑支护工程量计算正确的为（　　）。

A. 地下连续墙按设计图示墙中心线长度以米计算

B. 预制钢筋混凝土板桩按设计图示数量以根计算

C. 钢板桩按设计图示数量以根计算

D. 喷射混凝土按设计图示面积乘喷层厚度以体积计算

5. 根据《房屋建筑与装饰工程工程量计算规范》（GB 50854—2013），关于砌墙工程量计算，说法正确的为（　　）。

A. 扣除凹进墙内的管槽、暖气槽所占体积

B. 扣除伸入墙内的梁头、板头所占体积

C. 扣除凸出墙面砖垛体积

D. 扣除檩头、垫木所占体积

6. 根据《房屋建筑与装饰工程工程量计算规范》（GB 50854—2013），实心砖墙工程量计算正确的为（　　）。

A. 凸出墙面的砖垛单独列项　　B. 框架梁间内墙按梁间墙体积计算

C. 围墙扣除柱所占体积　　D. 平屋顶外墙算至钢筋混凝土板顶面

7. 根据《房屋建筑与装饰工程工程量计算规范》（GB 50854—2013），混凝土框架柱工程量应（　　）。

A. 按设计图示尺寸扣除板厚所占部分以体积计算

B. 区别不同截面以长度计算

C. 按设计图示尺寸不扣除梁所占部分以体积计算

D. 按柱基上表面至梁底面部分以体积计算

8. 根据《房屋建筑与装饰工程工程量计算规范》（GB 50854—2013）规定，关于现浇混凝土柱的工程量计算正确的为（　　）。
   A. 有梁板的柱按设计图示截面积乘柱基上表面或楼板上表面至上一层楼板底面之间的高度以体积计算
   B. 无梁板的柱按设计图示截面积乘柱基上表面或楼板上表面至柱帽下表面之间的高度以体积计算
   C. 框架柱按柱基上表面至柱顶高度以米计算
   D. 构造柱按设计柱高以米计算
9. 根据《房屋建筑与装饰工程工程量计算规范》（GB 50854—2013）规定，有关防腐工程量计算，说法正确的为（　　）。
   A. 隔离层平面防腐，门洞开口部分按图示面积计入
   B. 隔离层立面防腐，门洞口侧壁部分不计算
   C. 砌筑沥青浸渍砖，按图示水平投影面积计算
   D. 立面防腐涂料，门洞侧壁按展开面积并入墙面积内
10. 根据《建设工程工程量清单计价规范》（GB 50500—2013），一般不作为安全文明施工费计算基础的为（　　）。
   A. 定额人工费
   B. 定额人工费＋定额材料费
   C. 定额人工费＋定额施工机具使用费
   D. 定额人工费＋定额材料费＋定额施工机具使用费

第二章

二、多项选择题（每题的备选项中，有 2 个或 2 个以上符合题意，至少有 1 个错项）

1. 根据《建筑工程建筑面积计算规范》（GB/T 50353—2013）规定，下列应计算 1/2 建筑面积的有（　　）。
   A. 高度不足 2.20m 的单层建筑物
   B. 净高不足 1.20m 的坡屋顶部分
   C. 层高不足 2.20m 地下室
   D. 有永久顶盖无围护结构建筑物
   E. 外挑宽度不足 2.10m 的雨篷
2. 根据《建筑工程建筑面积计算规范》（GB/T 50353—2013）规定，关于建筑面积计算正确的有（　　）。
   A. 建筑物顶部有围护结构的电梯机房不单独计算
   B. 建筑物顶部层高为 2.10m 的有围护结构的水箱间不计算
   C. 围护结构不垂直于水平面的楼层，应按其底板面外墙外围水平面积计算
   D. 建筑物室内提物井不计算
   E. 建筑物室内楼梯按自然层计算
3. 根据《建设工程工程量清单计价规范》（GB 50500—2013），关于分部分项工程量清单的编制，下列说法正确的有（　　）。
   A. 以重量计算的项目，其计量单位应为吨或千克
   B. 以吨为计量单位时，其计算结果应保留三位小数
   C. 以立方米为计量单位时，其计算结果应保留三位小数
   D. 以千克为计量单位时，其计算结果应保留一位小数
   E. 以“个”“项”为单位的，应取整数
4. 某工程石方清单为暂估项目，施工过程中需要通过现场签证确认实际完成工程量，挖方全

部外运。已知开挖范围为底长 25m、底宽 9m，使用斗容量为 $10m^3$ 的汽车平装外运 55 车，则关于石方清单列项和工程量，说法正确的有（　　）。

A. 按挖一般石方列项　　B. 按挖沟槽石方列项

C. 按挖基坑石方列项　　D. 工程量 $357.14m^3$

E. 工程量 $550.00m^3$

5. 根据《房屋建筑与装饰工程工程量计算规范》（GB 50854—2013），关于土方工程量计算与项目列项，说法正确的有（　　）。

A. 建筑物场地挖、填厚度≤±300mm 的挖土应按一般土方项目编码列项

B. 平整场地工程量按设计图示尺寸以建筑物首层建筑面积计算

C. 挖一般土方应按设计图示尺寸以挖掘前天然密实体积计算

D. 挖沟槽土方工程量按沟槽设计图示中心线长度计算

E. 挖基坑土方工程量按设计图示尺寸以体积计算

三、案例分析题

某工程建筑面积为 $1\,600m^2$，檐口高度 11.60m，基础为无梁式满堂基础，地下室外墙为钢筋混凝土墙，满堂基础平面布置示意图见图 2-T-1，基础及剪力墙剖面示意图见图 2-T-2。混凝土采用预拌混凝土，强度等级：基础垫层为 C15，满堂基础、混凝土墙均为 C30。项目编码及特征描述等见分部分项工程和单价措施项目工程量计算表（表 2-T-1）。招标文件规定：土质为三类土，所挖全部土方场内弃土运距 50m，基坑夯实回填，基底无须钎探，挖、填土方计算均按天然密实土体积计算。

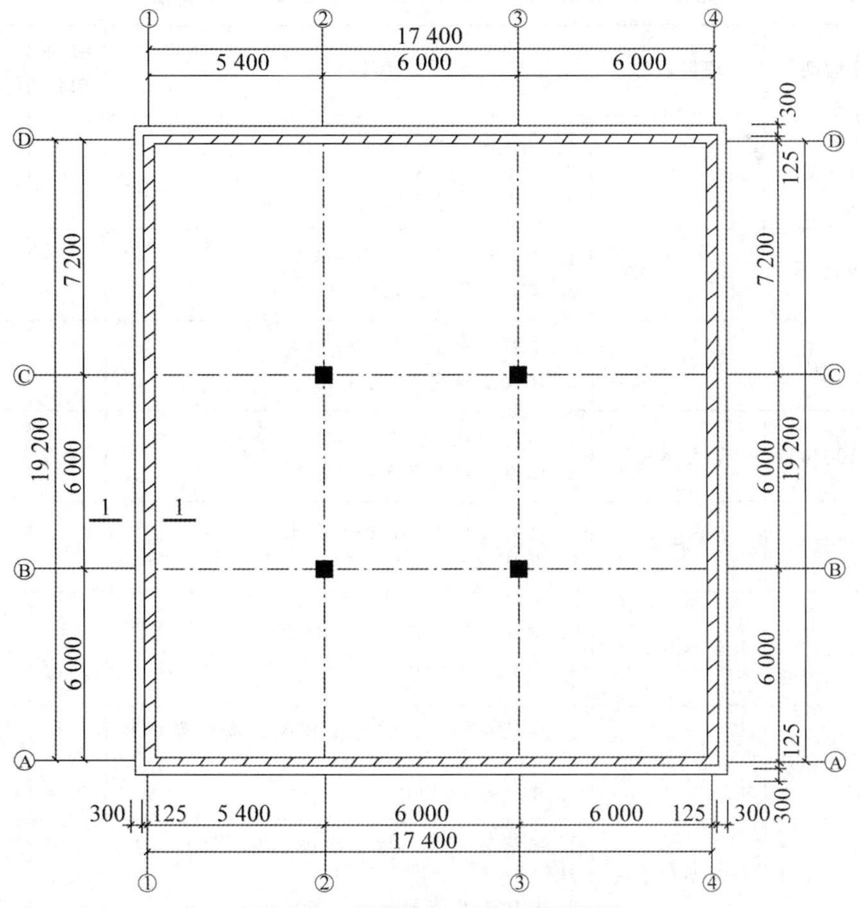

图 2-T-1　满堂基础平面布置示意图

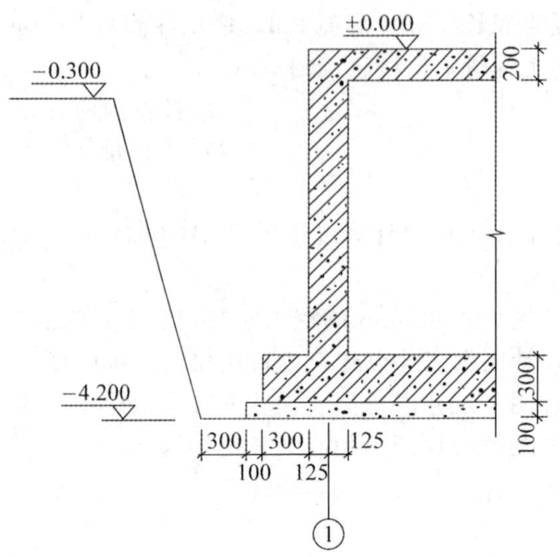

图 2-T-2　基础及剪力墙剖面示意图

【问题】

1. 根据图示内容、《房屋建筑与装饰工程工程量计算规范》和《建设工程工程量清单计价规范》的规定，计算该工程挖一般土方、回填土方、基础垫层、混凝土满堂基础、混凝土墙、综合脚手架、垂直机械运输的招标工程量清单中的数量，计算过程填入表 2-T-1 中。

表 2-T-1　分部分项工程和单价措施项目工程量计算表

序号	项目编码	项目名称	项目特征	计量单位	工程量	计算过程
1	010101002001	挖一般土方	1. 土壤类别：三类土 2. 挖土深度：3.9m 3. 弃土运距：场内堆放运距为 50m	m^3		
2	010103001001	土方回填	1. 密实度要求：符合规范要求 2. 填方运距：50m	m^3		
3	010501001001	基础垫层	1. 混凝土种类：预拌混凝土 2. 混凝土强度等级：C15	m^3		
4	010501004001	满堂基础	1. 混凝土种类：预拌混凝土 2. 混凝土强度等级：C30	m^3		
5	010504001001	直行墙	1. 混凝土种类：预拌混凝土 2. 混凝土强度等级：C30	m^3		
6	010515001001	现浇构件钢筋	1. 钢筋种类：带肋钢筋 HRB400 2. 钢筋型号：Φ22	t	28.96	
7	011701001001	综合脚手架	1. 建筑结构形式：地上框架、地下剪力墙结构 2. 檐口高度：11.60m	m^2		
8	011703001001	垂直运输机械	1. 建筑结构形式地上框架、地下室剪力墙结构 2. 檐口高度、层数：11.60m、三层	m^2		

2. 依据工程所在省《房屋建筑与装饰工程消耗量定额》的规定，挖一般土方的工程量按设计图示基础（含垫层）尺寸，另加工作面宽度、土方放坡宽度乘开挖深度，以体积计算，基础土方放坡，自基础（含垫层）底标高算起。混凝土基础垫层支模板和混凝土基础支模板的工作面均为每边 300mm，三类土放坡起点深度为 1.5m。采用机械挖土（坑内作业）放坡坡度为 1∶0.25，计算编制招标控制价时机械挖一般土方、回填土方的施工工程量。

参考答案及解析

一、单项选择题

1. [答案] C

[解析] 管沟土方按设计图示以管道中心线长度计算，或按设计图示管底垫层面积乘挖土深度以体积计算。无管底垫层按管外径的水平投影面积乘挖土深度计算。不扣除各类井的长度，井的土方并入。管沟土方工程计量＝2×180×2＝720（m^3）。

2. [答案] C

[解析] 建筑物场地厚度≤±300mm 的挖、填、运、找平，应按平整场地项目编码列项。厚度＞±300mm 的竖向布置挖土或山坡切土应按一般土方项目编码列项，故选项 A 错误。挖一般土方按设计图示尺寸以体积计算，土石方体积应按挖掘前的天然密实体积计算，故选项 B 错误。冻土按设计图示尺寸开挖面积乘厚度以体积计算，故选项 D 错误。

3. [答案] D

[解析] 振冲桩（填料）以米计量，按设计图示尺寸以桩长计算；以立方米计量，按设计桩截面乘桩长以体积计算，选项 A 错误。砂石桩按设计图示尺寸以桩长（包括桩尖）计算；以立方米计量，按设计桩截面乘桩长（包括桩尖）以体积计算，选项 B 错误。水泥粉煤灰碎石桩按设计图示尺寸以桩长（包括桩尖）计算，选项 C 错误。

4. [答案] B

[解析] 地下连续墙按设计图示墙中心线长乘厚度乘槽深以体积计算，选项 A 错误。钢板桩以吨计量，按设计图示尺寸以质量计算；以平方米计量，按设计图示墙中心线长乘桩长以面积计算，选项 C 错误。喷射混凝土按设计图示尺寸以面积计算，选项 D 错误。

5. [答案] A

[解析] 砖墙按设计图示尺寸以体积计算。扣除门、窗、洞口、嵌入墙内的钢筋混凝土柱、梁、圈梁、挑梁、过梁及凹进墙内的壁龛、管槽、暖气槽、消火栓箱所占体积。不扣除梁头、板头、檩头、垫木、木楞头、沿椽木、木砖、门窗走头、砖墙内加固钢筋、木筋、铁件、钢管及单个面积≤0.3m^2 的孔洞所占的体积。凸出墙面的砖垛并入墙体体积内计算。

6. [答案] B

[解析] 凸出墙面的砖垛并入墙体体积内计算，故选项 A 错误。框架间墙工程量计算不分内外墙按墙体净尺寸以体积计算。围墙柱并入围墙体积内计算，故选项 C 错误。平屋顶外墙算至钢筋混凝土板底面，故选项 D 错误。

7. [答案] C

[解析] 现浇混凝土柱包括矩形柱、构造柱、异形柱等项目。按设计图示尺寸以体积计算。不扣除构件内钢筋、预埋铁件所占体积。框架柱的柱高应自柱基上表面至柱顶高度计算。

8. [答案] B

[解析] 现浇混凝土包括矩形柱、构造柱、异形柱，按设计图示尺寸以体积计算。有梁板的柱高，应自柱基上表面（或楼板上表

第二章

面）至上一层楼板上表面之间的高度计算，选项A错误。无梁板的柱高，应自柱基上表面（或楼板上表面）至柱帽下表面之间的高度计算，选项B正确。框架柱的柱高应自柱基上表面至柱顶高度计算，选项C错误。构造柱按全高计算，嵌接墙体部分（马牙槎）并入柱身体积，选项D错误。

9. ［答案］D

［解析］隔离层平面防腐：扣除凸出地面的构筑物、设备基础等以及面积大于0.3m^{2}孔洞、柱、垛所占面积，选项A错误。隔离层立面防腐：扣除门、窗、洞口以及面积大于0.3m^{2}孔洞、梁所占面积，门、窗、洞口侧壁、垛突出部分按展开面积并入墙面积内，选项B错误。砌筑沥青浸渍砖按设计图示尺寸以体积计算，选项C错误。

10. ［答案］B

［解析］“计算基础”中安全文明施工费可为“定额基价”“定额人工费”或“定额人工费＋定额施工机具使用费”。

二、多项选择题

1. ［答案］ACD

［解析］结构层高在2.20m及以上的，应计算全面积；结构层高在2.20m以下的，应计算1/2面积。对于形成建筑空间的坡屋顶，结构净高在1.20m以下的部位不应计算建筑面积。地下室、半地下室应按其结构外围水平面积计算，结构层高在2.20m以下的，应计算1/2面积。有顶盖无围护结构的车棚、货棚、站台、加油站、收费站等，应按其顶盖水平投影面积的1/2计算建筑面积。无柱雨篷的结构外边线至外墙结构外边线的宽度在2.10m及以上的，应按雨篷结构板的水平投影面积的1/2计算建筑面积。

2. ［答案］CE

［解析］设在建筑物顶部的、有围护结构的楼梯间、水箱间、电梯机房等，结构层高在2.20m及以上的应计算全面积；结构层高在2.20m以下的，应计算1/2面积，故选项A、B错误。建筑物内的室内楼梯、电梯井、提物井、管道井、通风排气竖井、烟道，应并入建筑物的自然层计算建筑面积，故选项D错误。

3. ［答案］ABE

［解析］以立方米为计量单位时，其计算结果应保留两位小数，选项C错误。以千克为计量单位时，其计算结果应保留两位小数，选项D错误。

4. ［答案］AD

［解析］沟槽、基坑的划分为：底宽≤7m且底长＞3倍底宽为沟槽；底长≤3倍底宽且底面积≤150m^{2}为基坑；超出上述范围则为一般石方。工程量$V=550/1.54=357.14$（m^3）。

5. ［答案］BCE

［解析］建筑物场地挖、填厚度≤±300mm的挖土应按平整场地项目编码列项，选项A错误。挖沟槽土方工程量应按设计图示尺寸以基础垫层底面积乘挖土深度计算，选项D错误。

三、案例分析题

1. 该工程挖一般土方、回填土方、基础垫层、混凝土满堂基础、混凝土墙、综合脚手架、垂直机械运输的招标工程量清单中的数量见表2-T-2。

表 2-T-2 分部分项工程和单价措施项目工程量计算表

序号	项目编码	项目名称	项目特征	计量单位	工程量	计算过程
1	010101002001	挖一般土方	1. 土壤类别：三类土 2. 挖土深度：3.9m 3. 弃土运距：场内堆放运距为50m	m^3	1 457.09	(17.4 + 0.25 + 0.3 × 2 + 0.1×2) × (19.2+0.25+0.3×2+0.1×2) ×3.9= 1 457.09
2	010103001001	土方回填	1. 密实度要求：符合规范要求 2. 填方运距：50m	m^3	108.44	1 457.09 − 37.36 − 109.77 − (17.4 + 0.25) × (19.2 + 0.25) × (3.9 − 0.1 − 0.3) =108.44
3	010501001001	基础垫层	1. 混凝土种类：预拌混凝土 2. 混凝土强度等级：C15	m^3	37.36	(17.4 + 0.25 + 0.3 × 2 + 0.1×2) × (19.2+0.25+0.3 × 2 + 0.1 × 2) × 0.1 =37.36
4	010501004001	满堂基础	1. 混凝土种类：预拌混凝土 2. 混凝土强度等级：C30	m^3	109.77	(17.4+0.25+0.3×2) × (19.2+0.25+0.3×2) × 0.3=109.77
5	010504001001	直行墙	1. 混凝土种类：预拌混凝土 2. 混凝土强度等级：C30	m^3	69.54	(17.4 × 2 + 19.2 × 2) × 0.25× (4.2 − 0.1 − 0.3) =69.54
6	010515001001	现浇构件钢筋	1. 钢筋种类：带肋钢筋 HRB400 2. 钢筋型号：Φ22	t	28.96	
7	011701001001	综合脚手架	1. 建筑结构形式：地上框架、地下剪力墙结构 2. 檐口高度：11.60m	m^2	1 600.00	建筑面积 1 600.00
8	011703001001	垂直运输机械	1. 建筑结构形式地上框架、地下剪力墙结构 2. 檐口高度、层数：11.60m、三层	m^2	1 600.00	建筑面积 1 600.00
9		其他工程	略			

2. （1）机械挖一般土方工程量计算：

挖土方下底面面积＝（17.4＋0.25＋0.3×2＋0.1×2＋0.3×2）×（19.2＋0.25＋0.3×2＋0.1×2＋0.3×2）＝397.19（m^2）。

挖土方上底面面积＝（17.4＋0.25＋0.3×2＋0.1×2＋0.3×2＋3.9×0.25×2）×（19.2＋0.25＋0.3×2＋0.1×2＋0.3×2＋3.9×0.25×2）＝478.80（m^2）。

机械挖土体积 V_W＝（397.19＋478.80＋$\sqrt{397.19\times478.80}$）×3.9×1/3＝1 705.70（$m^3$）。

机动翻斗车场内运输所挖全部土方工程量＝挖土体积＝1705.70m^3。

（2）基础回填土工程量计算：

V_T＝V_W－室外地坪标高以下埋设物

＝1705.70－37.36－109.77－（17.4＋0.25）×（19.2＋0.25）×（3.9－0.1－0.3）＝357.05（m^3）。

机动翻斗车场内运输回填土方工程量＝357.05m^3。

第二章

第三章
工程计价

本章包括7节，分别介绍了施工图预算、预算定额、工程费用定额、最高投标限价、投标报价、价款结算和合同价款的调整以及竣工决算价款的内容。此部分内容一般以案例题形式进行考查。

知识脉络

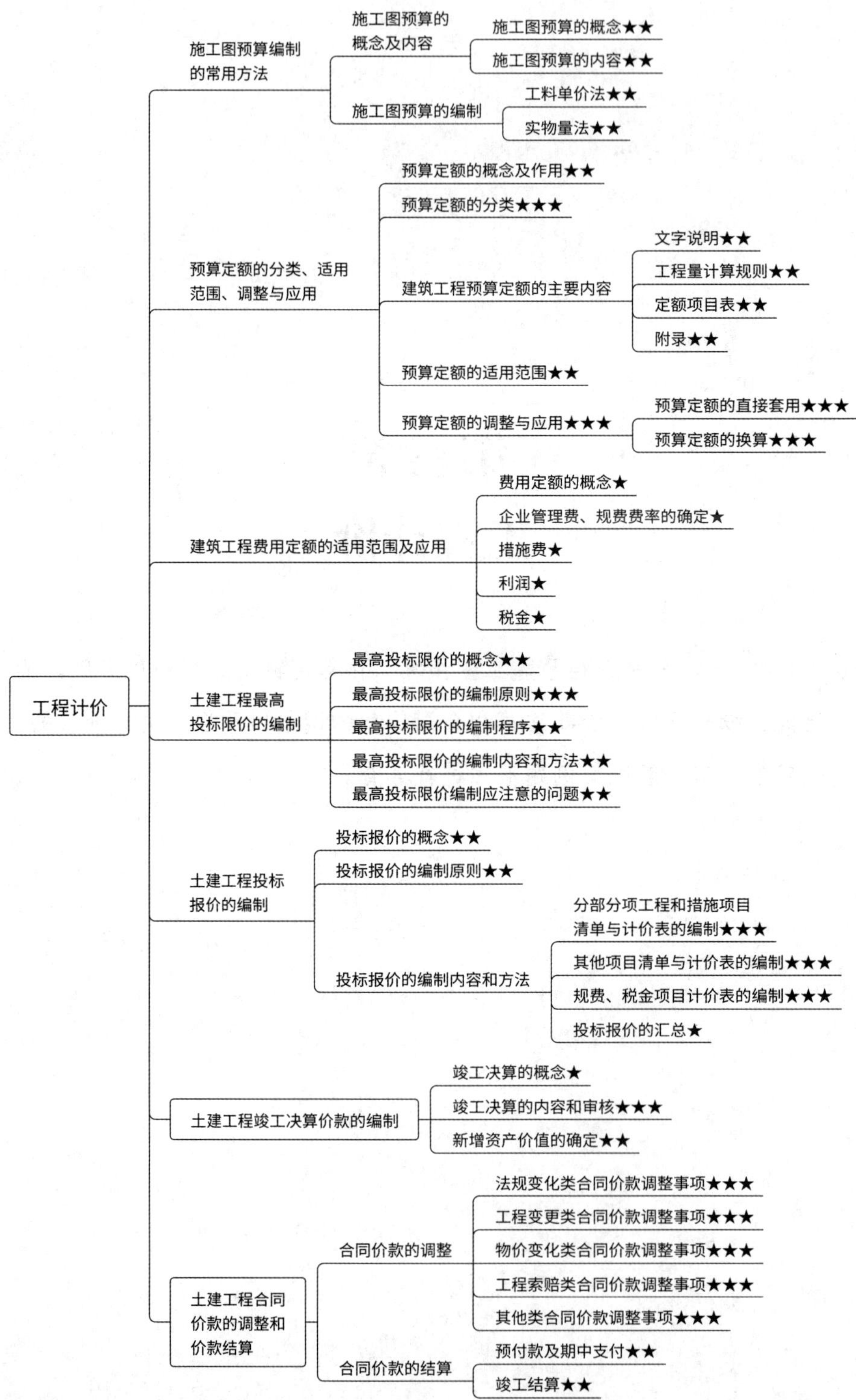
工程计价
施工图预算编制的常用方法
施工图预算的概念及内容
施工图预算的概念★★
施工图预算的内容★★
施工图预算的编制
工料单价法★★
实物量法★★
预算定额的分类、适用范围、调整与应用
预算定额的概念及作用★★
预算定额的分类★★★
建筑工程预算定额的主要内容
文字说明★★
工程量计算规则★★
定额项目表★★
附录★★
预算定额的适用范围★★
预算定额的调整与应用★★★
预算定额的直接套用★★★
预算定额的换算★★★
建筑工程费用定额的适用范围及应用
费用定额的概念★
企业管理费、规费费率的确定★
措施费★
利润★
税金★
土建工程最高投标限价的编制
最高投标限价的概念★★
最高投标限价的编制原则★★★
最高投标限价的编制程序★★
最高投标限价的编制内容和方法★★
最高投标限价编制应注意的问题★★
土建工程投标报价的编制
投标报价的概念★★
投标报价的编制原则★★
投标报价的编制内容和方法
分部分项工程和措施项目清单与计价表的编制★★★
其他项目清单与计价表的编制★★★
规费、税金项目计价表的编制★★★
投标报价的汇总★
土建工程竣工决算价款的编制
竣工决算的概念★
竣工决算的内容和审核★★★
新增资产价值的确定★★
土建工程合同价款的调整和价款结算
合同价款的调整
法规变化类合同价款调整事项★★★
工程变更类合同价款调整事项★★★
物价变化类合同价款调整事项★★★
工程索赔类合同价款调整事项★★★
其他类合同价款调整事项★★★
合同价款的结算
预付款及期中支付★★
竣工结算★★

第一节　施工图预算编制的常用方法

一、施工图预算的概念及内容

（一）施工图预算的概念

施工图预算是以施工图设计文件为依据，按照规定的程序、方法和依据，在工程施工前对工程项目的工程费用进行的预测和计算。施工图预算的成果文件称作施工图预算书，也简称施工图预算，它是在施工图设计阶段对工程建设所需资金作出较精确计算的设计文件。

（二）施工图预算的内容

（1）施工图预算由建设项目总预算、单项工程综合预算和单位工程预算组成。建设项目总预算由单项工程综合预算汇总而成，单项工程综合预算由组成本单项工程的各单位工程预算汇总而成，单位工程预算包括建筑工程预算和设备及安装工程预算。

（2）施工图预算根据建设项目实际情况可采用三级预算编制或二级预算编制形式。其编制形式见表 3-1-1。

表 3-1-1　二、三级预算编制形式

预算编制	编制形式
二级预算	建设项目总预算、单位工程预算
三级预算	建设项目总预算、单项工程综合预算、单位工程预算

·典型例题·

［例题·单选］关于建设工程预算，符合组合与分解层次关系的是（　　）。

A. 单位工程预算、单位工程综合预算、类似工程预算

B. 单位工程预算、类似工程预算、建设项目总预算

C. 单位工程预算、单项工程综合预算、建设项目总预算

D. 单位工程综合预算、类似工程预算、建设项目总预算

［解析］本题考查的是施工图预算的概念及其编制内容。当建设项目有多个单项工程时，应采用三级预算编制形式，三级预算编制形式由建设项目总预算、单项工程综合预算、单位工程预算组成。

答案：C

二、施工图预算的编制【重点讲解单位工程】

单位工程施工图预算包括建筑工程费、安装工程费和设备及工器具购置费。建筑安装工程费主要编制方法有单价法和实物量法，其中单价法分为工料单价法和全费用综合单价法，使用较多的是工料单价法。

（一）工料单价法

工料单价法是以分项工程的单价为工料单价，将分项工程量乘对应分项工程单价后的合计作为单位工程直接费，直接费汇总后，再根据规定的计算方法计取企业管理费、利润、规费和税金，将上述费用汇总后得到该单位工程的施工图预算造价。

建筑安装工程预算造价＝∑（分项工程量×分项工程工料单价）＋企业管理费＋利润＋规费＋税金

工料单价法编制施工图预算的基本步骤：

（1）准备工作。

1）收集编制施工图预算的编制依据。

2）熟悉施工图等基础资料。

3）了解施工组织设计和施工现场情况。

（2）列项并计算工程量。

分项子目的工程量应遵循一定的顺序逐项计算，避免漏算和重算。

1）根据工程内容和定额项目，列出需计算工程量的分项工程。

2）根据一定的计算顺序和计算规则，列出分项工程量的计算式。

3）根据施工图纸上的设计尺寸及有关数据，代入计算式进行数值计算。

4）对计算结果的计量单位进行调整，使之与定额中相应的分项工程的计量单位保持一致。

（3）套用定额预算单价，计算直接费。

1）分项工程的名称、规格、计量单位与预算单价或单位估价表中所列内容完全一致时，可以直接套用预算单价。

2）分项工程的主要材料品种与预算单价或单位估价表中规定材料不一致时，不可以直接套用预算单价，需要按实际使用材料价格换算预算单价。

3）分项工程施工工艺条件与预算单价或单位估价表不一致而造成人工、机械的数量增减时，一般调量不调价。

（4）编制工料分析表。

人工消耗量＝某工种定额用工量×某分项工程量

材料消耗量＝某种材料定额用量×某分项工程量

（5）计算主材费并调整直接费。

许多定额项目基价未包括主材费用，所以还应将主材费的价差加入直接费。主材费计算的依据是当时当地的市场价格。

（6）按计价程序计取其他费用，并汇总造价。

（7）复核、填写封面、编制说明。

（二）实物量法

用实物量法编制单位工程施工图预算，就是根据施工图计算的各分项工程量分别乘地区定额中人工、材料、施工机具台班的定额消耗量，分类汇总得出该单位工程所需的全部人工、材料、施工机具台班消耗数量，然后再乘当时当地人工工日单价、各种材料单价、施工机械台班单价、施工仪器仪表台班单价，求出相应的人工费、材料费、机具使用费。企业管理费、利润、规费和税金等费用计取方法与工料单价法相同。

实物量法编制施工图预算的步骤：

（1）准备资料、熟悉施工图纸。

（2）列项并计算工程量。

（3）套用消耗量定额，计算人工、材料、机具台班消耗量。

（4）计算并汇总人工费、材料费和施工机具使用费。

（5）计算其他各项费用，汇总造价。

（6）复核、填写封面、编制说明。

➢ **小结**：工料单价法与实物量法的对比如下：

工料单价：准备工作 → 列项并计算工程量 → 套用定额预算单价 → 工料分析 → 计算主材费并调整直接费 → 按计价程序取费并汇总造价 → 复核、填写封面、编制说明

实物量：准备工作 → 列项并计算工程量 → 套用消耗量定额计算人工、材料、机具台班消耗量 → 计算并汇总人材机 → 计算其他各项费用，汇总造价 → 复核、填写封面、编制说明

·典型例题·

［**例题 1 · 单选**］用工料单价法计算建筑安装工程费时需套用定额预算单价，下列做法正确的是（　　）。

A. 分项工程名称与定额名称完全一致时，直接套用定额预算单价

B. 分项工程计量单位与定额计量单位完全一致时，直接套用定额预算单价

C. 分项工程主要材料品种与预算定额不一致时，直接套用定额预算单价

D. 分项工程施工工艺条件与预算定额不一致时，一般调量不调价

［**解析**］本题考查的是施工图预算的编制。分项工程的名称、规格、计量单位与预算单价或单位估价表中所列内容完全一致时，可以直接套用预算单价。分项工程的主要材料品种与预算单价或单位估价表中规定材料不一致时，不可以直接套用预算单价，需要按实际使用材料价格换算预算单价。分项工程施工工艺条件与预算单价或单位估价表不一致而造成人工、机具的数量增减时，一般调量不调价。

［**例题 2 · 单选**］编制某单位工程施工图预算时，先根据地区统一单位估价表中的各项工程工料单价，乘相应的工程量并相加，得到单位工程的人工费、材料费和机具使用费三者之和，再汇总其他费用求和，这种编制预算的方法是（　　）。

A. 工料单价法　　B. 综合单价法

C. 全费用单价法　　D. 实物量法

［**解析**］工料单价法是以分项工程的单价为工料单价，将分项工程量乘对应分项工程单价后的合计作为单位工程直接费，直接费汇总后，再根据规定的计算方法计取企业管理费、利润、规费和税金，将上述费用汇总后得到该单位工程的施工图预算造价。

［**例题 3 · 单选**］实物量法编制施工图换算时，计算并复核工程量后紧接着进行的工作是（　　）。

A. 套用定额单价，计算人、材、机费用

B. 套用定额，计算人、材、机消耗量

C. 汇总人材机费用

D. 计算管理费等其他各项费用

［**解析**］实物量法编制施工图预算的步骤：①准备资料、熟悉施工图纸；②列项并计算工程量；③套用消耗量定额，计算人工、材料、机具台班消耗量；④计算并汇总人工费、材料费和施工机具使用费；⑤计算其他各项费用，汇总造价；⑥复核、填写封面、编制说明。

［**例题 4 · 单选**］采用实物量法与工料单价法编制施工图预算，其工作步骤差异体现

在（　　）。

A. 工程量的计算　　B. 直接费的计算

C. 企业管理费的计算　　D. 税金的计算

［**解析**］实物量法与工料单价法首尾部分的步骤基本相同，所不同的主要是中间两个步骤，即①采用实物量法计算工程量后，套用相应人工、材料、施工机具台班预算定额消耗量，求出各分项工程人工、材料、施工机具台班消耗数量并汇总成单位工程所需各类人工工日、材料和施工机具台班的消耗量。②采用实物量法，采用的是当时当地的各类人工工日、材料、施工机械台班、施工仪器仪表台班的实际单价分别乘相应的人工工日、材料和施工机具台班总的消耗量，汇总后得出单位工程的直接费。

答案：1. D　2. A　3. B　4. B

第二节　预算定额的分类、适用范围、调整与应用

一、预算定额的概念及作用

（一）预算定额的概念

预算定额，是在正常的施工条件下，完成一定计量单位合格分项工程和结构构件所需消耗的人工、材料、机械台班数量及其相应费用标准。

（二）预算定额的作用

（1）预算定额是编制施工图预算的基础。

（2）预算定额可以作为编制施工组织设计的依据。

（3）预算定额可以作为工程结算的依据。

（4）预算定额可以作为施工单位进行经济活动分析的依据。

（5）预算定额是编制概算定额的基础。

（6）预算定额是编制最高投标限价（招标控制价）的基础，并对投标报价的编制具有参考作用。

二、预算定额的分类

（一）按专业性质分类

预算定额按专业性质划分可分为建筑工程预算定额和安装工程预算定额两大类。

（1）建筑工程预算定额按专业对象分为建筑工程预算定额、市政工程预算定额、铁路工程预算定额、公路工程预算定额、房屋修缮工程预算定额、矿山井巷预算定额等。

（2）安装工程预算定额按专业对象分为电气设备安装工程预算定额、机械设备安装工程预算定额、通信设备安装工程预算定额、化学工业设备安装工程预算定额、工业管道安装工程预算定额、工艺金属结构安装工程预算定额、热力设备安装工程预算定额等。

（二）按管理权限和执行范围分类

预算定额可分为全国统一定额、行业统一定额、地区统一定额和企业定额等。

（三）按生产要素分类

按生产要素划分为劳动定额、材料消耗定额和施工机械定额，它们相互依存形成一个整体，各自不具有独立性。

三、建筑工程预算定额的主要内容

建筑工程预算定额的内容一般包括文字说明、工程量计算规则、定额项目表及附录等。

（一）文字说明

（1）包括总说明和各章说明。

（2）总说明主要说明定额的编制依据、适用范围、用途、工程质量要求、施工条件，定额中已经考虑的因素和未考虑的因素，有关综合性工作内容及有关规定和说明。

（3）各章说明是定额中的重要内容，主要说明本章的施工方法，消耗标准的调整、有关规定及说明。

（二）工程量计算规则

工程量计算规则综合考虑了施工方法、施工工艺和施工质量要求，计算出的工程量一般要考虑施工中的余量。与定额项目的消耗量指标相互配套使用。

（三）定额项目表

定额项目表是消耗量定额的核心内容，包括工作内容、定额编号、定额项目名称、定额计量单位及消耗量指标。

（四）附录

附录部分附在预算定额最后，一般包括材料配合比表、生产要素的价格、模板一次使用量等内容，主要用来定额换算和工料机分析。

四、预算定额的适用范围

预算定额是适应各省、市及自治区等建设工程计价的需要编制的，主要用于建设工程等在招标投标中编制标底、投标报价的需要。

五、预算定额的调整与应用【必会】

（一）预算定额的直接套用

当施工图的设计要求、项目内容与预算定额的项目内容完全一致时，可直接套用预算定额计算直接工程费。

·典型例题·

［**例题·案例**］试求 8.83m^3 M7.5 水泥砂浆砖基础所需要的人工和材料消耗量。砖基础定额见表 3-2-1。

表 3-2-1 砖基础定额（摘录）

工作内容：运料、淋砖、砂浆运输、清理基槽坑、砌砖等。（计量单位：10m^3）

定额编号			A1-4-1
项目名称			砖基础
类别	名称	单位	消耗量
人工	人工费	元	1 555.22
材料	预拌水泥砂浆 M7.5	m^3	(2.360)
	标准砖 240mm×115mm×53mm	千块	5.236
	水	m^3	1.05
	其他材料费	元	18.77

答案：

根据定额表可知：

（1）人工消耗量：8.83×1 555.22/10＝1 373.26（元）。

（2）材料消耗量：

预拌水泥砂浆 M7.5：8.83×2.36/10＝2.084（m^3）。

标准砖：8.83×5.236/10＝4.623（千块）。

水：8.83×1.05/10＝0.927（m^3）。

（二）预算定额的换算

当套用预算定额时，如果工程项目内容与套用相应定额项目的要求不相符合，当定额规定允许换算时，就要在定额规定的范围内进行换算，从而使施工图纸的内容与定额中的要求相一致，这个过程为定额的换算。经过换算后的项目，要在其定额编号后加注“换”字，以示区别。

1. 换算的基本思路

换算后的定额消耗量＝原定额消耗量＋应换入的消耗量－应换出的消耗量。

换算后的定额基价＝原定额基价＋应换入的费用（消耗量×单价）－应换出的费用（消耗量×单价）。

2. 换算的基本类型

（1）系数换算。

给定额的某一项（人工、材料、机械或基价或工程量）乘一个系数。如某省预算定额规定：挖桩间土方时，按实挖体积人工乘 1.5 系数。

（2）砂浆强度等级、配合比换算。

换算后基价＝原定额基价＋定额砂浆用量×（换入砂浆单价－换出砂浆单价）

［例题・案例］定额 3-37 为一砖厚承重多孔砖墙、M7.5 混合砂浆砌筑，混合砂浆 M7.5 定额用量 1.890m^3/10m^3，对应《建筑装饰价目表》3-37 基价 2 661.10 元/10m^3，查《建筑装饰价目表》附录 M10 混合砂浆单价 175.37 元/m^3，M7.5 混合砂浆单价 173.27 元/m^3。如设计外墙为一砖厚承重多孔砖墙、M10 混合砂浆砌筑，调整定额基价。

［解析］3-37 换算后：基价＝2 661.10＋（175.37－173.27）×1.890＝2 665.07（元/10m^3）。

（3）混凝土强度等级换算。

换算后基价＝原定额基价＋定额混凝土用量×（换入混凝土单价－换出混凝土单价）

（4）厚度换算。

当分项工程抹灰砂浆的设计厚度（或清单描述的厚度）与定额规定的厚度不同时，可以换算。换算的方法一般是增套一个增减子目（调整子目）。

［例题・案例］某地面装饰工程，在楼地面上采用 40mm1：3 水泥砂浆。按预算定额计算的工程量为 360m^2。根据某地区预算定额，定额项目“水泥砂浆（在混凝土或硬基层上厚 20mm、定额单价为 1 305.51 元/100m^2）”及定额项目“水泥砂浆找平层厚度每增减 5mm”单价增减 224.67 元/100m^2。请确定厚 40mm 的水泥砂浆的工料机单价。

［解析］该工程找平层厚为 40mm，预算定额中按 20mm 编制，需要对定额项目进行换算。调整后单价＝1 305.51＋（40－20）/5×224.67＝2 204.19（元/100m^2）。

（5）其他换算。

［例题・案例］某省一般抹灰定额见表 3-2-2。

表 3-2-2　一般抹灰定额

工作内容：1. 基层清理、修补堵眼、湿润基层、调运砂浆、清扫落地灰；

2. 分层抹灰找平、面层压光（包括门窗洞口侧壁抹灰）等全过程。　（计量单位：100m^{2}）

定额编号				12-1	12-2	12-3	12-4
项目				内墙	外墙	每增减 1	钢板网墙
				14+6			
基价/元				2 563.39	3 216.87	52.99	2 672.49
其中	人工费/元			1 498.23	2 151.71	—	1 687.95
	材料费/元			1 042.68	1 042.68	51.83	963.80
	机械费/元			22.48	22.48	1.16	20.74
名称		单位	单价/元	消耗量			
人工	三类人工	工日	155.00	9.666	13.882	—	10.890
材料	干混抹灰砂浆 DP M15.0	m^{3}	446.85	2.320	2.320	0.116	—
	干混抹灰砂浆 DP M20.0	m^{3}	446.95	—	—	—	2.143
	水	m^{3}	4.27	0.700	0.700	—	0.700
	其他材料费	元	1.00	3.00	3.00	—	3.00
机械	干混砂浆罐式搅拌机 20000L	台班	193.83	0.116	0.116	0.006	0.107

（1）墙面一般抹灰定额子目，除定额另有说明外均按厚度 20mm、三遍抹灰取定考虑。

（2）抹灰厚度设计与定额不同时，按每增减 1mm 相应定额进行调整。

（3）当抹灰遍数增加（或减少）一遍时，每 100m^{2}另增加（或减少）2.94 工日。

（4）企业管理费和利润都以人工费和机械费为计算基数，其中企业管理费的费率为 15.16%，利润费率为 7.62%。

[问题] 某单独装饰工程内墙面 15mm 厚干混抹灰砂浆（DP M20.0）二遍抹灰。求定额清单综合单价。

[解析] 套用定额 12-1H 换算后：

（1）人工费＝1 498.23－2.94×155＝1 042.53（元/100m^{2}）。

（2）材料费＝1 042.68＋（446.95－446.85）×2.32－［51.83＋（446.95－446.85）×0.116］×5＝783.704（元/100m^{2}）。

（3）机械费＝22.48－1.16×5＝16.68（元/100m^{2}）。

（4）管理费＝（人工费＋机械费）×企业管理费费率＝（1 042.53＋16.68）×15.16%＝160.576（元/100m^{2}）。

（5）利润＝（人工费＋机械费）×利润费率＝（1 042.53＋16.68）×7.62%＝80.712（元/100m^{2}）。

单独装饰工程定额清单综合单价＝人＋材＋机＋管＋利＝1 042.53＋783.704＋16.68＋160.576＋80.712＝2 084.202（元/100m^{2}）。

第三节 建筑工程费用定额的适用范围及应用

一、费用定额的概念

费用定额是规定各有关工程费用的取费标准，包括取费的基础和取费的费率。一般以某个或多个自变量为计算基础，反映各项费用的百分率。

二、企业管理费、规费费率的确定

（一）企业管理费费率

1. 以人、材、机费为计算基础

$$企业管理费费率（\%）=\frac{生产工人年平均管理费}{年有效施工天数\times 人工单价}\times 人工费占直接费比例$$

2. 以人工费和机械费合计为计算基础

$$企业管理费费率（\%）=\frac{生产工人年平均管理费}{年有效施工天数\times（人工单价+每一日机械使用费）}\times 100\%$$

3. 以人工费为计算基础

$$企业管理费费率（\%）=\frac{生产工人年平均管理费}{年有效施工天数\times 人工单价}\times 100\%$$

（二）规费费率

（1）以人、材、机费之和为计算基础。

（2）以人工费和机械费合计为计算基础。

（3）以人工费为计算基础。

三、措施费

措施费的计算分两种情况：

（1）针对单价措施项目，其费用的计算方法与分部分项工程一致，通过计算工程量和确定综合单价计算措施费。

（2）针对总价措施项目，根据一定的计费基础乘相应费率计算措施费。

四、利润

利润的计算公式如下：

$$利润=取费基数\times 相应利润率$$

（1）以人工费与机械费合计为计算基础。

$$利润=（人工费+施工机具使用费）\times 相应利润率$$

（2）以人工费为计算基础。

$$利润=人工费\times 相应利润率$$

五、税金

（1）采用一般计税方法计算增值税。

$$增值税=税前造价\times 增值税税率$$

（2）采用简易计税方法计算增值税。

$$增值税=税前造价\times 3\%$$

第四节　土建工程最高投标限价的编制

一、最高投标限价的概念

最高投标限价是指根据国家或省级建设行政主管部门颁发的有关计价依据和办法，依据拟订的招标文件和招标工程量清单，结合工程具体情况发布的招标工程的最高投标限价。国有资金投资的建筑工程招标的，应当设有最高投标限价；非国有资金投资的建筑工程招标的，可以设有最高投标限价或者招标标底。

二、最高投标限价的编制原则

《招标投标法实施条例》规定，招标人可以自行决定是否编制标底，一个招标项目只能有一个标底，标底必须保密。同时规定，招标人设有最高投标限价的，应当在招标文件中明确最高投标限价或者最高投标限价的计算方法，招标人不得规定最低投标限价。最高投标限价的相关内容见表 3-4-1。

表 3-4-1　最高投标限价的相关内容

适用	(1) 国有资金投资的工程建设项目应实行工程量清单招标，招标人应编制最高投标限价 (2) 应当拒绝高于最高投标限价的投标报价（应被否决）
编制人	(1) 最高投标限价应由具有编制能力的招标人或受其委托的工程造价咨询人编制 (2) 工程造价咨询人不得同时接受招标人和投标人对同一工程的最高投标限价和投标报价的编制
编制要求	(1) 最高投标限价不得进行上浮或下调 (2) 招标人应当在招标文件中公布最高投标限价的总价，以及各单位工程的分部分项工程费、措施项目费、其他项目费、规费和税金
审核	(1) 最高投标限价超过批准的概算时，招标人应将其报原概算审批部门审核 (2) 招标人应将最高投标限价报工程所在地的工程造价管理机构备查
投诉	(1) 投标人认为未按规定进行编制的，应在最高投标限价公布后 5 天内向招标投标监督机构和工程造价管理机构投诉 (2) 工程造价管理机构应当在受理投诉的 10 天内完成复查，特殊情况下可适当延长 (3) 当最高投标限价复查结论与原公布的最高投标限价误差大于±3%时，应责成招标人改正 (4) 当重新公布最高投标限价时，若重新公布之日起至原投标截止期不足 15 天的应延长投标截止期

·典型例题·

［**例题 1·单选**］根据《建设工程工程量清单计价规范》（GB 50500—2013），关于招标控制价的有关规定，下列说法正确的是（　　）。

A. 招标控制价公布后根据需要可以上浮或下调

B. 招标人可以只公布招标控制价总价，也可以只公布单价

C. 招标控制价可以在招标文件中公布，也可以在开标时公布

D. 高于招标控制价的投标报价应被拒绝

［**解析**］招标控制价不得进行上浮或下调。招标人应当在招标文件中公布招标控制价的总价，以及各单位工程的分部分项工程费、措施项目费、其他项目费、规费和税金。招标人应编

制招标控制价，并应当拒绝高于招标控制价的投标报价，即投标人的投标报价若超过公布的招标控制价，则其投标应被否决。

［**例题 2 · 单选**］关于招标控制价的相关规定，下列说法正确的是（　　）。

A. 国有资金投资的工程建设项目，应编制招标控制价

B. 招标控制价应在招标文件中公布，仅需公布总价

C. 招标控制价超过批准概算 3%以内时，招标人不必将其报原概算审批部门审核

D. 当招标控制价复查结论超过原公布的招标控制价 3%以内时，应责成招标人改正

［**解析**］选项 B 错误，招标控制价应在招标文件中公布，对所编制的招标控制价不得进行上浮或下调。在公布招标控制价时，除公布招标控制价的总价外，还应公布各单位工程的分部分项工程费、措施项自费、其他项目费、规费和税金。选项 C 错误，招标控制价超过批准的概算时，招标人应将其报原概算审批部门审核。选项 D 错误，当招标控制价复查结论与原公布的招标控制价误差大于±3%时，应责成招标人改正。

答案：1. D　2. A

三、最高投标限价的编制程序

建设工程的最高投标限价反映的是单位工程费用，各单位工程费用是由分部分项工程费、措施项目费、其他项目费、规费和税金组成。建设单位工程最高投标限价计价程序见表 3-4-2。

表 3-4-2　建设单位工程最高投标限价计价程序（施工企业投标报价计价程序）表

工程名称：　　　　　　　　　　　　　标段：　　　　　　　　　　　　　第　页　共　页

序号	汇总内容	计算方法	金额/元
1	分部分项工程	按计价规定计算/（自主报价）	
1.1			
1.2			
2	措施项目费	按计价规定计算/（自主报价）	
2.1	其中：安全文明施工费	按规定标准估算/（按规定标准计算）	
3	其他项目费		
3.1	其中：暂列金额	按计价规定估算/（按招标文件提供金额计列）	
3.2	其中：专业工程暂估价	按计价规定估算/（按招标文件提供金额计列）	
3.3	其中：计日工	按计价规定估算/（自主报价）	
3.4	其中：总承包服务费	按计价规定估算/（自主报价）	
4	规费	按规定标准计算	
5	税金	按规定标准计算	
最高投标限价/（投标报价）		合计＝1＋2＋3＋4＋5	

四、最高投标限价的编制内容和方法

（一）分部分项工程费的编制

最高投标限价的分部分项工程费应由各单位工程的招标工程量清单中给定的工程量乘其相应综合单价汇总而成。

综合单价计算步骤：

（1）首先，依据提供的工程量清单和施工图纸，按照工程所在地区颁发的计价定额的规定，确定所组价的定额项目名称，并计算出相应的工程量。【确定定额项目名称、计算工程量】

（2）其次，依据工程造价政策规定或工程造价信息确定其人工、材料、施工机具台班单价。【确定人材机单价】

（3）在考虑风险因素确定管理费费率和利润率的基础上，按规定程序计算出所组价定额项目的合价。【计算合价】

（4）将若干项所组价的定额项目合价相加除以工程量清单项目工程量，便得到工程量清单项目综合单价。【综合单价＝合价/清单工程量】

定额项目合价＝定额项目工程量×［∑（定额人工消耗量×人工单价）＋∑（定额材料消耗量×材料单价）＋∑（定额机械台班消耗量×机械台班单价）＋价差（基价或人工、材料、施工机具费用）＋管理费和利润］

$$工程量清单综合单价=\frac{\sum 定额项目合价+未计价材料}{工程量清单项目工程量}$$

（二）措施项目费的编制

（1）措施项目费中的安全文明施工费不得作为竞争性费用。

（2）措施项目费应按招标文件中提供的措施项目清单确定，详见表 3-4-3。

表 3-4-3　措施项目费的确定

计算种类	规定	
可计量的	以“量”计算	与分部分项工程项目清单单价相同的方式确定综合单价
不可计量的	以“项”计算	（1）采用费率法按规定综合取定，结果包括除规费、税金以外的全部费用 （2）措施项目清单费＝措施项目计费基数×费率

（三）其他项目费的编制

其他项目费的编制内容见表 3-4-4。

表 3-4-4　其他项目费的编制内容

组成	要点
暂列金额	一般以分部分项工程费的 10%～15% 为参考
暂估价	（1）材料单价：按照工程造价管理机构发布的工程造价信息中的材料单价计算，工程造价信息未发布的材料单价，其单价参考市场价格估算 （2）专业工程暂估价：应分不同专业，按有关计价规定估算
计日工	（1）人工单价和施工机械台班单价：按省级、行业建设主管部门或其授权的工程造价管理机构公布的单价计算 （2）材料：按工程造价信息中的材料单价计算，未发布单价的按市场调查确定
总承包服务费	应按照省级或行业建设主管部门的规定计算，在计算时可参考以下标准： （1）总承包管理和协调：按分包的专业工程估算造价的 1.5% 计算 （2）总承包管理和协调并提供配合服务：按分包的专业工程估算造价的 3%～5% 计算 （3）招标人自行供应材料：按供应材料价值的 1% 计算

（四）规费和税金的编制

规费和税金必须按国家或省级、行业建设主管部门的规定计算。

税金＝（人工费＋材料费＋施工机具使用费＋企业管理费＋利润＋规费）×综合税率

五、最高投标限价编制应注意的问题

（1）材料价格应是工程造价管理机构通过工程造价信息发布的材料价格，工程造价信息未发布材料单价的材料，其材料价格应通过市场调查确定。另外，未采用工程造价管理机构发布的工程造价信息时，需在招标文件或答疑补充文件中对招标控制价采用的与造价信息不一致的市场价格予以说明，采用的市场价格则应通过调查、分析确定，有可靠的信息来源。

（2）机械设备的选型应本着经济实用、先进高效的原则。

（3）正确、全面地使用行业和地方的计价定额与相关文件。

（4）不可竞争的措施项目和规费、税金等费用的计算均属于强制性条款。

（5）不同工程项目、不同投标人会有不同的施工组织方法，所发生的措施费也会有所不同，因此，对于竞争性的措施费用的确定，招标人应首先编制常规的施工组织设计或施工方案，然后经专家论证确认后再进行合理确定措施项目与费用。

·典型例题·

［**例题 1·单选**］关于工程施工项目最高投标限价编制的注意事项，下列说法错误的是（　　）。

A. 未采用工程造价管理机关发布的工程造价信息时，应予以说明

B. 施工机械设备的选型应本着经济实用、平均有效的原则确定

C. 不可竞争措施项目费应按国家有关规定计算

D. 竞争性措施项目费应依据经专家论证确认的施工组织设计或施工方案确定

［**解析**］选项 B 错误，施工机械设备的选型直接关系到综合单价水平，应根据工程项目特点和施工条件，本着经济实用、先进高效的原则确定。

［**例题 2·案例**］某整体烟囱分部分项工程费为 2 000 000.00 元；单价措施项目费为 150 000.00元，总价措施项目仅考虑安全文明施工费，安全文明施工费按分部分项工程费的 3.5%计取；其他项目考虑基础基坑开挖的土方、护坡、降水，专业工程暂估价为 110 000.00 元（另计 5%总承包服务费）；人工费占比分别为分部分项工程费的 8%、措施项目费的 15%；规费按照人工费的 21%计取，增值税税率按 10%计取。

按《建设工程工程量清单计价规范》（GB 50500—2013）的要求，列式计算安全文明施工费、措施项目费、人工费、总承包服务费、规费、增值税。并在表 3-4-5“单位工程最高投标限价汇总表”中编制该钢筋混凝土烟囱单位工程最高投标限价。

表 3-4-5　单位工程最高投标限价汇总表

序号	汇总内容	金额	其中暂估价/元
1	分部分项工程		
2	措施项目		
2.1	其中：安全文明施工费		
3	其他项目		
3.1	其中：专业工程暂估价		
3.2	其中：总承包服务费		
4	规费（人工费 21%）		
5	增值税%		
招标控制价合计=1+2+3+4+5			

（上述问题中提及的各项费用均不包含增值税可抵扣进项税额。所有计算结果均保留两位小数）

答案：

1. B

2. (1) 安全文明施工费＝2 000 000.00×3.5%＝70 000.00（元）。

(2) 措施项目费＝150 000.00＋70 000.00＝220 000.00（元）。

(3) 人工费＝2 000 000.00×8%＋220 000.00×15%＝193 000.00（元）。

(4) 总承包服务费＝110 000.00×5%＝5 500.00（元）。

(5) 规费＝193 000.00×21%＝40 530.00（元）。

(6) 增值税＝（2 000 000.00＋220 000.00＋110 000.00＋5 500.00＋40 530.00）×10%＝237 603.00（元）。

单位工程最高投标限价汇总表见表 3-4-6。

表 3-4-6 单位工程最高投标限价汇总表

序号	汇总内容	金额/元	其中：暂估价/元
1	分部分项工程	2 000 000.00	
2	措施项目	220 000.00	
2.1	其中：安全文明施工费	70 000.00	
3	其他项目	115 500.00	110 000.00
3.1	其中：专业工程暂估价	110 000.00	110 000.00
3.2	其中：总承包服务费	5 500.00	
4	规费（人工费 21%）	40 530.00	
5	增值税%	237 603.00	
招标控制价合计＝1＋2＋3＋4＋5		2 613 633.00	

第五节 土建工程投标报价的编制

一、投标报价的概念

投标报价是投标人希望达成工程承包交易的期望价格，它不能高于招标人设定的最高投标限价。作为投标报价计算的必要条件，应预先确定施工方案和施工进度。此外，投标报价计算还必须与采用的合同形式相协调。

二、投标报价的编制原则

(1) 投标报价由投标人自主确定，但必须执行《建设工程工程量清单计价规范》（GB 50500—2013）的强制性规定。投标报价应由投标人或受其委托、具有相应资质的工程造价咨询人员编制。

(2) 投标人的投标报价不得低于工程成本。由评标委员会认定该投标人以低于成本报价竞标，应当否决其投标。

(3) 投标报价要以招标文件中设定的发承包双方责任划分，作为考虑投标报价费用项目和费用计算的基础。

(4) 以施工方案、技术措施等作为投标报价计算的基本条件。

（5）报价计算方法要科学严谨，简明适用。

三、投标报价的编制内容和方法

（一）分部分项工程和措施项目清单与计价表的编制

1. 分部分项工程和单价措施项目清单与计价表的编制

确定综合单价是分部分项工程和单价措施项目清单与计价表编制过程中最主要的内容。综合单价包括完成一个规定清单项目所需的人工费、材料和工程设备费、施工机具使用费、企业管理费、利润，并考虑风险费用的分摊。

综合单价＝人工费＋材料和工程设备费＋施工机具使用费＋企业管理费＋利润

（1）确定综合单价时的注意事项。

1）以项目特征描述为依据。

项目特征是确定综合单价的重要依据之一，投标人投标报价时应依据招标文件中清单项目的特征描述确定综合单价。综合单价确定依据见图 3-5-1。

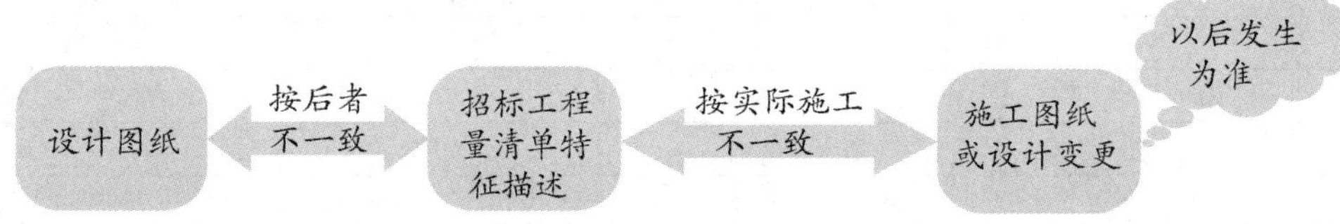

图 3-5-1　综合单价确定依据

2）材料、工程设备暂估价的处理。

单价计入清单项目的综合单价中。

3）考虑合理的风险。

在施工过程中，当出现的风险内容及其范围（幅度）在招标文件规定的范围（幅度）内时，综合单价不得变动，合同价款不作调整。

（2）综合单价确定的步骤和方法。

1）确定计算基础。计算基础主要包括消耗量指标和生产要素单价。

2）分析每一清单项目的工程内容。

3）计算工程内容的工程数量与清单单位含量。

清单单位含量是指每一计量单位的清单项目所分摊的工程内容的工程数量。

$$清单单位含量=\frac{某工程内容的定额工程量}{清单工程量}$$

4）分部分项工程人工、材料、施工机具使用费的计算。

5）计算综合单价。企业管理费和利润的计算可按照规定的取费基数以及一定的费率取费计算。

将上述五项费用汇总，并考虑合理的风险费用后，即可得到清单综合单价。根据计算出的综合单价，可编制分部分项工程和单价措施项目清单与计价表。

（3）工程量清单综合单价分析表的编制。

·典型例题·

［**例题·单选**］关于投标报价时综合单价的确定，下列做法正确的是（　　）。

A. 以项目特征描述为依据确定综合单价

B. 招标工程量清单特征描述与设计图纸不符时，应以设计图纸为准

第三章

C. 应考虑招标文件规定范围（幅度）外的风险费用

D. 消耗量指标的计算应以地区或行业定额为依据

［**解析**］在招标投标过程中，当出现招标工程量清单特征描述与设计图纸不符时，投标人应以招标工程量清单的项目特征描述为准，确定投标报价的综合单价，故选项A正确、选项B错误。综合单价是指完成一个规定清单项目所需的人工费、材料和工程设备费、施工机具使用费和企业管理费、利润，以及一定范围内的风险费用。风险费用是隐含于已标价工程量清单综合单价中，用于化解发承包双方在工程合同中约定的风险内容和范围的费用，故选项C错误。应根据本企业的实际消耗量水平，并结合拟订的施工方案确定完成清单项目需要消耗的各种人工、材料、机械台班的数量。计算时应采用企业定额，在没有企业定额或企业定额缺项时，可参照与本企业实际水平相近的国家、地区、行业定额，并通过调整来确定清单项目的人、材、机单位用量，故选项D错误。

答案：A

2. 总价措施项目清单与计价表的编制

对于不能精确计量的措施项目，应编制总价措施项目清单与计价表。投标人对措施项目中的总价项目投标报价应遵循以下原则：

（1）措施项目的内容应依据招标人提供的措施项目清单和投标人投标时拟订的施工组织设计或施工方案确定。

（2）措施项目费由投标人自主确定，但其中安全文明施工费必须按照国家或省级、行业建设主管部门的规定计价，不得作为竞争性费用。招标人不得要求投标人对该项费用进行优惠，投标人也不得将该项费用参与市场竞争。

（二）其他项目清单与计价表的编制

其他项目费主要包括暂列金额、暂估价、计日工以及总承包服务费组成。其内容见表3-5-1。

表 3-5-1 其他项目费的相关内容

项目	费用
暂列金额	应按照招标人提供的其他项目清单中列出的金额填写，不得变动
暂估价	不得变动和更改： （1）暂估价中的材料、工程设备暂估价必须按照招标人提供的暂估单价计入清单项目的综合单价 （2）专业工程暂估价必须按照招标人提供的其他项目清单中列出的金额填写
计日工	应按照招标人提供的其他项目清单列出的项目和估算的数量，自主确定各项综合单价并计算费用 （1）量：招标人提供 （2）价：自主确定
总承包服务费	自主确定

（三）规费、税金项目计价表的编制

规费和税金应按国家或省级、行业建设主管部门的规定计算，不得作为竞争性费用。

（四）投标报价的汇总

投标人的投标总价应当与组成工程量清单的分部分项工程费、措施项目费、其他项目费和

规费、税金的合计金额相一致，即投标人在进行工程量清单招标的投标报价时，不能进行投标总价优惠（或降价、让利），投标人对投标报价的任何优惠（或降价、让利）均应反映在相应清单项目的综合单价中。

·典型例题·

［例题 1·单选］在投标报价确定分部分项工程综合单价时，应根据所选的计算基础计算工程内容的工程量，该数量应为（　　）。

A. 实物工程量　　B. 施工工程量

C. 定额工程量　　D. 复核的清单工程量

［解析］在投标报价确定分部分项工程综合单价时，计算基础主要包括消耗量指标和生产要素单价。应根据本企业的实际消耗量水平，并结合拟订的施工方案确定完成清单项目需要消耗的各种人工、材料、施工机具台班的数量。因此，计算的工程量为定额工程量。

［例题 2·单选］投标报价时，投标人需严格按照招标人所列项目明细进行自主报价的是（　　）。

A. 总价措施项目

B. 专业工程暂估价

C. 计日工

D. 规费

［解析］计日工应按照招标人提供的其他项目清单列出的项目和估算的数量，自主确定各项综合单价并计算费用。

［例题 3·单选］根据《建设工程工程量清单计价规范》（GB 50500—2013），关于施工发承包投标报价的编制，下列做法正确的是（　　）。

A. 设计图纸与招标工程量清单项目特征描述不同的，以设计图纸特征为准

B. 暂列金额应按照招标工程量清单中列出的金额填写，不得变动

C. 材料、工程设备暂估价应按暂估单价，乘所需数量后计入其他项目费

D. 总承包服务费应按照投标人提出的协调、配合和服务项目自主报价

［解析］选项 A 错误，设计图纸与招标工程量清单项目特征描述不同的，以招标工程量清单项目特征为准。选项 C 错误，暂估价中的材料、工程设备暂估价必须按照招标人提供的暂估单价计入清单项目的综合单价。选项 D 错误，总承包服务费应根据招标人在招标文件中列出的分包专业工程内容和供应材料、设备情况，按照招标人提出的协调、配合与服务要求和施工现场管理需要自主确定。

答案：1. C　2. C　3. B

第六节　土建工程合同价款的调整和价款结算

扫码听课

一、合同价款的调整

（一）法规变化类合同价款调整事项

因国家法律、法规、规章和政策发生变化影响合同价款的风险，发承包双方应在合同中约定由发包人承担。

1. 基准日的确定

(1) 招标的建设工程：提交投标文件的截止时间前的第 28 天为基准日。

(2) 不招标的建设工程：合同签订前的第 28 天为基准日。

2. 合同价款的调整方法

(1) 施工合同履行期间，基准日之后发生变化，合同双方当事人依据规定调整合同价款。

(2) 如有关价格（如人工、材料和工程设备等价格）的变化已经包含在物价波动事件的调价公式中，则不再予以考虑。

3. 工期延误期间的特殊处理

承包人的原因导致的工期延误，在工程延误期间国家的法律、行政法规和相关政策发生变化引起工程造价变化的：

(1) 造成合同价款增加的，合同价款不予调整。

(2) 造成合同价款减少的，合同价款予以调整。

➢ **注意**：只调低不调高。

·典型例题·

[**例题·单选**] 为合理划分发承包双方的合同风险，对于招标工程，在施工合同中约定的基准日期一般为（　　）。

A. 招标文件中规定的提交投标文件截止时间前的第 28 天

B. 招标文件中规定的提交投标文件截止时间前的第 42 天

C. 施工合同签订前的第 28 天

D. 施工合同签订前的第 42 天

[**解析**] 本题考查的是法规变化类合同价款调整事项。对于实行招标的建设工程，一般以施工招标文件中规定的提交投标文件的截止时间前的第 28 天作为基准日。

答案：A

(二) 工程变更类合同价款调整事项

1. 工程变更

工程变更是合同实施过程中由发包人提出或由承包人提出，经发包人批准的对合同工程的工作内容、工程数量、质量要求、施工顺序与时间、施工条件、施工工艺或其他特征及合同条件等的改变。如果承包人不能全面落实变更指令，则扩大的损失应当由承包人承担。

(1) 工程变更的范围。

1) 增加或减少合同中任何工作，或追加额外的工作。

2) 取消合同中任何工作，但转由他人实施的工作除外。

3) 改变合同中任何工作的质量标准或其他特性。

4) 改变工程的基线、标高、位置和尺寸。

5) 改变工程的时间安排或实施顺序。

(2) 工程变更的价款调整方法。

1) 分部分项工程费的调整。

①已标价工程量清单中有适用于变更工程项目的，且工程变更导致的该清单项目的工程

数量变化不足15%时，采用该项目的单价。

②已标价工程量清单中没有适用、但有类似变更工程项目的，可在合理范围内参照类似项目的单价或总价调整。

③已标价工程量清单中没有适用也没有类似变更工程项目的，由承包人根据变更工程资料、计量规则和计价办法、工程造价管理机构发布的信息价格和承包人报价浮动率，提出变更工程项目的单价或总价，报发包人确认后调整。承包人报价浮动率可按下列公式计算：

a. 实行招标的工程：承包人报价浮动率 $L=$（1－中标价/招标控制价）×100%。

b. 不实行招标的工程：承包人报价浮动率 $L=$（1－报价值/施工图预算）×100%。

➢ **注意**：公示中的中标价、招标控制价或报价值、施工图预算，均不含安全文明施工费。

④已标价工程量清单中没有适用也没有类似变更工程项目，且工程造价管理机构发布的信息价格缺价的，由承包人根据变更工程资料、计量规则、计价办法和市场价格提出变更工程项目的单价或总价，报发包人确认后调整。

➢ **总结**：有相同的按照相同的，没有相同的参照类似的，没有相同也没有类似的进行商定。

2）措施项目费的调整。

①安全文明施工费，按照实际发生变化的措施项目调整，不得浮动。

②采用单价计算的措施项目费，按照实际发生变化的措施项目按前述分部分项工程费的调整方法确定单价。

③按总价（或系数）计算的措施项目费，除安全文明施工费外，按照实际发生变化的措施项目调整，但应考虑承包人报价浮动因素。

➢ **注意**：如果承包人未事先将拟实施的方案提交给发包人确认，则视为工程变更不引起措施项目费的调整或承包人放弃调整措施项目费的权利。

2. 项目特征不符

设计图纸（含设计变更）与招标工程量清单任一项目的特征描述不符，且该变化引起该项目的工程造价增减变化的，发、承包双方应当按照实际施工的项目特征，重新确定相应工程量清单项目的综合单价，调整合同价款。

3. 工程量清单缺项

（1）清单缺项漏项的责任。

招标工程量清单必须作为招标文件的组成部分，其准确性和完整性由招标人负责。

（2）合同价款的调整方法。

1）分部分项工程费的调整。招标工程量清单中分部分项工程出现缺项漏项，造成新增工程量清单项目的，应按照工程变更事件中关于分部分项工程费的调整方法，调整合同价款。

2）措施项目。新增分部分项工程量清单项目后，引起措施项目发生变化的，应当按照工程变更事件中关于措施项目费的调整方法。由于招标工程量清单中措施项目缺项，承包人应将新增措施项目实施方案提交发包人批准后，按照工程变更事件中的有关规定调整合同价款。

4. 工程量偏差

工程量偏差是指承包人根据图纸施工应予计量的工程量与招标工程量清单列出的工程量之间出现的偏差。

（1）综合单价的调整原则。当应予计算的实际工程量与招标工程量清单出现偏差超过15%时，对综合单价的调整原则为：

1）当工程量增加15%以上时，其增加部分的工程量的综合单价应予调低。

2）当工程量减少15%以上时，减少后剩余部分的工程量的综合单价应予调高。

（2）总价措施项目费的调整。当应予计算的实际工程量与招标工程量清单出现偏差超过15%，且该变化引起措施项目相应发生变化时，如该措施项目是按系数或单一总价方式计价的，对措施项目费的调整原则为：工程量增加的，措施项目费调增；工程量减少的，措施项目费调减。应由双方当事人在专用条款中约定。

［例题］在总承包施工合同中约定“当工程量偏差超出5%时，该项增加部分或剩余部分综合单价按5%进行浮动”。施工单位编制竣工结算时发现工程量清单中两个清单项的工程数量增减幅度超出5%，其相应工程数量、单价等数据详见表3-6-1。

表3-6-1　清单项A、B相应的工程数量及单价

清单项	清单工程量	实际工程量	清单综合单价	浮动系数
清单项A	5 080m^3	5 594m^3	452元/m^3	5%
清单项B	8 918m^2	8 205m^2	140元/m^2	5%

问题：分别计算清单项A、清单项B的结算总价（单位：元）。

［答案］

（1）（5 594－5 080）/5 080＝10%＞5%。

清单项A的结算总价＝5 080×（1＋5%）×452＋［5 594－5 080×（1＋5%）］×452×（1－5%）＝2 522 612（元）。

（2）（8 918－8 205）/8 918＝8%＞5%。

清单项B的结算总价＝8 205×140×（1＋5%）＝1 206 135（元）。

5. 计日工

（1）承包人按照现场签证报告核实的工程数量和承包人已标价工程量清单中的单价，计算合价，提出应付价款。

（2）每个支付期末，承包人应与进度款同期向发包人提交本期间所有计日工记录的签证汇总表，调整合同价款，列入进度款支付。

（三）物价变化类合同价款调整事项

1. 物价波动

物价波动常用的调整方法见表3-6-2。

表3-6-2　物价波动常用的调整方法

调整方法	适用性
价格指数	主要适用于施工中所用的材料品种较少，但每种材料使用量较大的土木工程
造价信息调整	主要适用于施工中使用的材料品种较多，但每种材料使用量较小的房屋建筑与装饰工程

（1）采用价格指数调整价格差额。

1）价格调整公式。

$$\Delta P = P_0\left[A + \left(B_1 \times \frac{F_{t1}}{F_{01}} + B_2 \times \frac{F_{t2}}{F_{02}} + B_3 \times \frac{F_{t3}}{F_{03}} + \cdots + B_n \times \frac{F_{tn}}{F_{0n}}\right) - 1\right]$$

第三章

2）工期延误后的价格调整。

由于发包人原因导致工期延误的，应采用较高价格指数作为现行价格指数，由于承包人原因导致工期延误的，应采用较低价格指数作为现行价格指数。

（2）采用造价信息调整价格差额。

1）如果承包人投标报价中材料单价低于基准单价，工程施工期间材料单价涨幅以基准单价为基础超过合同约定的风险幅度值时，或材料单价跌幅以投标报价为基础超过合同约定的风险幅度值时，其超过部分按实调整。

2）如果承包人投标报价中材料单价高于基准单价，工程施工期间材料单价跌幅以基准单价为基础超过合同约定的风险幅度值时，或材料单价涨幅以投标报价为基础超过合同约定的风险幅度值时，其超过部分按实调整。

3）如果承包人投标报价中材料单价等于基准单价，工程施工期间材料单价涨、跌幅以基准单价为基础超过合同约定的风险幅度值时，其超过部分按实调整。

➤ **总结**：涨幅以高值作基数，跌幅以低值作基数，中间部分为承包人承担的风险。

2. 暂估价

（1）给定暂估价的材料、工程设备。

1）不属于依法必须招标的，由承包人按照合同约定采购，经发包人确认后以此为依据取代暂估价，调整合同价款。

2）属于依法必须招标的，由发、承包双方以招标的方式选择供应商。依法确定中标价格后，以此为依据取代暂估价，调整合同价款。

（2）给定暂估价的专业工程。

1）不属于依法必须招标的，应按照工程变更事件的合同价款调整方法，确定专业工程价款，并以此为依据取代专业工程暂估价，调整合同价款。

2）属于依法必须招标的，应当由发承包双方依法组织招标选择专业分包人，并接受建设工程招标投标管理机构的监督。

·典型例题·

［**例题 1·单选**］某项目施工合同约定，承包人承租的水泥价格风险幅度为±5%，超出部分采用造价信息法调差，已知投标人投标价格、基准期发布价格为 440 元/t、450 元/t，2018 年 3 月的造价信息发布价为 430 元/t，则该月水泥的实际结算价格为（　　）元/t。

A. 418　　　　B. 427.5

C. 430　　　　D. 440

［**解析**］本题考查的是物价类合同价款调整事项。此题中，投标报价为 440 元/t，3 月份的价格下降，应以较低的投标报价为基准价基础计算合同月的风险幅度。440×（1－5%）＝418（元/t），未超过投标报价 5%的风险幅度范围，因此不作调整。

［**例题 2·案例**］施工合同中约定，承包人承担的钢筋价格风险幅度为±5%，超出部分依据《建设工程工程量清单计价规范》（GB 50500—2013）造价信息法调差。已知投标人投标价格、基准期发布价格分别为 2 400 元/t、2 200 元/t，2015 年 12 月、2016 年 7 月的造价信息发布价分别为 2 000 元/t、2 600 元/t。则 2015 年 12 月和 2016 年 7 月钢筋的实际结算价格应分别为多少？

第三章

答案：

1. D

2. (1) 2015 年 12 月信息价下降，应以较低的基准价基础计算合同约定的风险幅度值。

2 200×（1－5%）＝2 090（元/t）。

因此钢筋每吨应下浮价格＝2 090－2 000＝90（元/t）。

2015 年 12 月实际结算价格＝2 400－90＝2 310（元/t）。

(2) 2016 年 7 月信息价上涨，应以较高的投标价格为基础计算合同约定的风险幅度值。

2 400×（1＋5%）＝2 520（元/t）。

因此钢筋每吨应上调价格＝2 600－2 520＝80（元/t）。

2016 年 7 月实际结算价格＝2 400＋80＝2 480（元/t）。

（四）工程索赔类合同价款调整事项

1. 不可抗力

（1）不可抗力是指合同双方在合同履行中出现的不能预见、不能避免并不能克服的客观情况。

（2）因不可抗力事件导致的人员伤亡、财产损失及其费用增加，发承包双方应按以下原则分别承担并调整合同价款和工期。

1）合同工程本身的损害、因工程损害导致第三方人员伤亡和财产损失以及运至施工场地用于施工的材料和待安装的设备的损害，由发包人承担。

2）发包人、承包人人员伤亡由其所在单位负责，并承担相应费用。

3）承包人的施工机械设备损坏及停工损失，由承包人承担。

4）停工期间，承包人应发包人要求留在施工场地必要的管理人员及保卫人员的费用由发包人承担。

5）工程所需清理、修复费用，由发包人承担。

6）因发生不可抗力事件导致工期延误的，工期相应顺延。发包人要求赶工的，承包人应采取赶工措施，赶工费用由发包人承担。

➢ **总结**：工期顺延、费用自理、第三方费用发包方承担。

2. 提前竣工（赶工补偿）与误期赔偿

（1）提前竣工（赶工补偿）。

1）赶工费用。

发包人应当依据相关工程的工期定额合理计算工期，压缩的工期天数不得超过定额工期的20%，超过的，应在招标文件中明示增加赶工费用。

2）提前竣工奖励。

一般来说，发承包双方应当在合同中约定提前竣工奖励的最高限额（如合同价款的 5%）。

（2）误期赔偿。

一般来说，双方还应当在合同中约定误期赔偿费的最高限额（如 5%）。合同工程发生误期的，承包人应当按照合同的约定向发包人支付误期赔偿费，如果约定的误期赔偿费低于发包人由此造成的损失的，承包人还应继续赔偿。即使承包人支付误期赔偿费，也不能免除承包人按照合同约定应承担的任何责任和义务。

3. 索赔

（1）索赔的概念及分类。

工程索赔是指在工程合同履行过程中，当事人一方因非己方的原因而遭受经济损失或工期延误，按照合同约定或法律规定，应由对方承担责任，而向对方提出工期和（或）费用补偿要求的行为。

（2）索赔成立的条件。

承包人工程索赔成立的基本条件包括：

1）索赔事件已造成了承包人直接经济损失或工期延误。

2）造成费用增加或工期延误的索赔事件是因非承包人的原因发生的。

3）承包人已经按照工程施工合同规定的期限和程序提交了索赔意向通知、索赔报告及相关证明材料。

（3）费用索赔。

1）人工费：

在计算停工损失中的人工费时，通常采取人工单价乘折算系数计算。

2）材料费：

应包括运输费、仓储费，以及合理的损耗费用。如果由于承包商管理不善，造成材料损坏失效，则不能列入索赔款项内。

3）施工机械使用费：

在计算机械设备台班停滞费时，如果机械设备是承包人自有设备，一般按台班折旧费、人工费与其他费之和计算；如果是承包人租赁的设备，一般按台班租金加上每台班分摊的施工机械进出场费计算。

4）现场管理费：

包括承包人完成合同之外的额外工作以及由于发包人原因导致工期延期期间的现场管理费，包括管理人员工资、办公费、通信费、交通费等。

5）总部（企业）管理费：

①按总部管理费的比率计算：

总部管理费索赔金额=（直接费索赔金额+现场管理费索赔金额）×总部管理费比率（%）

②按已获补偿的工程延期天数为基础计算。

（4）工期索赔。

1）工期索赔中应当注意的问题。

被延误的工作应是处于进度计划关键线路上的施工内容；或对非关键线路工作的影响超过了该工作可用于自由支配的时间，也导致进度计划中非关键线路转化为关键线路。

2）共同延误的处理。

当出现共同延误时，确定“初始延误”者，它应对工程拖期负责，其他并发的延误者不承担拖期责任。

初始延误者是发包人，承包人既可延长工期又可补偿经济；初始延误者是客观原因，承包人只可延长工期不可补偿经济；初始延误者是承包人，承包人既不可延长工期又不可补偿经济。

·典型例题·

［**例题 1·单选**］因不可抗力造成的下列损失，应由承包人承担的是（　　）。

A. 工程所需清理、修复费用

B. 运至施工场地待安装设备的损失

C. 承包人的施工机械设备损坏及停工损失

D. 停工期间，发包人要求承包人留在工地的保卫人员费用

［**解析**］本题考查的是工程索赔类合同价款调整事项。承包人的施工机械设备损坏及停工损失，由承包人承担。

［**例题 2・单选**］根据《标准施工招标文件》（2007 年版）通用合同条款，下列引起承包人索赔的事件中，只能获得费用补偿的是（　　）。

A. 发包人提前向承包人提供材料、工程设备

B. 因发包人提供的材料、工程设备造成工程不合格

C. 发包人在工程竣工前提前占用工程

D. 异常恶劣的气候条件，导致工期延误

［**解析**］本题考查的是工程索赔类合同价款调整事项。发包人提前向承包人提供材料、工程设备只能得到费用补偿。

［**例题 3・案例**］事件 1：基础工程 A 工作施工完毕组织验槽时，发现基坑实际土质与业主提供的工程地质资料不符，为此，设计单位修改加大了基础埋深，该工程基础加深处理使甲施工单位增加用工 50 个工日，增加机械 10 个台班，A 工作时间延长 3 天，甲施工单位及时向业主提出费用索赔和工期索赔。

事件 2：设备基础 D 工作的预埋件施工完毕后，甲施工单位报监理工程师进行隐蔽工程验收，监理工程师未按合同约定的时限到现场验收，也未通知甲施工单位推迟验收事件，在此情况下，甲施工单位进行了隐蔽工序的施工，业主代表得知该情况后要求施工单位剥露重新检验，检验发现预埋件尺寸不足，位置偏差过大，不符合设计要求。该重新检验导致甲施工单位增加人工 30 工日，材料费 1.2 万元，D 工作时间延长 2 天，甲施工单位及时向业主提出了费用索赔和工期索赔。

问题：分别指出事件 1 和 2 中甲施工单位和乙施工单位的费用索赔和工期索赔是否成立，并分别说明理由。

答案：

1. C　2. A

3. （1）事件 1 中，甲施工单位向业主提出费用索赔和工期索赔均成立。因为基坑土质与业主提供的工程地质资料不符，属于业主应该承担的风险范围，且 A 工作为关键线路，故由此事件导致的费用和工期增加都可以索赔。

（2）事件 2 中，甲施工单位向业主提出费用索赔和工期索赔均不成立。因为剥露重新检验发现预埋件尺寸、位置不符合设计要求，属于施工单位应当承担的责任，费用和工期均不能索赔。

（五）其他类合同价款调整事项

1. 现场签证的提出

承包人应发包人要求完成合同以外的零星项目、非承包人责任事件等工作的，发包人应及时以书面形式向承包人发出指令，承包人应及时向发包人提出现场签证要求。

2. 现场签证的价款计算

（1）现场签证的工作如果已有相应的计日工单价，现场签证报告中仅列明完成该签证工作所需的人工、材料、工程设备和施工机械台班的数量。

（2）如果现场签证的工作没有相应的计日工单价，应当在现场签证报告中列明完成该签证

工作所需的人工、材料、工程设备和施工机械台班的数量及其单价。承包人应按现场签证内容计算价款，报送发包人确认后，作为增加合同价款，与进度款同期支付。

3. 现场签证的限制

未经发包人签证确认，承包人便擅自实施相关工作的，除非征得发包人书面同意，否则发生的费用由承包人承担。

二、合同价款的结算

（一）预付款及期中支付

1. 预付款

工程预付款是由发包人按合同约定，在正式开工前由发包人预先支付给承包人，用于购买工程施工所需的材料和组织施工机械和人员进场的价款。

（1）预付款的支付。

1）百分比法。

包工包料工程的预付款的支付比例不得低于签约合同价（扣除暂列金额）的10%，不宜高于签约合同价（扣除暂列金额）的30%。

2）公式计算法。

$$工程预付款数额=\frac{年度工程总价\times材料比例（\%）}{年度施工天数}\times材料储备定额天数$$

（2）预付款的扣回。

1）按合同约定扣款。

发包人和承包人通过洽商后在合同中予以确定，一般是在承包人完成金额累计达到合同总价的一定比例后，由承包人开始向发包人还款。

2）起扣点计算法。

从未施工工程尚需的主要材料及构件的价值相当于工程预付款数额时起扣，从每次结算工程价款中，按材料比重扣抵工程价款，竣工前全部扣清。该方法对承包人比较有利，最大限度地占用了发包人的流动资金。起扣点的计算公式如下：

$$T=P-\frac{M}{N}$$

即：

起扣点的累计完成工程金额=承包工程合同总额－工程预付款总额/主要材料及构件所占比重

（3）预付款担保。

1）预付款担保是指承包人与发包人签订合同后领取预付款前，承包人正确、合理使用发包人支付的预付款而提供的担保。如果承包人中途毁约、中止工程，发包人有权在该项担保金额中获得补偿。

2）预付款担保的主要形式为银行保函。预付款担保的担保金额通常与发包人的预付款是等值的。预付款一般逐月从工程进度款中扣除，预付款担保的担保金额也相应逐月减少。

（4）安全文明施工费。

发包人应在工程开工后的28天内预付不低于当年施工进度计划的安全文明施工费总额的60%，其余部分按照提前安排的原则进行分解，与进度款同期支付。

2. 期中支付

（1）已完工程的结算价款。

综合单价发生调整的，以发承包双方确认调整的综合单价计算进度款。

（2）结算价款的调整。

承包人现场签证和得到发包人确认的索赔金额列入本周期应增加的金额中。由发包人提供的材料、工程设备金额，应按照发包人签约时提供的单价和数量从进度款支付中扣出，列入本周期应扣减的金额中。

（3）进度款支付比例。

进度款的支付比例按照合同约定，按期中结算价款总额计，不低于60%，不高于90%。

·典型例题·

［**例题1·单选**］采用起扣点计算法扣回预付款的正确做法是（　　）。

A. 从已完工程的累计合同额相当于工程预付款数额时起扣

B. 从已完工程所用的主要材料及构件的价值相当于工程预付款数额时起扣

C. 从未完工程所需的主要材料及构件的价值相当于工程预付款数额时起扣

D. 从未完工程的剩余合同额相当于工程预付款数额时起扣

［**解析**］本题考查的是预付款及期中支付。起扣点计算法，从未施工工程尚需的主要材料及构件的价值相当于工程预付款数额时起扣。

［**例题2·单选**］关于安全文明施工费的支付，下列说法正确的是（　　）。

A. 按施工工期平均分摊安全文明施工费，与进度款同期支付

B. 按合同建筑安装工程费分摊安全文明施工费，与进度款同期支付

C. 在开工后28天内预付不低于当年施工进度计划的安全文明施工费总额的60%，其余部分与进度款同期支付

D. 在正式开工前预付不低于当年施工进度计划的安全文明施工费总额的60%，其余部分与进度款同期支付

［**解析**］本题考查的是预付款及期中支付。发包人应在工程开工后的28天内预付不低于当年施工进度计划的安全文明施工费总额的60%，其余部分按照提前安排的原则进行分解，与进度款同期支付。

［**例题3·案例**］某发包人和承包人签订某工程施工合同，合同价为420万元，工期为4个月，有关工程价款和支付约定如下：

（1）工程预付款为工程合同价的20%。

（2）工程预付款应从未施工工程所需的主要材料及设备费相当于工程预付款数额时起扣，每月以抵充工程款的方式陆续扣留，竣工前全部扣清，主要材料及设备费占工程款的比重为60%。

（3）工程进度款逐月计算。

（4）工程质量保证金为工程合同价的3%，竣工结算一次扣留。

（5）主要材料及设备费上调12%，结算时一次调整。

（6）各月实际完成产值，见表3-6-3。

表 3-6-3　各月实际完成产值

月份	3	4	5	6	合计
完成产值/万元	40	90	200	90	420

1. 工程价款结算的方式有哪几种？

2. 该工程的工程预付款、起扣点为多少？

3. 该工程 3 月至 5 月每月拨付工程款为多少？累计工程款为多少？

4. 6 月份办理竣工结算，该工程结算造价为多少？发包人应付工程结算款为多少？

5. 该工程在质量缺陷责任期间内发生管道漏水，发包人多次催促乙方修理，承包人总是拖延，最后承包人另请施工单位维修，维修费为 0.5 万元，该项费用如何处理？

答案：

1. C　2. C

3. (1) 工程价款的结算方式分为：按月结算、按形象进度分段结算、竣工后一次结算和双方约定的其他结算方式。

(《造价管理》科目：一般工程结算可以分为定期结算、分段结算、年终结算和竣工结算等方式。)

(2) 工程预付款＝420×20%＝84.00（万元）。

起扣点＝420－84/60%＝280.00（万元）。

(3) 各月拨付工程款为：

3 月：工程款 40 万元，累计支付工程款 40.00 万元。

4 月：工程款 90 万元，累计支付工程款＝40＋90＝130.00（万元）。

5 月：工程款＝200－（200＋130－280）×60%＝170.00（万元）。

累计支付工程款＝130＋170＝300.00（万元）。

(4) 工程结算总造价＝420＋420×60%×12%＝450.24（万元）。

发包人应付工程结算价款＝450.24×（1－3%）－300－84＝52.73（万元）。

(5) 维修费 0.5 万元应从扣留的质量保证金中支付。

（二）竣工结算

工程竣工结算是指工程项目完工并经竣工验收合格后，发承包双方按照施工合同的约定对所完成的工程项目进行的合同价款的计算、调整和确认。工程竣工结算分为单位工程竣工结算、单项工程竣工结算和建设项目竣工总结算，其中，单位工程竣工结算和单项工程竣工结算也可看作分阶段结算。

1. 工程竣工结算的编制依据

(1)《建设工程工程量清单计价规范》(GB 50500—2013)。

(2) 工程合同。

(3) 发、承包双方实施过程中已确认的工程量及其结算的合同价款。

(4) 发、承包双方实施过程中已确认调整后追加（减）的合同价款。

(5) 建设工程设计文件及相关资料。

(6) 投标文件。

(7) 其他依据。

2. 竣工结算款的支付

发包人未按照规定的程序支付竣工结算款的，承包人可催告发包人支付，并有权获得延迟支付的利息。发包人在规定时间内仍未支付的，承包人可与发包人协商将该工程折价，也可直接向人民法院申请将该工程依法拍卖。

3. 合同解除的价款结算与支付

由于不可抗力解除合同的，发包人除应向承包人支付合同解除之日前已完成工程但尚未支付的合同价款，还应支付下列金额：

（1）合同中约定应由发包人承担的费用。

（2）已实施或部分实施的措施项目应付价款。

（3）承包人为合同工程合理订购且已交付的材料和工程设备货款。发包人一经支付此项货款，该材料和工程设备即成为发包人的财产。

（4）承包人撤离现场所需的合理费用，包括员工遣送费和临时工程拆除、施工设备运离现场的费用。

（5）承包人为完成合同工程而预期开支的任何合理费用，且该项费用未包括在本款其他各项支付之内。

4. 最终结清

所谓最终结清，是指合同约定的缺陷责任期终止后，承包人已按合同规定完成全部剩余工作且质量合格的，发包人与承包人结清全部剩余款项的活动。

第七节 土建工程竣工决算价款的编制

一、竣工决算的概念

竣工决算是以实物数量和货币指标为计量单位，综合反映竣工项目从筹建开始到项目竣工交付使用为止的全部建设费用、建设成果和财务情况的总结性文件，是竣工验收报告的重要组成部分，竣工决算是正确核定新增固定资产价值，考核分析投资效果，建立健全经济责任制的依据，是反映建设项目实际造价和投资效果的文件。

二、竣工决算的内容和审核

（一）竣工决算的内容

竣工决算是由竣工财务决算说明书、竣工财务决算报表、工程竣工图和工程竣工造价对比分析四部分组成。竣工财务决算说明书和竣工财务决算报表两部分又称建设项目竣工财务决算，是竣工决算的核心内容。

➢ **记忆口诀：**“书表图对比。”

1. 竣工财务决算说明书

竣工财务决算说明书主要反映竣工工程建设成果和经验，是对竣工决算报表进行分析和补充说明的文件，是全面考核分析工程投资与造价的书面总结，是竣工决算报告的重要组成部分，竣工财务决算说明书的内容主要包括：

（1）项目概况——进度、质量、安全、造价。

（2）会计账务的处理、财产物资清理及债权债务的清偿情况。

（3）项目建设资金计划及到位情况，财政资金支出预算、投资计划及到位情况。

（4）项目建设资金使用、项目结余资金等分配情况。

(5) 项目概（预）算执行情况及分析，竣工实际完成投资与概算差异及原因分析。

(6) 尾工工程情况。

(7) 历次审计、检查、审核、稽查意见及整改落实情况。

(8) 主要技术经济指标的分析、计算情况。

(9) 项目管理经验、主要问题和建议。

(10) 预备费动用情况。

(11) 项目建设管理制度执行情况、政府采购情况、合同履行情况。

(12) 征地拆迁补偿情况、移民安置情况。

(13) 需要说明的其他事项。

2. 竣工财务决算报表

竣工财务决算报表见表 3-7-1。

表 3-7-1 竣工财务决算报表

项目	内容
基本建设项目概况表	反映基本建设项目的基本概况
基本建设项目竣工财务决算表	反映建设项目的全部资金来源和资金占用情况，是考核和分析投资效果的依据
基本建设项目交付使用资产总表	反映建设项目建成后新增固定资产、流动资产、无形资产价值的情况和价值，作为财产交接、检查投资计划完成情况和分析投资效果的依据
基本建设项目资金情况明细表	反映交付使用的固定资产、流动资产、无形资产价值的明细情况，是办理资产交接和接收单位登记资产账目的依据，是使用单位建立资产明细账和登记新增资产价值的依据

3. 工程竣工图

编制竣工图的形式和深度，应根据不同情况区别对待，其具体要求包括：

(1) 凡按图竣工没有变动的，由承包人（包括总包和分包承包人，下同）在原施工图上加盖“竣工图”标志后，即作为竣工图。

(2) 凡在施工过程中，虽有一般性设计变更，但能将原施工图加以修改补充作为竣工图的，可不重新绘制，由承包人负责在原施工图（必须是新蓝图）上注明修改的部分，并附以设计变更通知单和施工说明，加盖“竣工图”标志后，作为竣工图。

(3) 凡有重大改变，不宜再在原施工图上修改、补充时，应重新绘制改变后的竣工图。

4. 工程竣工造价对比分析

对控制工程造价所采取的措施、效果及其动态的变化需要认真地进行比较对比，总结经验教训。批准的概算是考核建设工程造价的依据。

（二）竣工决算的审核

本建设项目完工可投入使用或者试运行合格后，应当在 3 个月内编报竣工财务决算，特殊情况确需延长的，中、小型项目不得超过 2 个月，大型项目不得超过 6 个月。

三、新增资产价值的确定

建设项目竣工投入运营后，所花费的总投资形成相应的资产。新增资产按资产性质可分为固定资产、流动资产、无形资产和其他资产等四大类。

（一）新增固定资产价值

新增固定资产价值的计算是以独立发挥生产能力的单项工程为对象的。新增固定资产价值的内容包括：已投入生产或交付使用的建筑、安装工程造价；达到固定资产标准的设备、工器具的购置费用；增加固定资产价值的其他费用。

（二）新增无形资产价值的确定方法

新增无形资产价值的确定方法见表 3-7-2。

表 3-7-2 新增无形资产价值的确定方法

新增无形资产	确定方法
专利权的计价 （两种方式都计入无形资产）	（1）自创：作为无形资产核算 （2）外购：作为无形资产核算
专有技术的计价 （又称非专利技术的计价）	（1）自创：不能作为无形资产核算，计当期费用 （2）外购：作为无形资产核算
商标权的计价	（1）自创：不能作为无形资产核算，计当期费用 （2）购入或转让：作为无形资产核算
土地使用权的计价	（1）出让：作为无形资产核算 （2）划拨：不能作为无形资产核算

（三）新增流动资产价值的确定方法

流动资产是指可以在一年内或者超过一年的一个营业周期内变现或者运用的资产，包括现金及各种存款以及其他货币资金、短期投资、存货、应收及预付款项以及其他流动资产等。

（四）新增其他资产价值的确定方法

其他资产是指不能全部计入当年损益，以后年度分期摊销的费用，如开办费、租入固定资产改良支出。

（1）开办费的计价。开办费从企业开始生产经营月份的次月起，按照不短于 5 年的期限平均摊入管理费用中。

（2）租入固定资产改良支出的计价。租入固定资产改良及大修理支出应当在租赁期内分期平均摊销。

·典型例题·

［**例题·单选**］竣工决算文件中，主要反映竣工工程建设成果和经验，全面考核分析工程投资与造价的书面总结文件是（　　）。

A. 竣工财务决算说明书

B. 竣工财务决算报表

C. 工程竣工造价对比分析

D. 工程竣工验收报告

［**解析**］本题考查的是竣工决算的内容和编制。竣工财务决算说明书主要反映竣工工程建设成果和经验，是对竣工决算报表进行分析和补充说明的文件，是全面考核分析工程投资与造价的书面总结。

答案：A

同步强化训练

一、单项选择题（每题的备选项中，只有1个最符合题意）

1. 根据《建设工程工程量清单计价规范》(GB 50500—2013）中对招标控制价的相关规定，下列说法正确的是（　　）。

A. 招标控制价公布后根据需要可以上浮或下调

B. 招标人可以只公布招标控制价总价，也可以只公布单价

C. 招标控制价可以在招标文件中公布，也可以在开标时公布

D. 高于招标控制价的投标报价应被拒绝

2. 投标人在投标报价时，应优先被采用为综合单价编制依据的是（　　）。

A. 企业定额　　B. 地区定额

C. 行业定额　　D. 国家定额

3. 关于法规变化类合同价款的调整，下列说法正确的是（　　）。

A. 不实行招标的工程，一般以施工合同签订前的第42天为基准日

B. 基准日之前国家颁布的法规对合同价款有影响的，应予调整

C. 基准日之后国家政策对材料价格的影响，如已包含在物价波动调价公式中不再予以考虑

D. 承包人原因导致的工期延误期间，国家政策变化引起工程造价变化的，合同价款不予调整

4. 某工程进度计划网络图上的工作X（在关键线路上）与工作Y（在非关键线路上）同时受到异常恶劣气候条件的影响，导致工作X延误10天，工作Y延误35天，该气候条件未对其他工作造成影响，若工作Y的自由时差为20天，则承包人可以向发包人索赔的工期是（　　）天。

A. 10　　B. 15

C. 25　　D. 35

二、多项选择题（每题的备选项中，有2个或2个以上符合题意，至少有1个错项）

1. 根据财政部、国家发改委、住建部的有关文件，竣工决算的组成文件包括（　　）。

A. 工程竣工验收报告　　B. 工程竣工图

C. 设计概算施工图预算　　D. 工程竣工结算

E. 工程竣工造价对比分析

2. 施工图预算对投资方、施工企业都具有十分重要的作用。下列选项中仅属于施工企业作用的有（　　）。

A. 确定合同价款的依据

B. 控制资金合理使用的依据

C. 控制工程施工成本的依据

D. 调配施工力量的依据

E. 办理工程结算的依据

三、案例题

某工程建设单位与施工单位签订了的施工合同中含有两个子项工程，估算工程量A项为2 500m³，B项为3 400m³，经协商合同A项为200元/m³，B项为180元/m³。施工合同约定：

开工前建设单位应向施工单位支付合同价20%的预付款；建设单位自第一个月起，从施工单位的工程款中，按3%的比例扣除保修金；当子项工程实际工程量超过估算工程量10%时，可进行调价，调整系数为0.9；根据市场情况规定价格调整系数平均按1.2计算；工程师

签发月度付款最低金额为 30 万元；预付款在最后两个月扣除，每月扣 50%。施工单位每月实际完成并经工程师签证确认的工程量见表 3-T-1。

表 3-T-1 每月实际完成工程量 （单位：m^3）

月份	1 月	2 月	3 月	4 月
A 项	550	800	1 000	650
B 项	700	1 050	800	600

1. 计算本工程的预付款。

2. 分别计算 1 月份至 4 月份各月工程量价款、工程师应签证的工程款及实际签发的付款凭证金额。

参考答案及解析

一、单项选择题

1. [答案] D

[解析] 本题考查的是招标控制价的编制。招标控制价应在招标文件中公布，对所编制的招标控制价不得进行上浮或下调，选项 A、C 错误；招标人应当在招标时公布招标控制价的总价，以及各单位工程的分部分项工程费、措施项目费、其他项目费、规费和税金，选项 B 错误。

2. [答案] A

[解析] 计算综合单价时应采用企业定额，在没有企业定额或企业定额缺项时，可参照与本企业实际水平相近的国家、地区、行业定额，并通过调整来确定清单项目的人、材、机单位用量。

3. [答案] C

[解析] 本题考查的是法规变化类合同价款调整事项。对于不实行招标的建设工程，一般以建设工程施工合同签订前的第 28 天作为基准日，选项 A 错误；基准日之前国家颁布的法规对合同价款有影响的，应由承包人承担，选项 B 错误；承包人原因导致的工期延误期间，国家政策变化引起工程造价增加的，合同价款不予调整，造成合同价款减少的，予以调整，选项 D 错误。

4. [答案] B

[解析] 本题考查的是工程索赔类合同价款调整事项。如果延误的工作为关键工作，则延误的时间为索赔的工期；如果延误的工作为非关键工作，当该工作由于延误超过时差限制而成为关键工作时，可以索赔延误时间与时差的差值；若该工作延误后仍为非关键工作，则不存在工期索赔问题。

二、多项选择题

1. [答案] BE

[解析] 本题考查的是竣工决算的内容和编制。竣工决算是由竣工财务决算说明书、竣工财务决算报表、工程竣工图和工程竣工造价对比分析四部分组成。

2. [答案] CD

[解析] 本题考查的是施工图预算的概念及其编制内容。施工图预算对施工单位的作用：①施工图预算是建筑施工单位投标报价的基础；②施工图预算是施工单位工程预算包干的依据和签订施工合同的主要内容；③施工图预算是施工单位安排调配施工力量、组织材料供应的依据；④施工图预算是施工单位控制工程成本的依据；⑤施工图预算是进行“两算”对比的依据。

三、案例题

1. 预付款＝（2 500×200＋3 400×180）×20%＝222 400（元）＝22.24（万元）。

2. （1）1 月份：

工程量价款＝550×200＋700×180＝236 000（元）＝23.6（万元）。

应签证的工程款＝23.6×1.2×（1－3%）＝27.470 4（万元）。

由于工程师签发月度付款最低金额为 30 万元，所以本月不予签发付款凭证。

（2）2 月份：

工程量价款＝800×200＋1 050×180＝349 000（元）＝34.9（万元）。

应签证的工程款＝34.9×1.2×（1－3%）＝40.623 6（万元）。

签发付款凭证金额＝27.470 4＋40.623 6＝68.094（万元）。

（3）3 月份：

工程量价款＝1 000×200＋800×180＝344 000（元）＝34.4（万元）。

应签证的工程款＝34.4×1.2×（1－3%）＝40.041 6（万元）。

扣除预付款后金额＝40.041 6－22.24×50%＝28.921 6（万元）。

由于工程师签发月度付款最低金额为 30 万元，所以本月不予签发付款凭证。

（4）4 月份：

①A 项累计完成工程量＝550＋800＋1 000＋650＝3 000（m^3）。

（3 000－2 500）/2 500＝20%＞10%，需要进行调价。

超过 10%的工程量＝3 000－2 500×（1＋10%）＝250（m^3）。

A 项工程量价款＝（650－250）×200＋250×200×0.9＝125 000（元）＝12.5（万元）。

②B 项累计完成工程量＝700＋1 050＋800＋600＝3 150（m^3）。

（3 400－3 150）/3400＝7.35%＜10%，价款不予调整。

B 项工程量价款＝600×180＝108 000（元）＝10.8（万元）。

③A 和 B 两项工程量价款合计＝12.5＋10.8＝23.3（万元）。

应签证的工程款＝23.3×1.2×（1－3%）－22.24×50%＝16.001 2（万元）。

签发付款凭证金额＝28.921 6＋16.001 2＝44.922 8（万元）。

亲爱的读者：

如果您对本书有任何感受、建议、纠错，都可以告诉我们。

我们会精益求精，为您提供更好的产品和服务。

祝您顺利通过考试！

扫码参与问卷调查

造价工程师考试研究院